…ies du 21 Janvier 1893 (garçons) et du 18 août 1893 (filles)

E. DRINCOURT

TROIS ANNÉES DE PHYSIQUE DANS LES Écoles primaires supérieures

Explications préparatoires

Théorie simple et claire

208 figures

Armand COLIN & Cie
ÉDITEURS
des Trois années de Chimie du MÊME AUTEUR.

Écoles primaires supérieures de garçons et de filles.

TROIS ANNÉES DE PHYSIQUE DANS LES Écoles primaires supérieures

Rédigées conformément aux programmes du 21 janvier 1893 (garçons) et du 18 août 1893 (filles)

PAR

E. DRINCOURT

Ancien élève de l'École normale supérieure,
Agrégé des Sciences physiques et naturelles, Professeur au collège Rollin.

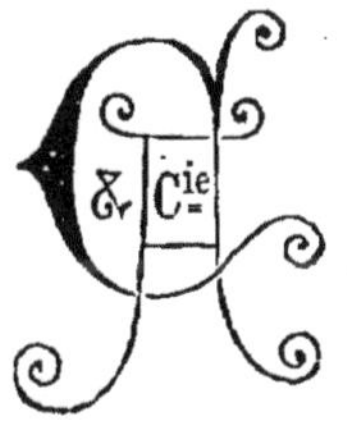

PARIS
ARMAND COLIN ET Cie, ÉDITEURS
5, RUE DE MÉZIÈRES, 5

1894

DE LA MÊME LIBRAIRIE

PRÉFACE

La Physique n'est pas au-dessus de l'intelligence des enfants; au contraire, rien ne les intéresse à un plus haut point, à la condition que l'on ait pris soin d'élaguer par avance les calculs et les théories trop complexes.

Ce désir de simplicité a certainement inspiré la Commission chargée d'élaborer les programmes de l'Enseignement primaire supérieur. Nous nous sommes fait un devoir de nous conformer à ce désir, parce que nous estimons que l'enseignement primaire, même supérieur, ne peut justifier son titre qu'en se défendant contre la tendance bien naturelle qu'auraient les professeurs à aborder des théories et des calculs au-dessus de la portée des enfants et sans utilité pour eux.

Nous nous sommes proposé de mettre entre les mains des élèves des Écoles primaires supérieures non pas un traité de Physique, mais un livre simple, clair, dégagé de tous les termes trop scientifiques. Les exemples choisis ont été pris dans les faits de chaque jour; les expériences peuvent se répéter avec un petit nombre d'appareils peu coûteux et même avec des objets d'un usage ordinaire.

Nous avons suivi l'ordre du Programme arrêté le 21 janvier 1893 par M. le Ministre de l'Instruction publique.

Chaque chapitre est précédé d'un sommaire et suivi d'un questionnaire et de sujets de rédaction.

De nombreuses figures ont été intercalées dans le texte; chacune de ces figures est accompagnée d'une légende explicative présentant le résumé succinct du texte correspondant à la figure.

Chaque livre est précédé d'*Explications préparatoires* destinées à exprimer en langage courant les termes trop techniques ou scientifiques.

Dans le cas où nos lecteurs voudraient trouver des développements plus amples de certaines questions, nous les renvoyons à notre *Traité de Physique* pour les Écoles normales primaires, publié en collaboration avec M. Dupays.

Pour l'électricité, nous avons rompu avec les vieilles méthodes; il n'est plus permis aujourd'hui, en présence du téléphone et de l'éclairage électrique, d'ignorer les théories électriques modernes.

Nous avons exposé très simplement ces théories et nous avons fait tous nos efforts pour vulgariser les notions de courant, de force électromotrice, de résistance, d'énergie électrique, etc.

E. D.

NOUVEAUX PROGRAMMES

DES ÉCOLES PRIMAIRES SUPÉRIEURES DE GARÇONS

(Arrêté du 21 janvier 1893).

PREMIÈRE ANNÉE

[Les chiffres entre parenthèses correspondent aux pages du livre].

Chaleur. — En général, les corps se dilatent sous l'influence de la chaleur (18). — Expériences simples (19). — Ils se dilatent inégalement (23).

Température. — Thermomètre à mercure (20). — Graduation (21). — Échelle centigrade (22). — Degré centigrade (22). — Thermomètres à maxima et à minima (22).

Faire comprendre aux élèves que les différents corps exigent des quantités de chaleur différentes pour que leur température s'élève d'un même nombre de degrés. Définir la calorie et la chaleur spécifique (24).

Notions sur les changements d'état (25). — Fusion (26). — Dissolution (29). — Solidification (27).

Notions sommaires sur la chaleur rayonnante et la conductibilité (31). — Applications pratiques (32).

Principales sources de chaleur (34).

Lumière. — Corps lumineux, transparents, opaques (39).

La lumière se propage en ligne droite (40). — Rayon lumineux (40).

Réflexion de la lumière (41). — Miroirs plans, leurs propriétés déduites de l'expérience (42).

Réfraction de la lumière (44). — Expériences simples (44).

Déviation produite par un prisme sur la direction d'un rayon de lumière simple (46).

Établir par des expériences simples les propriétés principales des lentilles sphériques (48).

Dispersion de la lumière (53). — Expériences simples (53). — Couleurs des corps (55).

Son. — Production, propagation, réflexion (58). — Écho (61).

Magnétisme. — Aimants naturels et artificiels (65). — Pôle nord, pôle sud (66). — Actions réciproques des pôles des aimants (67). — Aimantation du fer doux et de l'acier (174). — Action de la terre sur les aimants (67). — Boussole (71).

DEUXIÈME ANNÉE

Pesanteur. — Direction de la pesanteur (72). — Fil à plomb (77). — Verticale, horizontale (73). — Pesées (78). — Notions élémentaires sur le pendule (81).

Liquides en repos. — Démonstration expérimentale de leurs principales propriétés, des pressions qu'ils exercent (84). — Principe d'Archimède (90). — Applications (92).

Gaz. — Force élastique et pesanteur des gaz (100). — Pression atmosphérique (101). — Baromètre (103). — Loi de Mariotte (106). — Manomètres (108). — Interprétation des indications des manomètres industriels (108).

Poids spécifiques (80). — Pompes (111). — Siphon (113).

Chaleur. — Vaporisation (118). — Force élastique de la vapeur d'eau

(121). — Notions élémentaires sur la machine à vapeur (128).

Vapeur d'eau dans l'atmosphère. — Principaux phénomènes dus à la vapeur d'eau contenue dans l'atmosphère (124). — Brouillards (125). — Nuages (125). — Pluie (126). — Rosée (126), etc.

Électricité. — Production par le frottement (141), par influence (151). — Pouvoir des pointes (144). — Électroscope (146). — Bouteille de Leyde (149). — Électricité atmosphérique (155). — Paratonnerres (157).

Pile électrique (160). Ses propriétés principales établies par l'expérience (160). — Courant électrique (153). — Résistance électrique (166). — Éclairage électrique (166 et 207). — Galvanoplastie (165).

Action d'un courant sur un aimant (171). — Notions sur le galvanomètre et ses usages (173).

Aimantation par les courants (174). — Électro-aimants (175). — Principe du télégraphe (176).

TROISIÈME ANNÉE

Notions très élémentaires sur les forces, le travail et les machines (levier (182), balance (184), poulie (186), treuil (188). — Unités de force et de travail (189).

Transformation de la chaleur en travail et réciproquement (194).

Description des principaux instruments d'optique (195).

Notions sur l'induction (201). — Principe sur lequel repose le fonctionnement des machines d'induction (202). — Applications. Téléphones (212). — Microphones (213).

NOUVEAUX PROGRAMMES

DES ÉCOLES PRIMAIRES SUPÉRIEURES DE FILLES

(Arrêté du 18 août 1893).

PREMIÈRE & DEUXIÈME ANNÉES

Mêmes programmes que pour les écoles de garçons.

TROISIÈME ANNÉE

Notions élémentaires sur le levier (182), la balance (184) et la romaine (184).

Étude descriptive des besicles (195), de la loupe (195), des microscopes composés (196) et des lunettes astronomiques (197).

Notions sur l'induction et les machines d'induction (201). — Application. Éclairage électrique (207). — Galvanoplastie (165). — Téléphones (212). — Microphones (213).

Notions sommaires de photographie (219).

Qualités du son (227) : hauteur (227). — Intervalles musicaux (228). — Intensité. — Timbre (235).

Révision.

TROIS ANNÉES DE PHYSIQUE

(Écoles primaires supérieures de garçons et de filles.)

NOTIONS PRÉLIMINAIRES

(Ces notions préliminaires ne sont pas explicitement indiquées au programme, bien qu'elles soient dans son esprit. Nous prions le Professeur de les exposer aux élèves au début de la *Première année*).

Explications préparatoires.

Qu'est-ce qu'un corps solide? — Un corps est dit *solide* quand il ressemble à une *pierre*, à un morceau de *fer*, à un morceau de *bois*.

Qu'est-ce qu'un corps liquide? — Un corps est dit *liquide* quand il ressemble à de l'*eau*, à du *vin*, à de l'*huile*.

Qu'est-ce qu'un gaz? — Un corps est dit être un *gaz* lorsqu'il ressemble à l'*air atmosphérique*.

Qu'est-ce que l'état fluide? — Un *fluide* est un corps dans l'intérieur duquel on peut pénétrer sans difficulté; ainsi, nous pénétrons dans l'*eau* de la rivière en prenant un bain, et nous n'éprouvons aucune difficulté à écarter l'eau sur notre passage : l'*eau* est un *fluide*. De même, nous nous mouvons dans l'*air* sans difficulté; nous fendons l'*air* avec notre corps : l'*air* est un *fluide*.

Qu'est-ce qu'un phénomène? — Toutes les fois qu'un corps acquiert des propriétés nouvelles, on dit que ce corps est le siège d'un *phénomène*. Ainsi, un bâton de verre n'attire pas d'ordinaire les corps légers. Mais, si on le frotte, il acquiert la propriété d'*attirer* de la sciure de bois ou des barbes de plume; le *frottement* a donné au verre une *propriété nouvelle;* on dit alors que le verre a été le siège d'un *phénomène électrique.*

Qu'est-ce que le mouvement? — Vous *lancez* une pierre dans l'espace; la pierre se met en *mouvement*. La pierre trace dans l'espace une certaine ligne : cette ligne s'appelle la *trajectoire* décrite par la pierre. La pierre qui *se meut* est appelée un *mobile*.

Quelle idée vous faites-vous d'une force? — Si l'on veut faire marcher une voiture, il faut y atteler un cheval. Le cheval *tire*, comme on dit vulgairement, et tous les muscles de l'animal agissent pour exercer sur la voiture une *traction* qui met le véhicule en mouvement. On dit alors que le cheval est *fort*, et on donne le nom de *force* à la *traction* exercée sur la voiture.

Qu'est-ce que deux forces égales? — Un cheval noir, par exemple, tire une voiture et lui fait parcourir 10 kilomètres en une heure. Un cheval blanc, par exemple, tirant sur la même voiture, lui fait aussi parcourir 10 kilomètres en une heure. On dit alors que la *traction* exercée par le cheval blanc et la *traction* exercée par le cheval noir sont des *forces égales.*

Qu'est-ce qu'un poids spécifique? — On conçoit très bien que le poids d'un centimètre cube de *plomb* ne soit pas le même que le poids d'un centimètre cube de *bois.* L'expérience de chaque jour nous apprend qu'un centimètre cube de plomb pèse 11 grammes, et qu'un centimètre cube de bois pèse 0 gr., 8. Dès lors, le poids d'un centimètre cube d'un corps quelconque *caractérise* ce corps, le *spécifie ;* de là l'emploi du mot *poids spécifique.*

PROPRIÉTÉS GÉNÉRALES DES CORPS. DU MOUVEMENT. — DES FORCES.

SOMMAIRE

PROPRIÉTÉS GÉNÉRALES DES CORPS

1. Les **corps** sont constitués par l'agglomération de particules indivisibles, appelées **molécules,** séparées par les **pores** *intermoléculaires.*

2. La matière se présente à nous sous trois états : l'état **solide,** l'état **liquide,** l'état **gazeux.**

DU MOUVEMENT

3. Le *mouvement rectiligne uniforme* est celui dans lequel le mobile parcourt des espaces égaux dans des temps égaux, quels que soient ces temps. — La **vitesse** est l'*espace parcouru dans l'unité de temps.*

4. Tout mouvement qui n'est pas uniforme est dit *varié.* Un mouvement *varié* peut être *accéléré* ou *retardé.*

DES FORCES

5. La matière est **inerte,** c'est-à-dire qu'elle ne peut modifier par elle-même ni son état de *repos* ni son état de *mouvement.* Pour modifier l'un de ces états il faut qu'une *force* intervienne.

6. On appelle **force** *toute cause capable de produire ou de modifier le mouvement d'un corps.*

7. Une force est caractérisée par : son *point d'application*, sa *direction* et son *intensité.* L'intensité d'une force se mesure en *kilogrammes*.

1. Constitution des corps. — La matière se présente à nous sous la forme d'*objets* tombant directement sous nos sens, et auxquels on donne le nom de **corps**.

Chaque corps occupe une portion déterminée de l'espace, que l'on appelle son **volume** : cette propriété des corps a reçu le nom d'**étendue**.

Enfin, les corps sont **impénétrables**, c'est-à-dire que deux corps ne peuvent occuper ensemble une même portion de l'espace.

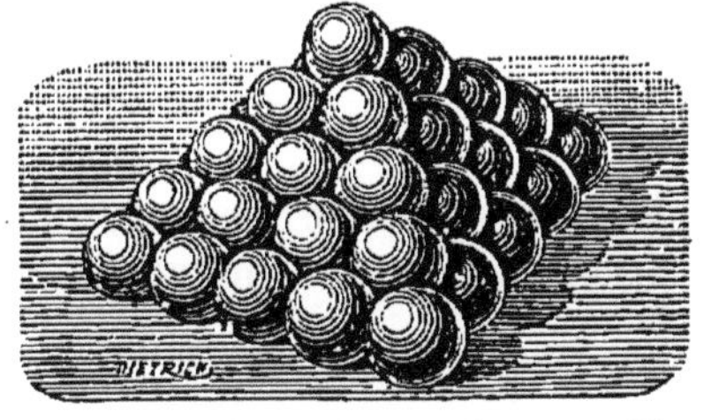

Fig. 1. — Une pile de boulets donne une idée exacte de l'état moléculaire d'un corps.

Tout corps peut être **divisé**, c'est-à-dire réduit en fragments de plus en plus petits. La chimie nous apprend qu'il y a une limite à la divisibilité de la matière : on admet en effet que les corps sont formés par l'agglomération de *particules indivisibles*, appelées **molécules**, séparées les unes des autres par des intervalles infiniment petits, appelés **pores**.

Fig. 2. — Le bois, le plomb, la pierre sont des corps solides.

On peut se faire une idée exacte de l'état moléculaire d'un corps en considérant une pile de boulets (*fig.* 1). Les boulets représenteront les *molécules*, et les intervalles que les boulets laissent entre eux représenteront les *pores* intermoléculaires.

2. Les trois états physiques de la matière. — La matière se présente à nous sous trois états physiques différents : l'**état solide**, dont une *pierre* nous offre l'exemple ;

l'**état liquide**, manifesté par l'*eau* de nos lacs et de nos rivières; l'**état gazeux**, dont l'*air atmosphérique* caractérise la nature.

Fig. 3. — Verre plein d'eau. L'eau est un corps liquide.

A l'**état solide** (*fig.* 2), les corps ont une forme et un volume déterminés; ils offrent une résistance plus ou moins grande à la rupture; on ne peut modifier la position respective des molécules d'un corps solide qu'en exerçant sur ce corps des efforts parfois très énergiques.

A l'**état liquide** (*fig.* 3), les corps ont encore un volume déterminé, mais ils n'ont plus de *forme propre*; ils prennent celle des vases qui les contiennent : les molécules d'un liquide peuvent glisser les unes sur les autres avec la plus grande facilité.

Fig. 4. — L'air qui s'échappe en A de la bouteille est un corps gazeux.

A l'**état gazeux** (*fig.* 4), les corps n'ont plus ni forme ni volume propres. Dans cet état, ils prennent le nom de **gaz**. Les molécules d'un gaz peuvent se déplacer sans le moindre effort ; elles remplissent la totalité de l'espace qui leur est offert, en s'y répartissant d'une manière uniforme.

Les gaz *tendent toujours à augmenter de volume* et le volume qu'ils occupent ne peut être limité que par une résistance extérieure, telle que celle d'une paroi.

On désigne souvent l'état liquide et l'état gazeux sous la dénomination générale d'*état fluide*.

3. Compressibilité. — Élasticité. — Tous les corps diminuent de volume, quand on les soumet à une action ayant pour effet de rapprocher leurs molécules. On dit alors qu'ils sont **compressibles**. Les solides et les liquides sont très peu *compressibles*. La compressibilité des gaz, au contraire, est très grande : il est très facile de comprimer à l'aide d'un piston un gaz contenu dans un corps de pompe (*fig.* 5).

Fig. 5. — L'air contenu dans l'appareil se comprime sous l'action du piston.

L'**élasticité** est la propriété que possèdent les corps comprimés ou déformés de reprendre leur forme et leur volume primitifs, quand on cesse d'exercer sur eux l'action qui produisait la compression ou la déformation. Ainsi, une aiguille à tricoter en acier (*fig.* 6) se courbe quand on la ploie ; mais si on cesse de la ployer, elle se redresse brusquement : l'acier est *élastique*. Dans les mêmes conditions, une tige de plomb (*fig.* 7) resterait ployée sans se redresser, donc le plomb n'est pas élastique.

Les *liquides* sont doués aussi d'élasticité. Les *gaz* sont essentiellement élastiques.

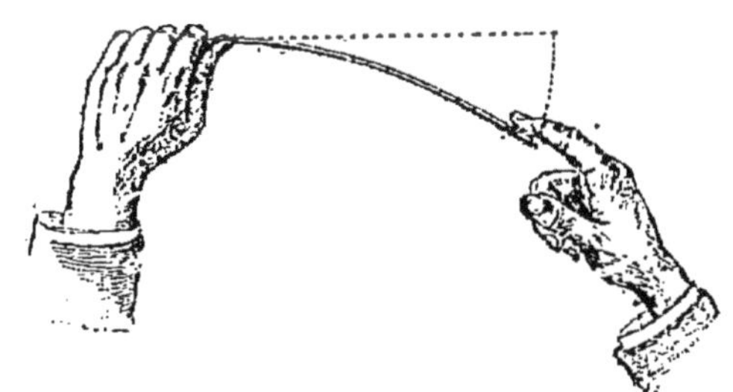

Fig. 6. — L'aiguille tend à se redresser : *elle est élastique*.

4. Phénomènes physiques et chimiques. — On appelle **phénomène physique** toute modification apportée dans l'état d'un corps et *n'altérant* ni sa *nature*, ni ses *propriétés particulières*. Tout corps qui a été le siège d'un phénomène physique reprend son état primitif quand le phénomène cesse. La fusion d'une masse de plomb est un *phénomène physique;* il en est de même de l'électrisation d'un bâton de résine par le frottement.

Par opposition, on appelle **phénomène chimique** toute modification apportée dans l'état d'un corps, et *altérant* sa nature et ses propriétés particulières. Ainsi un morceau de charbon incandescent, en brûlant dans l'air, se transforme en un gaz, vulgairement appelé *acide carbonique*, dont les propriétés sont absolument différentes de celles du charbon. La combustion du charbon dans l'air est appelée un *phénomène chimique.*

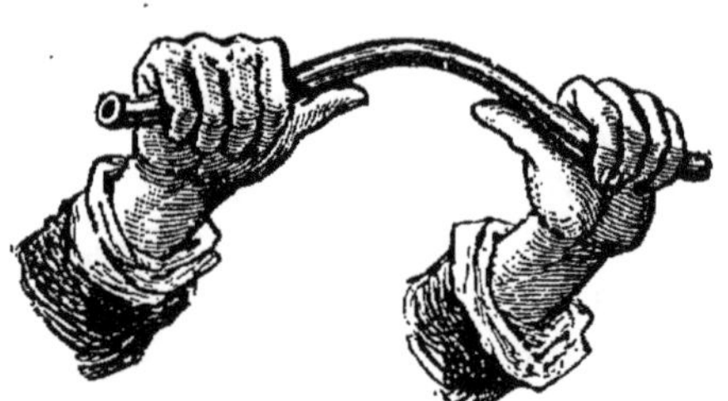

Fig. 7. — Le plomb qui n'est pas élastique reste ployé.

5. Du mouvement en général. — Un corps est dit **en mouvement** lorsqu'il occupe successivement différentes positions dans l'espace. On donne le nom de **trajectoire** à la ligne droite ou courbe que le corps décrit.

Exemples. — Un corps qui tombe décrit une ligne droite verticale, qui est la *trajectoire* du corps pesant; un boulet lancé par un canon décrit une courbe, qui est la *trajectoire* du projectile (*fig.* 8).

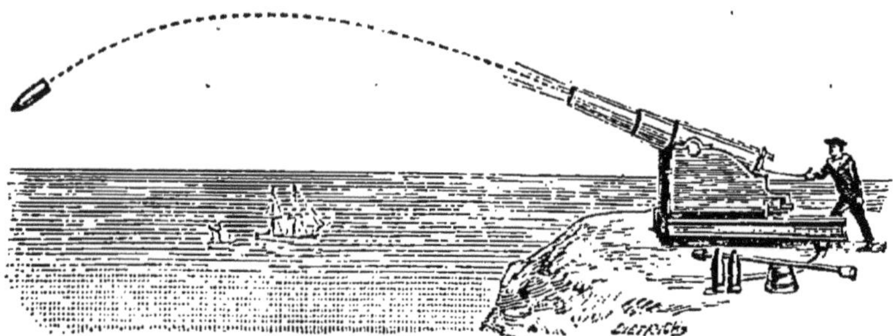

Fig. 8. — La ligne décrite par le projectile s'appelle sa *trajectoire.*

6. Mouvement uniforme. — Le plus simple de tous les mouvements est le **mouvement rectiligne uniforme,** dans lequel le corps mobile parcourt des espaces égaux en des temps égaux. On donne le nom de **vitesse** au nombre de mètres parcourus par le mobile en une seconde.

Il résulte de la définition du mouvement *uniforme* que pour trouver l'espace parcouru par le mobile après huit secondes de course, par exemple, il suffit de multiplier par 8 la vitesse du mobile.

EXEMPLE. — Un piéton chemine sur une route d'un mouvement uniforme, avec une vitesse de $1^m,60$ par seconde : au bout de 8 secondes, il se trouvera à une distance de son point de départ marquée par $1^m,60 \times 8$ ou $12^m,80$.

7. Mouvement varié. — Tout mouvement qui n'est pas uniforme est dit **varié** ; ainsi, un train de chemin de fer, partant de Paris, va d'abord de plus en plus vite, jusqu'à ce qu'il ait pris sa marche normale ; puis, à une certaine distance de la station d'arrivée, il ralentit progressivement sa marche.

Le train a donc été animé : d'abord d'un *mouvement accéléré*, puis d'un *mouvement uniforme*, puis d'un *mouvement retardé* jusqu'à son arrêt complet. Les mouvements *accéléré* et *retardé* sont appelés des *mouvements variés*.

FIG. 9. — Emmanchement du fer d'un marteau. En frappant par terre le manche d'un marteau, le fer du marteau descend par inertie et se consolide autour du manche.

8. Inertie de la matière. — *La matière ne peut d'elle-même ni se mettre en mouvement, ni modifier son état de mouvement* : cette propriété de la matière s'appelle l'*inertie*.

Certains faits semblent être en contradiction avec le principe de l'inertie. Une bille lancée sur un plan horizontal bien poli devrait prendre un mouvement rectiligne uniforme ; pourtant elle s'arrête au bout d'un certain temps. Cela tient au frottement de la bille sur le plan et à la résistance de l'air, frottement et résistance qui transforment peu à peu le mouvement de la bille en un mouvement *retardé*.

Comme application de l'*inertie*, on peut citer l'*enfoncement* du fer d'un marteau qu'on emmanche (*fig.* 9); la *chute* d'un homme qui, en courant, heurte un obstacle, etc.

En résumé, pour *faire mouvoir* un corps qui est au repos, ou pour *modifier* le mouvement d'un mobile, il faut le soumettre à des *actions extérieures*, auxquelles on a donné le nom de **forces**.

9. **Forces.** — On donne le nom de **force** à *toute cause de mouvement ou de modification de mouvement.*

Une force est caractérisée par trois éléments : son *point d'application*, sa *direction*, son *intensité*. Prenons pour exemple un traîneau glissant sur le sol et sollicité par la traction d'un cheval (*fig.* 10). L'effort musculaire de l'animal

Fig. 10. — Un cheval attelé à un traîneau le fait mouvoir sous l'action d'une **force** provenant de l'effort musculaire produit par l'animal.

représentera la *force;* le point d'attache des traits sur le traîneau sera le *point d'application* de la force; la ligne droite décrite par le traîneau sera la *direction* de la force; enfin, la grandeur de l'effort musculaire accompli par le cheval représentera l'*intensité* de la force.

Deux forces sont **égales** lorsque, s'exerçant dans les *mêmes conditions*, elles produisent le *même effet*. Une force est 2, 3, 4... fois plus grande qu'une autre force, lorsqu'elle produit un effet égal à l'effet produit par 2, 3, 4... forces égales à la première.

Suspendons à une bande de caoutchouc fixée à un clou un poids de 1 *kilogramme*, et supposons que le caoutchouc s'allonge de 1 centimètre; enlevons le poids et exerçons sur le caoutchouc avec la main une traction qui l'allonge de 1 centimètre, il est évident que la *force* développée par notre main sera égale à l'action exercée par le lingot de 1 kilogramme. Nous prendrons cette force pour **unité de force** et, dans le langage courant, nous dirons que notre main a développé, en tirant sur le caoutchouc, une force de 1 *kilogramme.*

Si nous avions donné avec la main, au caoutchouc, le même allongement que celui produit par un poids de 4 kilogrammes suspendu à l'extrémité de la bande de caoutchouc, nous aurions dit que notre main avait exercé une force de 4 kilogrammes.

En résumé, l'intensité d'une force s'exprime en *kilogrammes.*

10. Équilibre des forces. — *Lorsque deux forces égales et opposées sont appliquées à un corps,* celui-ci reste nécessairement au *repos ;* on dit alors que les deux forces se font **équilibre.**

Supposons une pierre A (*fig.* 11) sollicitée par deux

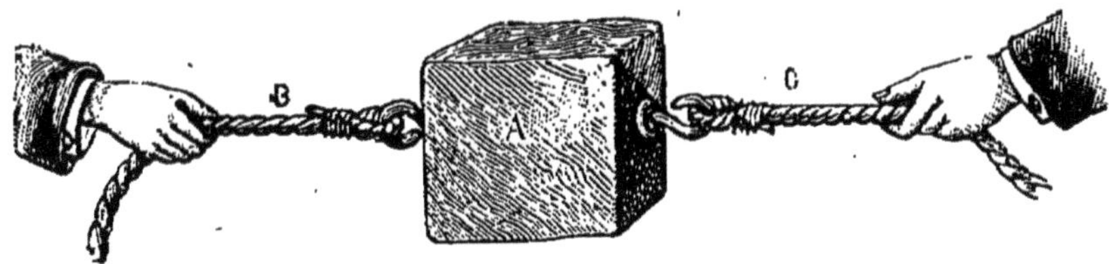

Fig. 11. — **Équilibre de deux forces égales et opposées.** — Le corps A reste *immobile* sous l'action des tractions **égales et opposées** exercées par chaque main.

hommes agissant en sens opposé sur les deux cordes B et C dont l'une est sur le prolongement de l'autre. Si la pierre A reste en repos, on dira que les deux forces qui la sollicitent *se font équilibre.*

11. Poids spécifique. — On appelle **poids spécifique** *d'un corps le poids de l'unité de volume de ce corps.* Ainsi le poids spécifique du mercure est 13,6 ; 1 centimètre cube de mercure pèse 13g,6. L'eau à la température de 4°, a pour poids spécifique 1, d'après la définition du gramme.

Quand on connaît le volume d'un corps et son poids

spécifique, on en obtient le poids en multipliant la mesure du volume par le poids spécifique : le poids du corps sera exprimé en unités correspondantes à l'unité de volume adoptée.

EXEMPLE. — Quel est le poids de 6 litres de mercure? Ce poids est 6 × 13,6 ou 81^{kg},6.

QUESTIONNAIRE. — **1.** Qu'appelle-t-on *molécules?* — **2.** Quelles sont les différences entre les divers états des corps? — **3.** Qu'est-ce que l'*élasticité?* — **4.** Quelle différence y a-t-il entre un phénomène physique et un phénomène chimique? — **6.** Qu'appelle-t-on *vitesse* d'un mouvement uniforme? — **9.** Qu'appelez-vous *forces égales?* — **10.** Comment détermine-t-on l'intensité d'une force? — **11.** Qu'est-ce que le *poids spécifique?*

PREMIÈRE ANNÉE

LIVRE PREMIER

CHALEUR

Explications préparatoires.

Qu'est-ce que la glace fondante? — Par une journée d'été, amusez-vous à mettre de la glace dans une cuvette. Vous verrez bientôt la glace *fondre* peu à peu et se transformer en *eau*. Tant qu'il restera de la glace dans la cuvette, la *température* du mélange d'eau et de glace restera *stationnaire* et égale à 0°. Pendant toute la durée de la *fusion* la glace est dite *glace fondante.*

Comment est fait un thermomètre? — Un *thermomètre* se compose d'un *tube* de verre fixé sur une *planchette*. Dans ce tube se trouve de l'*alcool* coloré en rouge. Quand il fait *chaud*, l'alcool *monte;* quand il fait *froid*, l'alcool *descend*. Sur la planchette on trace des divisions équivalentes, appelées *degrés*, numérotées à partir de *zéro*.

Qu'est-ce qu'une échelle thermométrique? — Une *échelle thermométrique* est l'ensemble des *divisions* tracées sur la planchette d'un thermomètre.

Qu'est-ce qu'une température maxima? — La *température maxima* d'une journée est la *température la plus élevée* de cette journée. De même, la *température minima* d'une journée est la *température la plus basse* de cette journée.

Qu'est-ce que la fusion? — Le *plomb* suffisamment chauffé devient *liquide;* on dit alors que le plomb *fond.*

Pendant l'hiver, dès que la température devient moins rigoureuse, la *glace* se transforme en *eau;* on dit alors que la glace *fond.*

Dans les fonderies, la *fonte* très fortement chauffée devient *liquide* et peut être coulée dans des moules; on dit encore que la fonte *fond.*

La *fusion* est donc le passage d'un corps de l'état *solide* à l'état *liquide* sous l'action de la *chaleur*.

Qu'est-ce qu'un corps plus dense qu'un autre? — Un centimètre cube de *fer* pèse 7 *grammes*, un centimètre cube de *plomb* pèse 11 *grammes;* donc un centimètre cube de *plomb* pèse plus qu'un centimètre cube de *fer*. On dit alors que le plomb est *plus* *dense* que le fer. D'une manière générale, on dit qu'un corps est plus dense qu'un autre quand, *sous le même volume*, il pèse plus que cet autre.

Qu'est-ce qu'un combustible ? — On donne le nom de *combustible* à tout corps qui peut *brûler*. Les combustibles, en brûlant, produisent beaucoup de chaleur. Les combustibles usuels sont la *houille*, le *coke*, le *charbon de bois*, le *bois*, la *tourbe*. Depuis quelques années, pour les usages domestiques, on emploie beaucoup le chauffage au gaz.

CHAPITRE PREMIER

DILATATION. — THERMOMÈTRE. — CALORIE. — CHALEUR SPÉCIFIQUE

SOMMAIRE

1. Tous les corps se *dilatent*, quand on les chauffe, et ils se *contractent* quand on les refroidit.

2. Un **thermomètre** est un instrument destiné à vérifier l'égalité ou l'inégalité de deux températures ; le thermomètre usuel est à mercure ; il marque *zéro* dans la glace fondante et 100 dans la vapeur d'eau bouillante.

3. La **calorie** est la quantité de chaleur nécessaire pour élever de 0° à 1° la température d'un kilogramme *d'eau*.

4. La **chaleur spécifique** d'un corps quelconque est la quantité de chaleur nécessaire pour élever de 0° à 1° la température de 1 kilogramme de ce corps.

5. Chaque corps possède une chaleur spécifique qui lui est propre.

12. Les corps se dilatent sous l'influence de la chaleur. — 1° *Expérience de la sphère.* — Quand on chauffe un corps solide, il augmente de volume : on dit qu'il se *dilate ;* inversement, quand un corps solide perd de la chaleur, il se *contracte*. On vérifie ces phénomènes de la manière suivante. On prend un anneau en métal A (*fig.* 12) dans lequel peut passer librement, à la température ordinaire, une sphère B en cuivre rouge. Si l'on chauffe fortement cette sphère avec une lampe à alcool et si on la pose sur l'anneau, on constate qu'elle ne peut plus passer à travers : elle a donc augmenté de volume sous l'action de la chaleur. Si on laisse refroidir la sphère, elle reprend son volume primitif et traverse l'anneau.

2° *Expérience de la barre.* — Une barre de cuivre A (*fig.* 13) est chauffée à l'aide d'une lampe à alcool. Son extrémité B est fixe; son autre extrémité est libre et vient buter contre une aiguille coudée C. Sous l'action de la chaleur de la flamme, la barre se *dilate*, et sa dilatation se manifeste par le déplacement de l'aiguille.

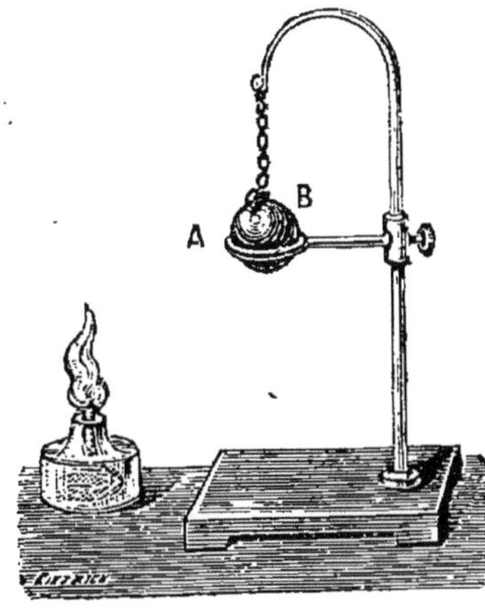

FIG. 12. — La sphère B, quand elle a été chauffée, ne peut plus passer à travers l'anneau A : elle s'est dilatée.

3° *Dilatation des liquides.* — Les liquides se dilatent aussi, quand on les échauffe : pour le vérifier, on introduit (*fig.* 14) dans un ballon de verre, surmonté d'un tube très étroit, un liquide coloré,

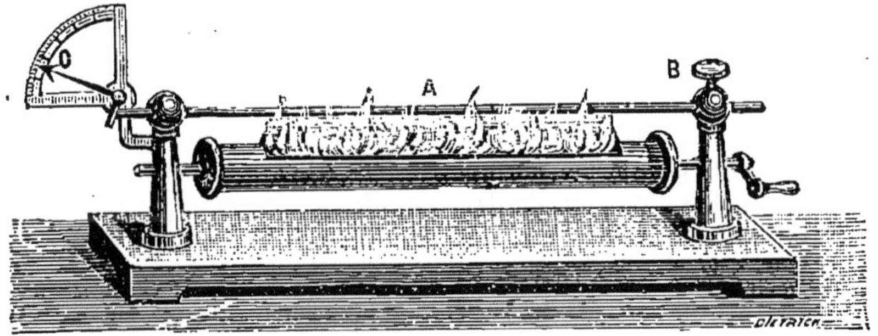

FIG. 13. — Sous l'action de la chaleur, la barre A s'allonge et l'aiguille C, en se déplaçant devant le cadran, rend manifeste la dilatation de la barre.

dont le niveau s'élève jusqu'en A, par exemple. On plonge l'appareil dans de l'eau bouillante : on voit alors le niveau du liquide s'élever dans le tube jusqu'en B. Cette expérience prouve que les liquides se dilatent quand on les chauffe.

4° *Dilatation des gaz.* — Considérons un corps de pompe V

fermé par en bas (*fig.* 15), et dans lequel peut se mouvoir un piston P. A 0° la masse d'air intérieur est comprise entre la base A du piston et le fond du corps de pompe. Si on échauffe le cylindre V et le gaz qu'il renferme, le piston monte jusqu'en A′ (*fig.* 16) et cette ascension montre que l'air s'est dilaté par la chaleur sous la pression atmosphérique indiquée par la flèche.

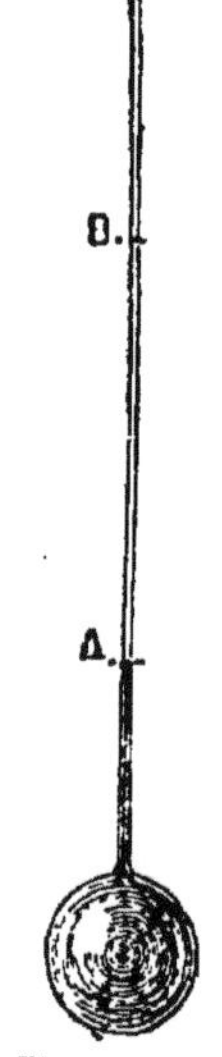

FIG. 14. — Dilatation des liquides. — Le liquide, échauffé, *se dilate* de A en B.

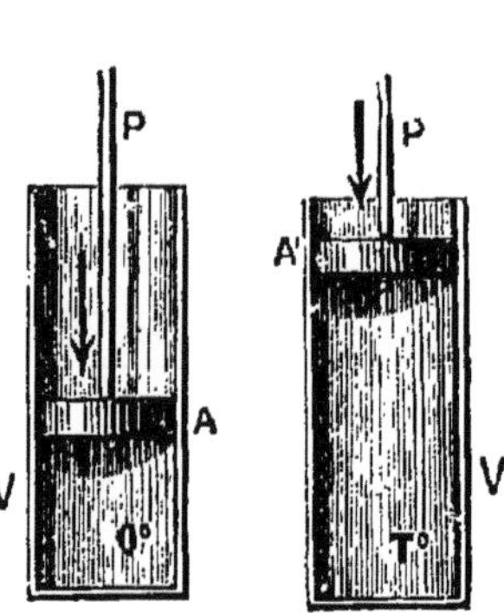

FIG. 15. FIG. 16. Dilatation des gaz. — Le piston P, qui, à 0°, s'arrêtait en A, s'élève jusqu'en A′ quand on échauffe le gaz.

FIG. 17. — A chaque division du tube correspond une température différente.

13. Température. — On dit que deux corps sont *à la même température*, lorsque, au toucher, ils nous paraissent aussi chauds l'un que l'autre. On dit que deux corps sont à des *températures différentes*, lorsque, par le toucher, l'un nous paraît être plus chaud que l'autre.

14. Thermomètre à mercure. — On appelle **thermomètre** un appareil destiné à constater l'égalité ou l'inégalité de deux températures[1].

Imaginons une masse de mercure (*fig.* 17) contenue dans un tube de verre gradué. Si cette masse de mercure gagne de la chaleur, elle augmentera de volume, elle *se dilatera*, comme l'on dit communément, et le liquide s'élè-

1. C'est une grosse faute de dire que le thermomètre sert à *mesurer* les températures.

vera à une division d'autant plus élevée que le mercure aura reçu plus de chaleur. Au contraire, si le mercure perd de la chaleur, il se contractera et son niveau dans le tube s'abaissera d'autant plus que la perte de chaleur aura été plus grande. Cet appareil constitue un **thermomètre.**

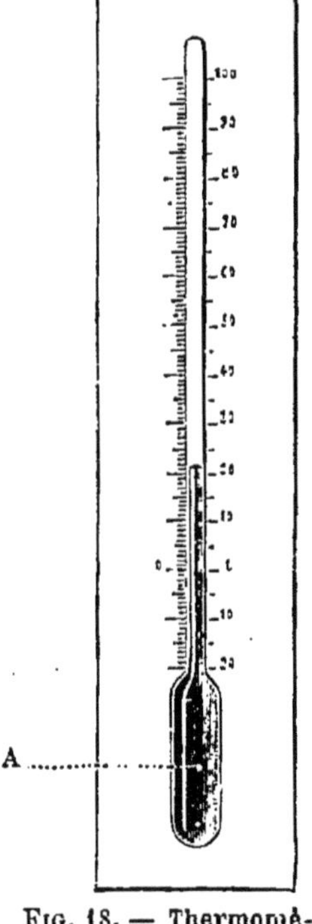

Fig. 18. — **Thermomètre centigrade.** — Le point 0 correspond à la *glace fondante*, et le point 100 à la vapeur d'*eau bouillante*.

Si nous introduisons le thermomètre dans un appartement ou si nous le mettons en contact avec un corps, l'instrument se mettra rapidement à la même température que l'appartement ou le corps, et cette température sera définie par la division à laquelle le mercure s'arrêtera.

Pour construire un thermomètre, on prend un tube de verre fin comme un cheveu ou *capillaire;* à l'une des extrémités du tube, on souffle un réservoir A (*fig.* 18). Par un procédé spécial, on introduit dans l'appareil une certaine quantité de mercure insuffisante pour le remplir entièrement, puis on ferme le tube à la lampe; il ne reste plus qu'à graduer l'instrument.

15. Graduation d'un thermomètre. — Pour graduer un thermomètre on le plonge dans un vase percé de trous et contenant de petits fragments de *glace fondante;* on constate que bientôt le niveau du mercure reste stationnaire : on marque sur le tube un trait au diamant au point d'arrêt du mercure et on inscrit 0 à côté. Puis on porte l'appareil dans une étuve à vapeur d'eau bouillant sous la pression de 76 centimètres de mercure; le mercure s'élève dans le tube et reste bientôt stationnaire : on trace un trait au diamant au nouveau point d'arrêt du mercure et on marque 100 à côté. Les points 0 et 100 constituent les deux **points fixes** du thermomètre.

Une fois les points fixes obtenus, on divise l'intervalle

qui les sépare en *cent* parties égales, appelées **degrés centigrades**, et on prolonge les divisions au-dessous de zéro. Chacun des traits de division caractérise une température. Les divisions successives au-dessus du zéro seront affectées des chiffres 1, 2, 3, etc.; les divisions inférieures au zéro seront affectées des chiffres — 1, — 2, — 3, etc.; l'ensemble de ces divisions constitue **l'échelle thermométrique centigrade**, que l'on emploie exclusivement en France.

Pendant longtemps, on s'est servi en France de l'échelle *Réaumur :* on marque **0** dans la glace fondante et **80** dans la vapeur d'eau bouillante : le degré Réaumur vaut les 5 quarts d'un degré centigrade.

Remarque. — On pourrait aussi remplacer le mercure par **l'alcool** dans la construction d'un thermomètre. L'alcool coûte moins cher que le mercure; en outre, l'alcool se solidifie à une température de beaucoup inférieure à celle de la solidification du mercure. On préfère alors le thermomètre à alcool pour l'évaluation des *basses températures;* par contre, le thermomètre à alcool ne vaut rien pour les températures supérieures à 40°.

16. Thermomètres à maxima et à minima. —

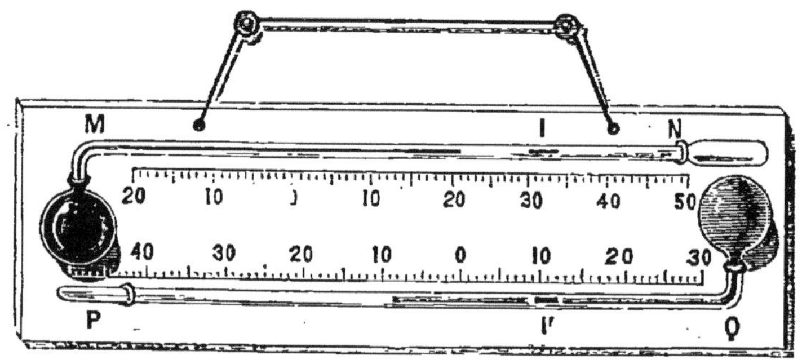

Fig. 19. — Thermomètres à maxima et à minima. — MN, *Thermomètre à maxima*. Le mercure en se dilatant chasse l'index I, qui s'arrête au point correspondant à la plus haute température. — PQ, *Thermomètre à minima*. L'alcool, en se contractant, entraîne l'index I' avec lui; celui-ci s'arrête au point correspondant à la plus basse température.

Il est intéressant, l'été, de déterminer la température la plus élevée du jour, sans avoir besoin d'observer continuellement le thermomètre. A cet effet, on emploiera un thermomètre **à maxima**.

De même, l'hiver, pour déterminer la température la plus basse de la nuit, on emploiera un thermomètre à **minima**.

Dans la pratique, les deux instruments sont fixés à une même planchette (*fig.* 19).

1° *Thermomètre à maxima.* — C'est un thermomètre à mercure MN, à tige horizontale. Le mercure, en se dilatant, chasse devant lui un index I en acier. Si la température s'abaisse, le mercure se contracte, et l'index reste en place au point correspondant à la température maxima.

2° *Thermomètre à minima.* — C'est un thermomètre à alcool PQ. L'index I' est en émail, et placé au sein de l'alcool; l'alcool, en se contractant, entraîne l'index avec lui. Si la température s'élève, l'alcool se dilate et laisse l'index I' au point correspondant à la température minima [1].

17. Les corps solides se dilatent inégalement. — Une masse de fer de 10 mètres cubes de volume à 0° possède à 100° un volume plus grand : son volume a augmenté de 36 *décimètres cubes*. Dans les mêmes conditions, une masse d'argent aurait augmenté de 57 décimètres cubes et une masse de plomb aurait augmenté de 75 décimètres cubes : donc, *sous le même volume initial, le plomb se dilate plus que l'argent et l'argent plus que le fer* pour la même variation de température.

Il en est de même pour les liquides : ainsi l'*alcool se dilate plus que le mercure* dans les mêmes limites de température.

Les gaz, au contraire, *se dilatent tous également ;* un litre d'un gaz quelconque se dilate de 3 centimètres cubes par degré d'élévation de température.

18. Applications diverses de la dilatation. — — La dilatation des corps par la chaleur est fréquemment utilisée dans l'industrie. C'est ainsi que, si l'on veut cercler une roue de voiture, on fait le cercle un peu trop petit, puis on le chauffe presque au rouge : il est alors assez dilaté pour pouvoir être mis facilement en place. On le refroidit aussitôt, il se contracte alors et serre fortement la roue.

Il faut tenir compte dans les constructions des effets

1. On pourra s'étonner de ce que la dilatation de l'alcool du réservoir ne détermine pas le déplacement de l'index I'. L'immobilité de l'index est due à des actions capillaires que nous ne pouvons exposer ici.

possibles de dilatation et de contraction. Ainsi, dans les fenêtres grillées, les barreaux ne doivent être scellés qu'à une extrémité ; l'autre extrémité, engagée sur une certaine longueur dans une cavité, doit pouvoir y jouer librement, afin que le barreau puisse se dilater pendant l'été et se raccourcir pendant l'hiver.

Les lames de zinc employées dans les toitures ne sont clouées que par un de leurs bords, sans quoi elles arracheraient leurs clous en se contractant l'hiver, et l'été elles se gondoleraient par le fait de la dilatation.

Les rails des chemins de fer qui se placent bout à bout ne sont jamais en contact; on laisse entre eux l'espace nécessaire pour qu'ils puissent se dilater pendant l'été sans exercer de pression les uns sur les autres.

19. Calorie. — Chaleur spécifique. — 1° *Eau.* — Mélangeons **un** kilogramme d'eau à 0° et **un** kilogramme d'eau à 60° : l'expérience montre que l'on obtient **deux** kilogrammes à 30°. Nous en conclurons que un kilogramme d'eau, en se refroidissant de 60° à 30°, perd une quantité de chaleur égale à celle qu'absorbe un kilogramme d'eau pour s'échauffer de 0° à 30°. De même, si on mélange **un** kilogramme d'eau à 0° avec **un** kilogramme d'eau à 40°, on obtiendra **deux** kilogrammes d'eau à 20° : donc, *un kilogramme d'eau absorbe toujours la même quantité de chaleur pour élever sa température de* **un degré.**

On convient alors de prendre pour *unité de chaleur* la **quantité de chaleur nécessaire pour élever de 0° à 1° la température d'un kilogramme d'eau** : on donne à l'unité de chaleur le nom de **calorie.**

2° *Mercure.* — Mélangeons **un** kilogramme d'eau à 0° et **un** kilogramme de mercure à 10° : la température finale du mélange sera égale à 0°,3. Ainsi le kilogramme d'eau pour élever sa température de 0° à 0°,3, a absorbé la quantité de chaleur qu'a perdue le kilogramme de mercure pour descendre de 10° à 0°,3. Donc un kilogramme de mercure, en se refroidissant de 9°,7, perd seulement 0,3 calorie, tandis que, dans les mêmes conditions *un* kilogramme d'eau aurait perdu 9,7 calories; par conséquent, à poids égal, le mercure, pour un même abaissement de température, perd *moins* de chaleur que l'eau. Semblablement, pour une même élévation de température, le mercure absorberait *moins* de chaleur que l'eau. Il en est de même pour l'argent, le fer, l'essence de térébenthine, etc. : on en conclut que *la quantité de chaleur absorbée ou perdue par l'unité de poids d'un corps, pour élever sa température de* **un degré**, *varie avec la nature de ce corps :* on donne à cette quantité de chaleur le nom de **chaleur spécifique** du corps considéré.

QUESTIONNAIRE. — **12**. Quelles sont les expériences à l'aide desquelles on peut montrer que les corps se dilatent par la chaleur? — **14**. Qu'est-ce qu'un thermomètre? — **15**. Comment gradue-t-on un thermomètre centigrade? — Quelles sont les différentes échelles thermométriques usitées? — **19**. Qu'appelle-t-on calorie? — Qu'appelle-t-on chaleur spécifique d'un corps?

SUJETS DE RÉDACTION

Thermomètre. — *Sommaire.* **1**. Températures égales et inégales. — **2**. Principe du thermomètre. — **3**. Thermomètre centigrade. — **4**. Échelles thermométriques.

CHAPITRE II

CHANGEMENTS D'ÉTAT. — FUSION. — SOLIDIFICATION. — DISSOLUTION

SOMMAIRE

1. **La fusion** est le passage brusque d'un corps de l'état solide à *l'état liquide sous l'action de la chaleur.*

2. La **solidification** est le retour d'un liquide à l'état solide.

3. La glace et la fonte diminuent de volume en fondant.

4. La **dissolution** est le passage d'un corps solide à l'état liquide par le contact avec un liquide approprié.

5. La dissolution est toujours accompagnée d'une absorption de chaleur; c'est là le principe de la plupart des *mélanges réfrigérants.*

6. L'*évaporation* est la formation de vapeurs *à la surface* d'un liquide: l'*ébullition* est la production de vapeurs *au sein* d'un liquide.

20. Changement d'état des corps. — Quand on élève progressivement la température d'un corps solide, il arrive un moment où le corps passe brusquement à *l'état liquide;* on dit alors que le corps entre en **fusion.** Inversement, la plupart des liquides prennent *l'état solide* quand on abaisse suffisamment leur température; ce phénomène a reçu le nom de **solidification.**

De même, un liquide prend *l'état gazeux,* quand on en élève suffisamment la température; et un gaz peut passer à *l'état liquide,* quand on le soumet à un refroidissement suffisant et à une pression suffisamment grande. Ces phénomènes sont connus sous le nom de **vaporisation** des liquides et de **liquéfaction** des gaz.

On a réuni sous le nom général de **changements d'état physique des corps** les phénomènes de fusion, de solidification, de vaporisation et de liquéfaction.

FUSION.

21. Définition. — La **fusion** est le *passage brusque d'un corps de l'état solide à l'état liquide sous l'action de la chaleur.* Si l'on met du plomb sur une pelle à feu (*fig.* 20) il suffit de chauffer la pelle pour voir le plomb entrer en *fusion.*

Fig. 20. — **Fusion.** — Sous l'influence de la chaleur, on fait *fondre* le plomb.

22. Lois de la fusion. — 1re Loi. — *Chaque corps fond à une température déterminée, invariable pour chacun d'eux, et que l'on appelle son* **point de fusion.**

Mercure	— 39°,5	Argent	954°
Glace	0°	Or	1035°
Phosphore	44°,2	Cuivre	1054°
Soufre	114°,5	Fer	1600°
Étain	228°	Platine	1775°
Plomb	334°		

2e Loi. — *Dès que la fusion est commencée, la température de la masse en fusion reste* **invariable,** *jusqu'à ce que la fusion soit complète.*

En effet, quand on plonge un thermomètre dans la glace fondante, le niveau du mercure dans la tige reste stationnaire.

23. Chaleur de fusion. — Il résulte de la seconde loi de la fusion que la chaleur cédée par la source calorifique à la masse en fusion n'est plus sensible au thermomètre; *elle est entièrement dépensée pour accomplir le changement d'état :* cette quantité de chaleur porte le nom de **chaleur de fusion.** Ainsi, un kilogramme de glace à 0° exige 80 calories pour fondre.

24. Changement de volume pendant la fusion. — En général, la fusion d'un corps est accompagnée d'une augmentation de volume; le liquide obtenu est par conséquent moins dense que le corps solide; aussi, pendant la fusion du soufre, voit-on les fragments de soufre solide rester au fond du vase. La fonte de fer et la glace font exception : en fondant, ces corps diminuent de volume; aussi voit-on la glace flotter à la surface de l'eau. La glace fondante possède en outre la faculté de se souder à elle-même par la pression (*fig.* 21), ce qui explique la formation et les mouvements des glaciers.

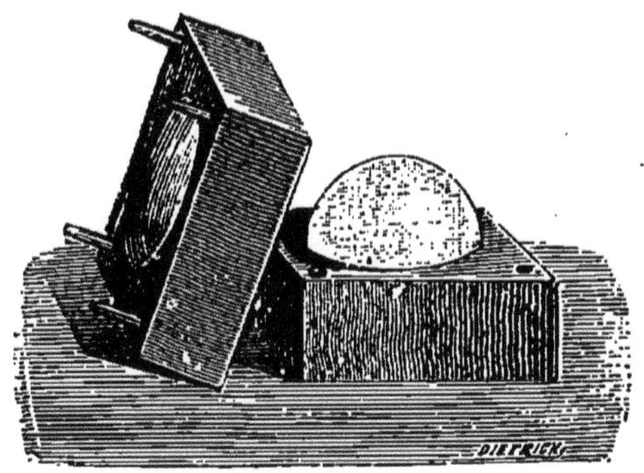

Fig. 21. — La glace se soude à elle-même par pression.

SOLIDIFICATION.

25. Définition. — La **solidification** *est le passage d'un liquide à l'état solide par refroidissement.* Elle est soumise à deux lois qui sont les réciproques de celles de la fusion :

1re Loi. — *Pour chaque corps, la solidification se produit à une température déterminée, qui est celle de la fusion.*

2e Loi. — *Pendant toute la durée de la solidification, la température de la masse qui se solidifie reste invariable.*

En effet, le liquide restitue la *chaleur de fusion* qui maintient constante la température de la masse malgré le refroidissement.

26. Changement de volume pendant la solidification. — Généralement, quand un liquide se solidifie, il y a *contraction de volume;* le solide formé est *plus dense* que le liquide. La fonte de fer et l'eau font exception ; ces corps augmentent de volume en se solidifiant. On utilise

FIG. 22. — L'expansion de la glace projette le bouchon de l'une des bombes et fait fendre l'autre.

cette propriété de la fonte de fer pour le moulage des objets en fonte [1].

27. Propriétés de la glace. — L'eau, en se congelant, augmente de volume ; la densité de la glace est égale à 0,930. L'accroissement de volume pris par l'eau en se congelant produit des effets mécaniques très puissants. Tout le monde a été témoin de la rupture des vases à col étroit renfermant de l'eau, quand cette eau se congèle pendant l'hiver. Les premiers fragments de glace formée

1. Voir *Trois années de Chimie*, par M. DRINCOURT, pour l'Enseignement primaire supérieur.

montent à la surface du liquide dans la partie étroite du vase ; ils forment bouchon en se soudant entre eux ; le reste du liquide se congèle, augmente de volume et par son expansion détermine la rupture du vase.

Les pierres dites *gélives* se délitent après la gelée, parce que l'eau qui a pénétré dans leurs pores s'y est dilatée en se congelant.

William avait abandonné à l'air, à une température de plusieurs degrés au-dessous de zéro, deux bombes remplies d'eau, dont il avait bouché hermétiquement l'ouverture au moyen d'un tampon de bois. Au moment de la congélation de l'eau, le tampon de bois de l'une des bombes fut projeté en l'air ; l'autre bombe se fendit (*fig.* 22). Ces phénomènes étaient dus à l'expansion de la glace.

Pendant l'hiver, la sève des végétaux se congèle et, par son expansion, amène la rupture des vaisseaux du végétal.

28. Dissolution. — L'expérience journalière nous montre que le sucre mis en présence de l'eau passe à l'état liquide, qu'il en est de même pour le sel marin, le salpêtre, etc. : on donne à ce mode particulier de fusion le nom de **dissolution.** La *dissolution* est donc la fusion d'un corps en présence d'un liquide.

Les corps peuvent se dissoudre dans des liquides autres que l'eau : l'iode se dissout dans l'alcool ; le phosphore et le soufre se dissolvent dans le sulfure de carbone, etc. La dissolution n'est qu'un cas particulier de la fusion.

Il n'y a pas de température fixe de dissolution. — Un même corps se dissout dans son dissolvant à toute température et la quantité de matière dissoute augmente généralement avec la température. Prenons pour exemple le *salpêtre :* l'expérience montre que 100 grammes d'eau à 20° ne peuvent dissoudre plus de 32gr,5 de salpêtre ; si l'on ajoute une nouvelle quantité de salpêtre, elle reste à l'état solide : on dit alors que la liqueur est **saturée.** A 50° les 100 grammes d'eau sont saturés par 85 grammes de salpêtre, etc. Il peut arriver que certains sels soient à peu près aussi solubles à froid qu'à chaud : le *sel marin*, par exemple, est dans ce cas : 100 grammes d'eau sont saturés par un poids de sel marin variant de 36gr,3 à 38gr,6 entre 20° et 70°.

29. Mélanges réfrigérants. — On a utilisé l'ab-

2.

sorption de chaleur qui accompagne la fusion et la dissolution pour produire des froids très intenses à l'aide de certains mélanges, nommés **mélanges réfrigérants.**

Les mélanges réfrigérants les plus employés sont les suivants :

Glace et sel marin, limite inférieure................ — 21°
Glace et sulfocyanure de potassium, limite inférieure. — 35°,2
Neige et chlorure de calcium, limite inférieure....... — 50°

C'est par ce procédé que l'on prépare les glaces et les sorbets, qui sont des sirops congelés.

QUESTIONNAIRE. — **20.** Qu'appelez-vous changement d'état? — **21.** Qu'est-ce que la fusion? — **22.** Quelles sont les lois de la fusion? — **23.** Qu'appelle-t-on chaleur de fusion. — **25.** Qu'est-ce que la solidification? — **27.** Quelles sont les propriétés de la glace? — **29.** Qu'est-ce qu'un mélange réfrigérant?

SUJETS DE RÉDACTION

Fusion et solidification. — *Sommaire.* **1.** Fusion. — **2.** Loi de la fusion. — **3.** Chaleur de fusion. — **4.** Changement de volume au moment de la fusion. — **5.** Solidification. — **6.** Propriétés de la glace.

CHAPITRE III

CONDUCTIBILITÉ ET CHALEUR RAYONNANTE. — APPLICATIONS PRATIQUES. — PRINCIPALES SOURCES DE CHALEUR

SOMMAIRE

1. La chaleur peut se propager *par conductibilité.*

2. Les différentes substances ne sont pas également *bonnes conductrices* de la chaleur : les *métaux* sont **bons conducteurs;** les *liquides* et les *gaz* sont très mauvais conducteurs.

3. La chaleur peut aussi se propager *par rayonnement.*

4. Le chauffage des locaux se fait à l'aide de cheminées, de poêles et de calorifères.

5. Au point de vue hygiénique, le meilleur mode de chauffage est la *cheminée;* les *poêles roulants* ne doivent jamais être employés parce qu'ils sont insalubres.

30. Propagation de la chaleur. — Plaçons dans un foyer l'extrémité d'une barre de fer; nous constaterons que la chaleur se propagera de proche en proche d'une tranche de la barre à la suivante ; on dit alors que la chaleur s'est propagée **par conductibilité.**

Plaçons-nous à une certaine distance d'une cheminée dans laquelle on fait du feu, nous éprouverons l'impression de chaleur, bien que l'air ambiant ne soit pas chaud. Faisons tomber les rayons du soleil sur une lentille de glace à 0° et plaçons la main au foyer de la lentille : nous éprouverons une impression de chaleur. La chaleur solaire s'est propagée jusqu'à nous sans élever la température de la lentille de glace, qui est restée égale à 0°. On dit alors que la chaleur peut se propager **par rayonnement** d'un point à un autre, sans que les points intermédiaires s'échauffent sensiblement.

31. Propagation de la chaleur par conductibilité. — Chacun sait, que l'on se brûle en touchant l'extrémité d'une barre de fer dont l'autre extrémité est portée en rouge (*fig.* 23), tandis qu'on peut tenir à la

Fig. 23. — **Conductibilité du fer.** — On peut à peine tenir à la main une barre de fer dont une extrémité est plongée dans le feu.

Fig. 24. — Le charbon de bois est **mauvais conducteur** de la chaleur.

main, sans se brûler (*fig.* 24), un morceau de charbon de bois incandescent à l'une de ses extrémités. On dit alors que le fer est *bon conducteur de la chaleur* et que le charbon de bois est *mauvais conducteur de la chaleur.*

Les différentes substances ne sont pas également bonnes

conductrices de la chaleur ; voici les pouvoirs conducteurs des corps usuels comparés à celui de l'argent :

Argent.	100,0	Fer.	11,9
Cuivre.	73,6	Acier.	11,6
Or.	53,2	Plomb.	8,5
Laiton.	23,6	Platine.	8,4
Zinc.	19,0	Palladium.	6,3
Étain.	14,5	Bismuth.	1,8

Les liquides sont mauvais conducteurs de la chaleur ainsi que les gaz, à l'exception de l'hydrogène.

32. Application de la conductibilité. — Si l'on met la main sur une barre de fer, puis sur un morceau de bois, le fer paraît *plus froid* que le bois ; en effet, la chaleur transmise par la main se répand dans toute la masse du fer et par suite ne l'échauffe pas d'une manière sensible ; au contraire, comme le bois est mauvais conducteur de la chaleur, au contact de la main, les couches superficielles seules s'échauffent et prennent une température plus élevée que celle des couches intérieures.

Pour préserver nos appartements contre le refroidissement, il faut des murs épais en pierres ou mieux en briques. Des doubles fenêtres, en interposant une couche d'air entre l'appartement et l'air extérieur, ne sont pas très favorables à l'aération, mais elles sont excellentes pour empêcher la déperdition de la chaleur. Les animaux ont une fourrure qui les protège contre le froid de l'hiver ; l'homme pour se préserver du froid, se revêt d'étoffes de laine ou de vêtements ouatés. Dans tous les cas, la couche d'air maintenue immobile par les poils de la fourrure de l'animal ou par les filaments de l'étoffe du vêtement entoure le corps d'une gaine mauvaise conductrice, qui empêche le corps de se refroidir ; le vêtement le plus chaud est celui qui présente une grande épaisseur pour un poids relativement faible. Les couvertures et les édredons nous protègent contre le froid par suite de la couche d'air emprisonnée entre les brins de la laine ou entre les plumes de l'édredon.

Inversement, pour préserver un corps de tout gain de chaleur par rayonnement extérieur, il suffit de l'entourer d'une gaine d'air immobile: en été, pour conserver la glace, on l'enveloppe dans une couverture de laine ou on l'entoure de sciure de bois.

La conductibilité des métaux a été utilisée pour refroidir les flammes; on en a fait l'application à la lampe des mineurs (*fig.* 25)[1].

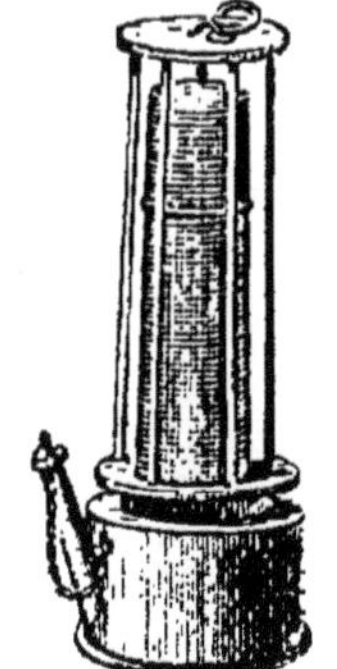

Fig. 25.—Lampe des mineurs. — Si le mineur pénètre dans une galerie de mine où existe du grisou, l'explosion s'effectue dans l'intérieur de la lampe et ne se propage pas au dehors.

33. Rayonnement de la chaleur. — Tout corps plus chaud que ceux qui l'environnent *émet de la chaleur*, qui rayonne dans toutes les directions et échauffe les corps qui la reçoivent. La chaleur ainsi *rayonnée* peut traverser certaines substances comme le verre par exemple; seulement, tandis que la chaleur solaire ou *chaleur brillante* traverse le verre, la chaleur émise par un boulet chauffé au-dessous du rouge, ou *chaleur obscure*, ne traverse pas le verre. On explique ainsi le rôle des serres, des châssis et des cloches, pour activer la végétation : en effet, le verre laisse passer les rayons à la fois chauds et *lumineux* du soleil, de sorte que le sol de la serre et tous les objets qui y sont placés s'échauffent. Mais cette chaleur ne peut pas traverser à nouveau le verre de dedans en dehors, car une fois absorbée par les corps, elle devient obscure; elle séjourne donc dans la serre et y maintient une température élevée.

De même, si pendant l'hiver, on chauffe une serre avec un calorifère, la chaleur *obscure*, rayonnée par les tuyaux de conduite, ne peut pas traverser les vitraux.

Tout corps placé dans une salle dont la température est inférieure à celle du corps se refroidit peu à peu jusqu'à ce que la température du corps soit devenue égale à celle de la salle. Le refroidissement est d'autant moins rapide que la surface du corps est plus polie. Aussi, pour conserver les boissons chaudes, comme le thé, le café, le bouillon, etc., on enferme ces liquides dans des vases sphériques en argent poli ou en métal argenté poli.

1. Voir, *Trois années de Chimie :* Feu grisou.

PRINCIPALES SOURCES DE CHALEUR.

34. Chauffage des appartements. — Nos appartements sont habituellement chauffés par des cheminées, des poêles ou des calorifères.

35. Cheminées. — Une cheminée se compose d'un foyer ouvert F (*fig.* 26) dans lequel le combustible (bois, houille ou coke) est brûlé; au-dessus du foyer se trouve un long conduit AB, qui est la cheminée proprement dite.

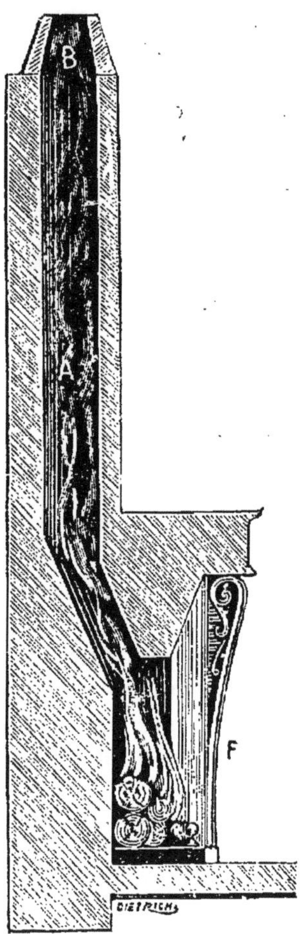

Fig. 26. — Cheminée ordinaire. — F, foyer; AB, conduit par lequel les gaz s'échappent.

Dès qu'on allume du feu dans le foyer, la colonne d'air de la cheminée *se dilate* et devient *moins dense;* elle exerce alors une pression moins grande que la colonne d'air du dehors qui est comprise entre l'ouverture inférieure et l'ouverture supérieure de la cheminée; elle ne peut donc pas contrebalancer la pression de la colonne d'air extérieur, par suite elle s'élève. L'air de la chambre vient remplacer dans la cheminée l'air qui s'est élevé, active la combustion en passant dans le foyer. L'air de la chambre est remplacé lui-même par de l'air qui est entré dans la chambre par les fissures des portes et des fenêtres. Ce mouvement de l'air est désigné sous le nom de **tirage.** On peut le mettre en évidence en plaçant une bougie allumée devant le foyer fortement embrasé d'une cheminée, la flamme de la bougie s'incline vers le foyer.

Le tirage d'une cheminée augmente avec la hauteur de la cheminée.

Si la cheminée est trop large, il se produit à l'intérieur de la cheminée deux courants inverses : l'un, d'air chaud, qui s'élève, l'autre, d'air froid, qui descend et qui ramène dans la chambre une partie de la fumée.

La cheminée ventile très bien ; mais elle est peu économique : la quantité de chaleur rayonnée utilement par le combustible est environ le dixième de la chaleur de combustion ; le reste s'échappe par la cheminée. Si la cheminée chauffe peu, par contre, elle offre un mode de chauffage *très hygiénique*, à cause du renouvellement continuel de l'air dans l'appartement. Ce renouvellement entretient dans la pièce une proportion d'oxygène plus que nécessaire à la respiration et entraîne dans la cheminée les gaz insalubres.

36. **Poêles.** — Les **poêles** sont des appareils en fonte ou en faïence dans lesquels on place le combustible ; l'air nécessaire à la combustion pénètre par un orifice inférieur, et les produits gazeux s'échappent par un tuyau débouchant dans une cheminée ou au dehors. Ici la plus grande partie de la chaleur produite est utilisée puisque le poêle rayonne par toute sa surface. La quantité d'air qui pénètre dans le poêle est à peine supérieure à celle qu'exige la combustion.

Mais à côté de ces avantages existent parfois de graves inconvénients, notamment pour les poêles de fonte. L'appel d'air étant moins considérable, la ventilation est moins active. En outre, des gaz insalubres se dégagent à travers les pores du métal surtout lorsque le poêle est porté au rouge. On s'explique ainsi le malaise éprouvé souvent dans une chambre bien close et chauffée par un poêle métallique.

Pour éviter ce dernier inconvénient, on ne fait usage, dans les pays du Nord, que de poêles en briques recouvertes de faïence ; ces poêles offrent en outre l'avantage de se refroidir moins vite.

37. **Poêles roulants.** — Depuis quelques années, une variété de poêles, dits **poêles roulants** ou **mobiles**, est devenue fort à la mode, et le serait sans doute davantage encore sans les avis réitérés de l'Académie de médecine, justement émue des nombreux accidents occasionnés par ces cheminées roulantes.

Ces appareils sont construits de façon à utiliser la presque totalité de la chaleur de combustion par la production d'un tirage *aussi faible* que possible. Il y a donc pénurie d'*oxygène* par rapport au charbon et par suite grande production **d'oxyde de carbone.** Ce gaz traverse les parois du poêle et se répand dans l'appartement, et en rend l'atmosphère insalubre, car l'oxyde de carbone est **très vénéneux.** A la longue, il détermine une intoxication qui entraîne dans l'économie animale de très graves désordres, tels que la décomposition lente du sang, l'anémie, et finalement la mort.

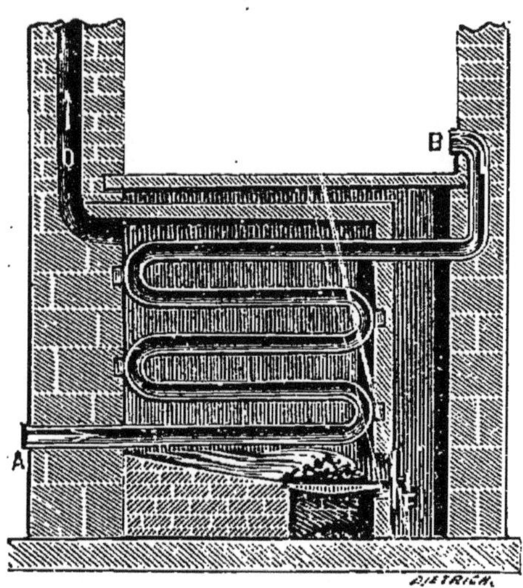

FIG. 27. — **Calorifère à air chaud.** — L'air de l'extérieur pénètre par A dans le tube recourbé, s'y échauffe et se rend dans l'appartement par la bouche de chaleur B.

38. **Calorifères.** — Lorsqu'il s'agit de chauffer un grand nombre de pièces à la fois, on a recours à des calorifères à air chaud, à eau chaude ou à vapeur.

1° *Calorifère à air chaud.* — Le calorifère à air chaud se compose d'un foyer F (*fig.* 27), muni de sa cheminée O. La flamme du foyer échauffe des tubes de fer AB, s'ouvrant dans l'air extérieur par leur base A et venant, à leur partie supérieure B, appelée *bouche de chaleur*, déverser l'air chaud dans les salles à échauffer.

2° *Calorifère à circulation d'eau chaude.* — Le calorifère à circulation d'eau chaude (*fig.* 28) se compose d'une chaudière C à foyer intérieur et communiquant avec des tubes ou réservoirs placés dans toutes les pièces. Dès que le foyer est allumé, l'eau chaude, plus légère, monte par le tuyau central B dans un réservoir A placé au sommet de la maison et muni d'une soupape de sûreté *s* pour permettre à la vapeur de s'échapper. De A l'eau descend à chaque étage par les tubes D, H, arrive dans des récipients E, E′, ayant la forme de poêles, et retourne à la chaudière par le tuyau T.

Ce mode de chauffage est économique, c'est celui qui est exclusivement employé pour le chauffage des serres et pour bon nombre d'établissements.

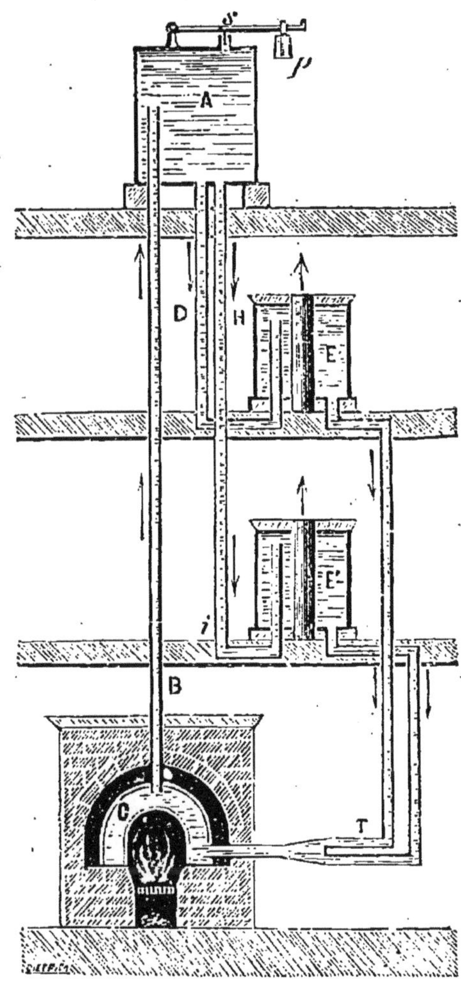

Fig. 28. — **Calorifère à circulation d'eau chaude.** — L'eau chaude s'élève par le tube B jusqu'en A; de là elle descend dans les poêles E et E′ par les tubes D et H, puis elle revient à la partie inférieure de la chaudière par le tube T.

CHAUFFAGE INDUSTRIEL.

39. Les appareils pour le chauffage industriel sont extrêmement variés, suivant la température à atteindre et suivant aussi que les corps à échauffer sont solides, liquides ou gazeux.

QUESTIONNAIRE. — 30. Quelle différence y a-t-il entre la conductibilité et le rayonnement calorifiques? — **31.** Qu'appelez-vous corps bon conducteur de la chaleur? — **32.** Quelles sont les principales applications de la conductibilité? — **33.** Quelles sont les principales applications du rayonnement de la chaleur? — **34.** Décrire les principaux modes de chauffage domestique.

LIVRE II

LUMIÈRE

Explications préparatoires.

Qu'est-ce qu'un nerf? — Un *nerf* est un cordon blanchâtre, très délicat, destiné à relier au *cerveau* tous les organes du corps humain. Les impressions reçues par nos organes se transmettent au cerveau par les *nerfs* et déterminent une *sensation*. En sens inverse, les *nerfs* transmettent, du cerveau aux organes, l'ordre de se mouvoir. Lorsqu'un nerf ne fonctionne pas, l'organe correspondant est *paralysé :* cet organe devient insensible et inerte.

Chacun de nos sens possède un nerf spécial; à la vue correspond le *nerf optique;* à l'ouïe correspond le *nerf acoustique;* à l'odorat correspond le *nerf olfactif* et au goût le *nerf lingual.* Pour le toucher, les impressions sont reçues par tous les nerfs de la peau.

Qu'est-ce qu'un écran? — Juxtaposez une feuille de carton entre votre œil et une bougie, vous ne verrez plus la bougie. La feuille de carton, dans ce cas, est un *écran.*

Qu'est-ce qu'un rayon incident? — Le soleil envoie sur la terre des rayons lumineux. Chacun de ces rayons s'appelle un *rayon incident.* Par extension, on appelle *rayon incident* chacun des rayons lumineux envoyés par une source quelconque de lumière (lampe, bougie, etc.).

Qu'est-ce qu'une normale à une surface? — Tenons une pierre au-dessus de l'eau, et lâchons-la. La pierre tombe perpendiculairement sur l'eau. On dit alors que la ligne droite suivie par la pierre est *normale* à l'eau. Une *normale* est donc une droite *perpendiculaire* à une surface.

Qu'est-ce qu'une image virtuelle? — Quand on se regarde dans un miroir, on croit apercevoir derrière le miroir un second soi-même; c'est une illusion; l'image qui semble exister derrière le miroir est une *image virtuelle.* Une *image virtuelle* est donc une image que l'on croit voir dans l'espace, mais qui n'existe pas en réalité.

Que veut dire le mot réfraction? — Le mot *réfraction* veut dire *brisure.* Il y a *brisure* d'un rayon lumineux lorsque ce rayon lumineux passe d'un milieu dans un autre : par exemple, de l'*air* dans l'*eau.*

Qu'est-ce que la dispersion de la lumière solaire? — Prenons un éventail fermé et ouvrons-le. Les rayons de l'éventail *s'étalent*, autrement dit, *se dispersent*. Un rayon de lumière solaire est un éventail fermé qui peut s'ouvrir dans certaines conditions. On dit alors qu'il y a *dispersion* de la lumière solaire.

CHAPITRE PREMIER

PROPRIÉTÉS GÉNÉRALES. — RÉFLEXION

SOMMAIRE

1. *La lumière se propage en ligne droite*, par rayons lumineux.
2. Tout corps opaque éclairé par une source de lumière laisse derrière lui une *ombre* et une *pénombre*.
3. Quand un rayon lumineux tombe sur une surface polie, il est réfléchi d'après les lois suivantes:
   1° *Le rayon réfléchi est dans le plan d'incidence;*
   2° *L'angle de réflexion est égal à l'angle d'incidence.*
4. Un miroir plan donne d'un objet une *image virtuelle.*

40. **Corps lumineux.** — L'œil des animaux possède un nerf, appelé **nerf optique,** dont les impressions transmettent au cerveau une sensation particulière, appelée **sensation lumineuse.** On a donné le nom de **lumière** à l'agent physique spécial qui est la cause habituelle des impressions du nerf optique. Le *soleil*, les *étoiles*, *une lampe*, *une bougie*, *une barre de fer portée au rouge*, sont des **sources de lumière.**

Si l'on introduit dans une chambre fermée de toutes parts, appelée **chambre noire,** une source lumineuse, comme une lampe allumée, non seulement on aperçoit la source lumineuse, mais encore tous les objets placés dans la chambre. On en conclut que les objets qui ne sont pas visibles par eux-mêmes, deviennent lumineux, quand on les éclaire par une source lumineuse. On exprime ce fait en disant que ces objets renvoient à l'œil une partie de la lumière qu'ils ont reçue. Ils deviennent alors aptes à éclairer les autres corps visibles. Ainsi, par exemple, la lune n'a pas de lumière propre, elle renvoie vers la terre la lumière qu'elle a reçue du soleil et la lune devient visible.

Tous les objets qui nous entourent ne deviennent visibles que quand ils reçoivent la lumière solaire ou celle d'une source lumineuse quelconque.

41. Corps opaques. — Corps translucides. — Corps transparents. — Une lame de métal, une feuille de carton interposées entre l'œil et un objet, empêchent de voir cet objet. On dit alors que ni le métal, ni le carton, ne se laissent traverser par la lumière : ce sont des **corps opaques.**

Une lame de verre dépoli ne permet pas non plus de distinguer les objets placés derrière elle ; cependant, elle laisse passer la lumière d'une source lumineuse : on dit alors que la lame de verre dépoli est **translucide.**

Une lame de verre ordinaire se laisse traverser par la lumière et permet de voir nettement les objets placés derrière elle : on dit qu'elle est **transparente.**

42. Rayon lumineux. — *La lumière se propage en ligne droite*, et on donne le nom de **rayon lumineux** à la droite suivant laquelle la lumière se propage. Pratiquons quelques petits trous dans une chambre noire (*fig.* 29) : la lumière solaire pénétrera en *ligne droite* dans la chambre noire par chacun des trous, et chaque rayon lumineux sera dessiné par les poussières de l'atmosphère, éclairées par la lumière solaire. Ainsi la lumière solaire qui traverse plusieurs ouvertures pratiquées dans la chambre noire (*fig.* 29), éclaire les poussières flottant dans l'atmosphère et dessine l'ensemble des rayons lumineux correspondants.

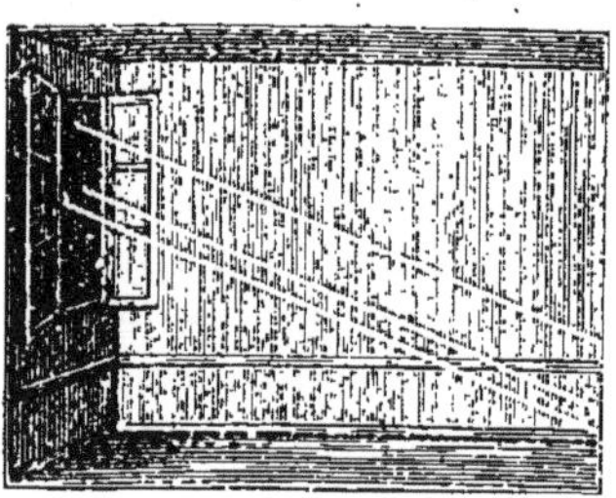

FIG. 29. — La lumière se propage en ligne droite.

43. Ombre et pénombre. — Prenons comme source lumineuse la flamme LL′ d'une bougie (*fig.* 30), devant laquelle nous placerons un écran circulaire AB, vertical, parallèle à l'un des murs de la classe. Nous obtiendrons sur le mur une **ombre pure** MM′ circulaire ; puis, tout autour de cette ombre se formera une *pénombre* NN′, dans laquelle l'intensité lumineuse augmentera progressivement depuis MM′ jusqu'en NN′, région en dehors de laquelle le mur est éclairé par la flamme entière de la bougie.

44. Faisceaux lumineux. — On appelle **faisceaux lumineux** un ensemble de rayons lumineux ayant même origine. L'ensemble des rayons lumineux émanés d'une

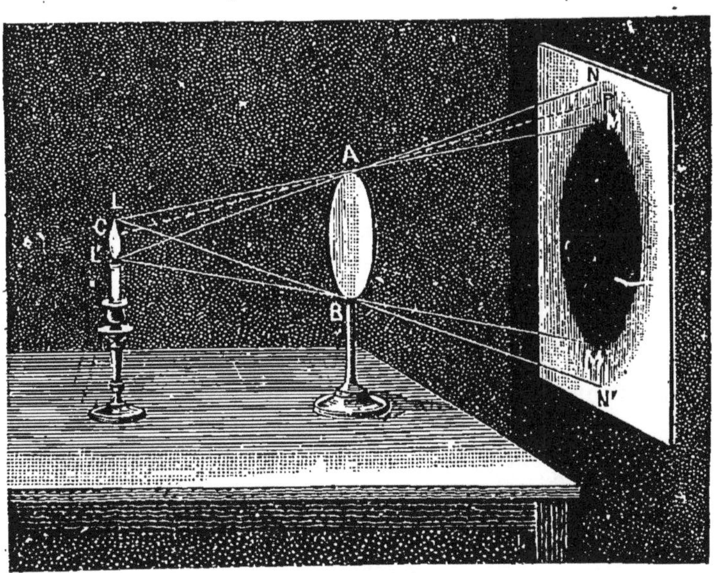

Fig. 30. — Ombre et pénombre. — MM′, ombre pure; NN′, pénombre. Le passage de l'ombre pure à la pleine lumière se fait par degrés insensibles.

même étoile, forment un *faisceau parallèle;* les rayons lumineux issus d'une source lumineuse artificielle forment un *faisceau de lumière divergente.*

45. Réflexion de la lumière. — Quand un rayon lumineux SI tombe sur une surface polie (*fig.* 31), il change de direction suivant IR; on dit alors qu'il y a *réflexion de la lumière.*

Le rayon SI s'appelle le *rayon incident*, IR est le *rayon réfléchi.*

Le point I est le *point d'incidence.*

La droite IN, menée par le point I perpendiculairement à la surface polie, s'appelle la *normale.*

Le plan SIN s'appelle le *plan d'incidence.*

L'angle NIS est l'*angle d'incidence;* l'angle NIR est l'*angle de réflexion.*

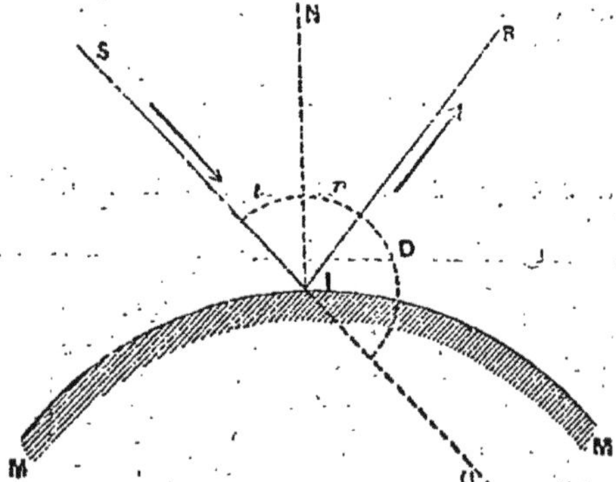

FIG. 31. — SI, rayon incident; IR, rayon réfléchi; IN, normale; NIS, angle d'incidence; NIR, angle de réflexion; HIR, déviation du rayon incident. Les trois droites SI, IN, IR sont dans le plan d'incidence. Les deux angles NIR et NIS sont égaux.

Les lois de la réflexion de la lumière sont les suivantes :

1° *Le rayon réfléchi est dans le plan d'incidence;* ainsi le rayon réfléchi IR est dans le plan d'incidence NIS.

2° *L'angle de réflexion est égal à l'angle d'incidence;* ainsi l'angle de réflexion NIR est égal à l'angle d'incidence NIS.

On peut se rendre compte de ces lois en lançant obliquement sur un parquet une balle élastique; elle rebondit suivant les mêmes lois que celles de la réflexion de la lumière.

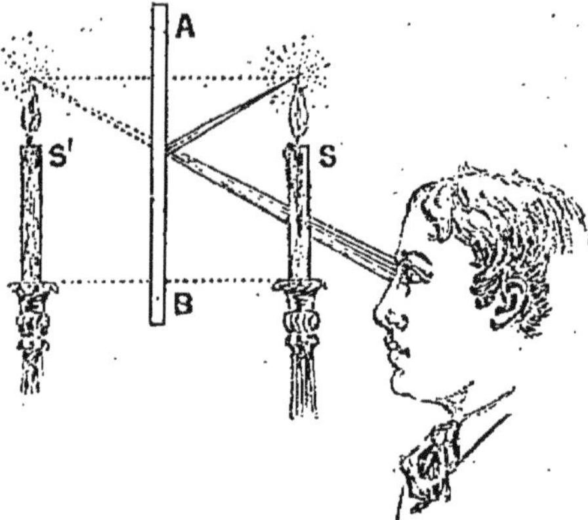

FIG. 32. — En regardant dans un miroir, on croit apercevoir l'image virtuelle de la bougie. Cette image n'existe pas réellement derrière le miroir; c'est une illusion de l'œil.

46. Miroir plan. — On appelle miroir plan une surface *plane, polie,* comme celle d'une plaque d'*argent*, d'une plaque d'*acier* ou d'une plaque de *fer-blanc*. Les miroirs d'appartement ou *glaces* ne sont pas des miroirs plans dans le sens physique du mot, parce que le propre d'un miroir plan est d'être dépourvu d'épaisseur, ce qui n'est pas le cas d'un miroir d'appartement. Toutefois dans ce livre élémentaire, nous les considérerons comme des miroirs plans.

Considérons une bougie allumée S (*fig.* 32) placée devant un miroir plan AB; l'expérience nous montre que, si nous regardons dans le miroir, nous croirons apercevoir derrière le miroir une bougie allumée S' qui ne s'y trouve réellement pas. Notre œil, qui reçoit les rayons réfléchis par le miroir, est impressionné comme si la bougie S' existait derrière le miroir : on dit alors que nous apercevons derrière le miroir une *image virtuelle* de la bougie.

QUESTIONNAIRE. — **40.** Qu'appelle-t-on sources de lumière? — **41.** Qu'appelle-t-on corps opaque, corps transparent, corps translucide? — **42.** Comment se propage la lumière? — **43.** Quelle différence y a-t-il entre l'ombre et la pénombre? — **45.** Quelles sont les lois de la réflexion de la lumière? — **46.** Décrire les effets produits par un miroir plan.

SUJETS DE RÉDACTION

Réflexion de la lumière. — *Sommaire.* 1. Loi de la réflexion. — 2. Images données par un miroir plan.

CHAPITRE II

RÉFRACTION DE LA LUMIÈRE. — PRISMES. — LENTILLES

SOMMAIRE

1. On appelle **réfraction** le changement brusque de direction que subit un rayon lumineux en changeant de milieu.

2. La réfraction explique le relèvement vers la surface libre des objets placés dans l'eau.

3. Tout rayon de lumière simple qui traverse un **prisme** est rejeté vers la base du prisme.

4. Les *lentilles convergentes* ont un foyer principal où va converger la lumière émanée d'un astre et reçue par la lentille.

5. Une lentille *convergente* donne des objets extérieurs une image réelle ou virtuelle, suivant que l'objet est placé au delà ou en deçà du foyer.

6. Une lentille *divergente* donne toujours d'un objet extérieur une image virtuelle plus petite que l'objet.

47. Réfraction de la lumière. — Plongeons obliquement dans l'eau un bâton AC (*fig.* 33); le bâton nous paraît brisé en B, et la partie plongée BA nous semble être relevée vers la surface de l'eau, suivant BA′. Cette apparence provient de ce que les rayons lumineux issus de A, en passant de l'eau dans l'air, ont subi une déviation qui les rapproche de la surface de l'eau; l'œil O de l'observateur, qui les reçoit, croit apercevoir le point A en A′. De même le fond de l'eau paraît relevé vers la surface du liquide.

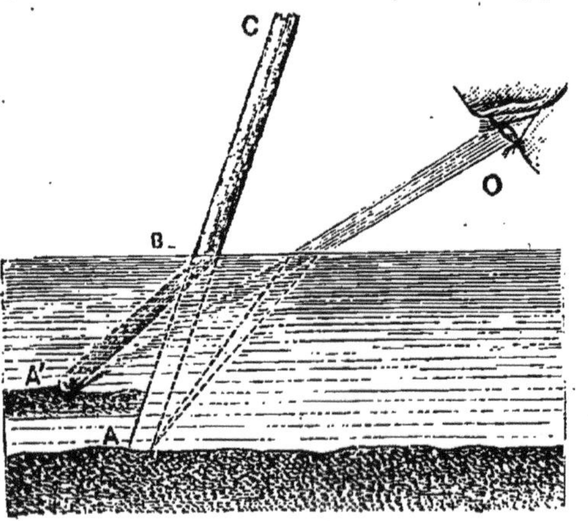

Fig. 33. — **Expérience du bâton brisé.** — La portion BA du bâton paraît relevée en BA′; de même, le fond de l'eau paraît relevé d'une quantité égale au quart de la profondeur réelle.

Pour la même raison, un lac paraît moins profond qu'il ne l'est réellement; le fond de l'eau paraît relevé d'une quantité égale au *quart* de la profondeur réelle. Les poissons ne paraissent pas occuper dans l'eau la place qu'ils occupent réellement, ils paraissent relevés vers la surface libre; pour les tirer au fusil, il faut viser un peu au-dessous de la position apparente de l'animal.

Tous ces phénomènes résultent du principe général suivant :

Quand un rayon lumineux change de milieu, il subit un changement de direction, toutes les fois qu'il est oblique à la surface de séparation des deux milieux.

Nous allons examiner les deux cas principaux :

1er Cas. — *La lumière passe de l'eau dans l'air.*

Un rayon lumineux SI (*fig.* 34), en passant de l'eau dans l'air, au lieu de continuer sa route suivant son prolongement III, s'écarte de la normale NN′ à la surface de l'eau AB, et suit, par réfraction, la direction IR.

2e Cas. — *La lumière passe de l'air dans l'eau.* Un rayon

lumineux SI (*fig.* 35), en passant de l'air dans l'eau, au lieu de continuer sa route suivant son prolongement IH, se rap-

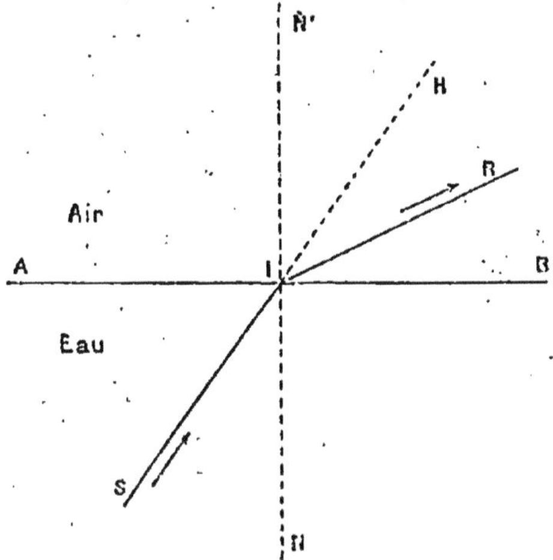

Fig. 34. — Le rayon lumineux SI, en passant de l'eau dans l'air s'écarte de la normale NN' suivant IR.

proche de la normale NN' à la surface de l'eau AB, et suit, par réfraction, la direction IR.

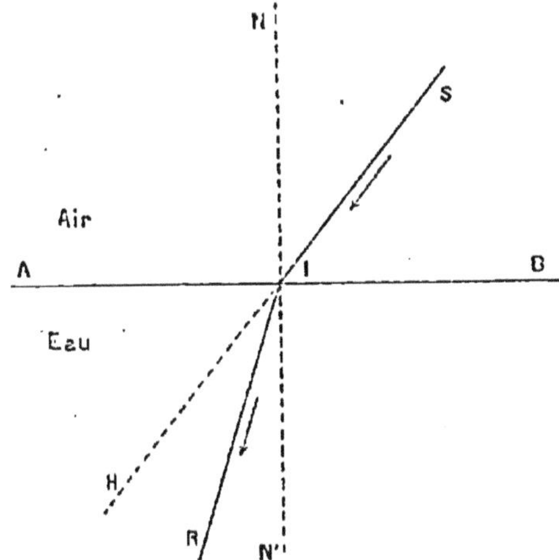

Fig. 35. — Le rayon SI, en passant de l'air dans l'eau, se rapproche de la normale NN', suivant IR.

Dans ces deux cas, le rayon SI s'appelle le *rayon inci-*

dent, IR est le *rayon réfracté* correspondant; l'angle NIS est *l'angle d'incidence;* l'angle N'IR est *l'angle de réfraction;* l'angle HIR est la *déviation* subie par le rayon lumineux.

L'eau est dite *plus réfringente* que l'air.

Avec le *verre*, on obtiendrait des phénomènes identiques; le verre est *plus réfringent* que l'air.

Si le rayon lumineux est *perpendiculaire* à la surface de séparation des deux milieux, il continue son chemin en ligne droite. Ainsi par exemple, dans la fig. 35, un rayon lumineux qui cheminerait suivant NI dans l'air, continuerait son chemin en ligne droite, suivant IN' en pénétrant dans l'eau.

48. **Prisme.** — On appelle **prisme** un milieu transparent P (*fig.* 36) limité par deux faces planes AECD et

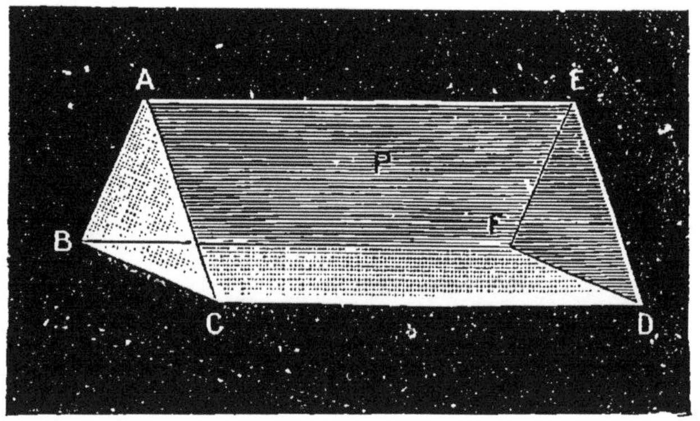

Fig. 36. — **Prisme de verre.** — AECD et AEBF, faces du prisme; AE, arête réfringente; BAC, angle du prisme.

AEBF non parallèles, dont l'intersection AE constitue l'*arête réfringente* du prisme. Un prisme est défini par l'angle BAC formé par ses deux faces, et par la nature de sa substance. Soit BAC (*fig.* 37), la section d'un prisme de verre; le point A est le *sommet* du prisme; l'angle BAC est l'*angle réfringent* du prisme; et le côté BC est appelé la *base* du prisme.

Soit SI, un **rayon lumineux simple** tombant sur la face AB; il passe de l'air dans le verre et pénètre dans le prisme en *se rapprochant* de la normale NIN' à la face AB; il suit le chemin II'. Arrivé en I', le rayon lumineux passe du verre dans l'air; il *s'écarte* de la normale MI'M' à la face AC et il sort dans l'air suivant I'E.

Le rayon lumineux a subi deux déviations succes-

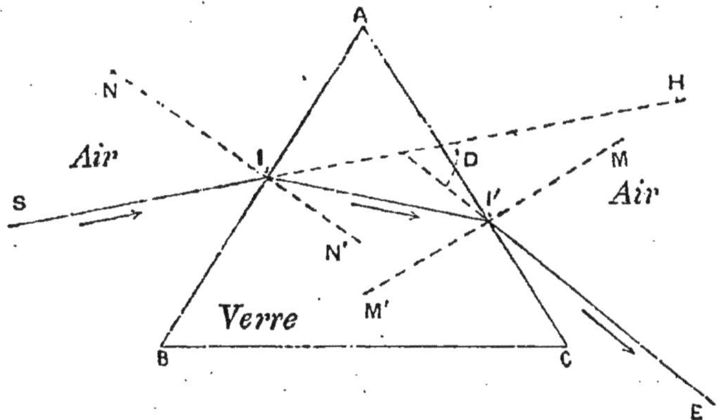

Fig. 37. — **Marche d'un rayon lumineux simple à travers un prisme.** — Le rayon lumineux SI, après avoir traversé le prisme suivant II', sort dévié suivant I'E.

sives dans le même sens, ayant pour effet de le rejeter vers la base du prisme.

49. **Expérience.** — Un observateur (*fig.* 38) regarde la flamme d'une bougie à travers un prisme B à arête horizontale, il aperçoit une image virtuelle de la flamme relevée dans le sens vertical.

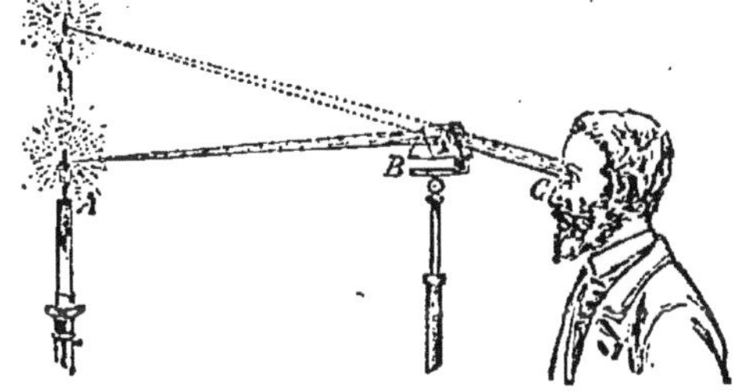

Fig. 38. — Vue à travers un prisme B, une bougie A paraît relevée.

LENTILLES.

50. **Lentilles.** — On appelle **lentilles** des masses de verre limitées par des faces sphériques.

Les unes sont plus épaisses au centre qu'aux bords (*fig.* 39); on les appelle lentilles *convergentes*.

Les autres sont plus épaisses aux bords qu'au centre (*fig.* 40); on les appelle lentilles *divergentes.*

Dans toute lentille, la lumière entre par une face et sort par la face opposée. Nous supposerons pour l'étude des lentilles et des instruments d'optique, que la lumière chemine toujours de la gauche vers la droite, dans le sens marqué par les flèches.

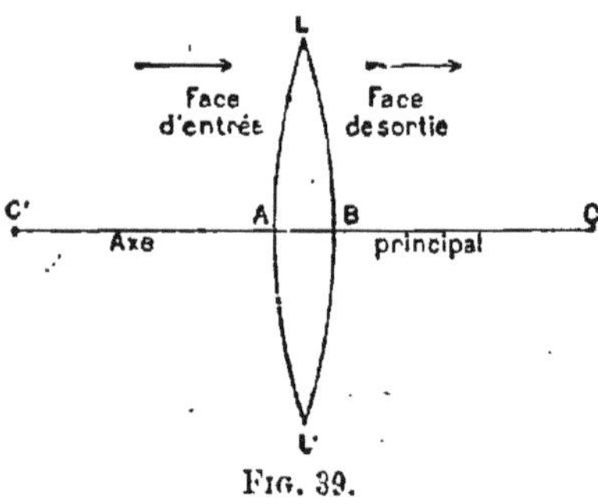

Fig. 39.

D'après ces conventions, dans une lentille convergente (*fig.* 39), la face LAL′ sera la *face d'entrée,* et elle aura pour *centre* le point C. La face LBL′ sera la *face de sortie;* elle aura pour *centre* le point C′.

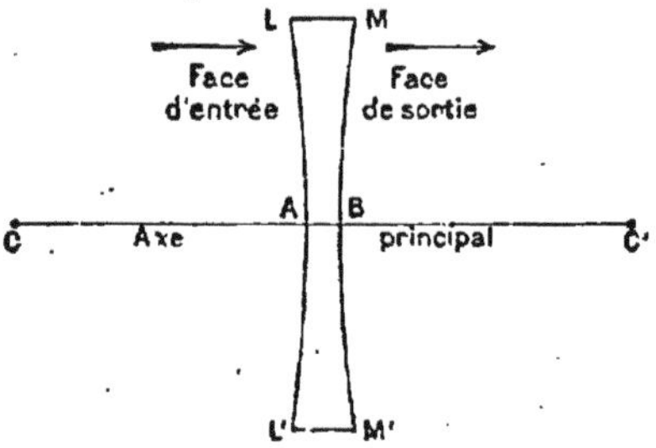

La ligne C′C, indéfiniment prolongée, s'appelle l'*axe principal* de la lentille convergente.

Fig. 40.

De même, pour une lentille divergente (*fig.* 40), LAL′ est la *face d'entrée* et a pour *centre* C; MBM′ est la *porte de sortie,* et a pour centre C′. La ligne CC′ est appelée l'*axe principal* de la lentille divergente.

51. Lentilles convergentes. — 1° *Foyer.* — Si l'on fait tomber sur une **lentille convergente,** parallèlement à son axe principal (*fig.* 41), les rayons du soleil, l'expérience montre que l'on peut concentrer sur une feuille de papier convenablement placée du côté opposé au soleil, les rayons lumineux qui ont traversé la lentille; le point F′, où se concentre ainsi la lumière, s'appelle le *foyer principal* de la lentille. Donc, les rayons du soleil, en traversant la lentille, ont subi une déviation telle, qu'ils vont tous *converger,* c'est-à-dire se réunir, au foyer F′ de la lentille (*fig.* 41). Pour cette raison, la lentille est dite *convergente;* et, dans une semblable lentille, *tout rayon lumineux parallèle à l'axe principal sort de la lentille en passant par le foyer* F'.

Tous les enfants se sont amusés ainsi à obtenir sur une

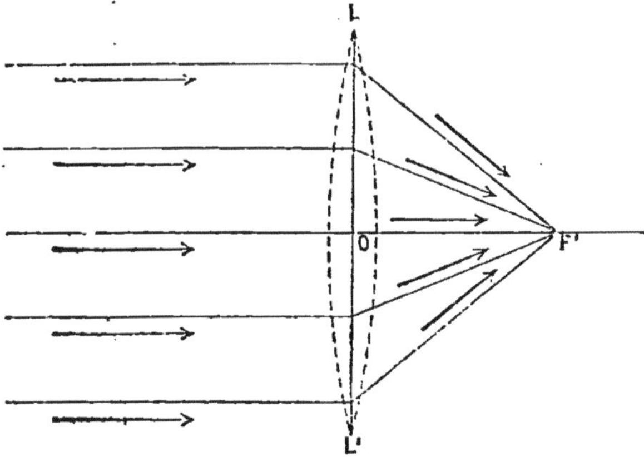

Fig. 41. — Foyer d'une lentille. — F', foyer.

feuille de papier un point lumineux *très* brillant, qui est l'image du soleil donnée par la lentille.

Inversement, si on mettait une source de lumière au

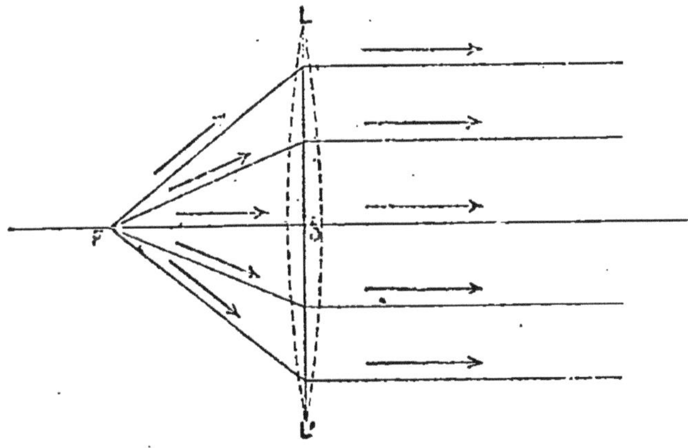

Fig. 42. — Les rayons lumineux issus du foyer F d'une lentille LL', sortent de la lentille parallèles entre eux.

foyer F d'une lentille (*fig.* 42), les rayons lumineux, après avoir traversé la lentille, sortiraient parallèlement à l'axe principal.

On utilise cette dernière propriété pour projeter au loin les lumières des *phares*. La lampe du phare est placée au foyer d'une lentille convergente, et la lumière parallèle qui sort de la lentille peut être projetée à une très grande distance en mer, sans déperdition d'intensité.

2° *Image réelle d'un objet.* — Si l'on place un objet lumineux B devant une lentille L (*fig.* 43), *au delà* de son foyer F,

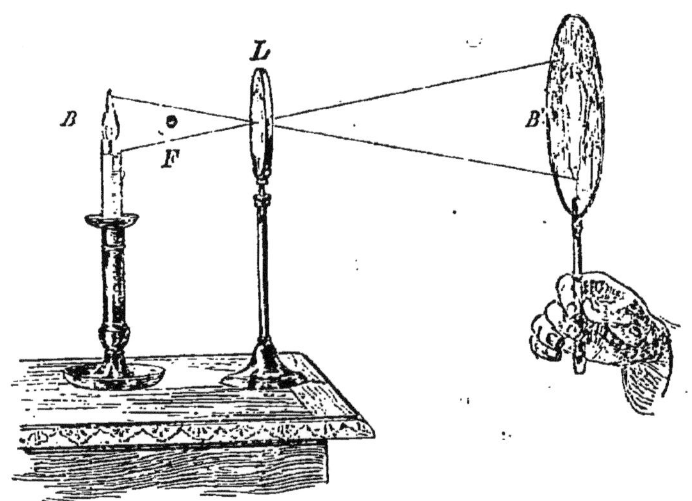

Fig. 43. — Une bougie B, placée *au delà* du foyer F d'une lentille convergente L, a une image B', *réelle* et *renversée.*

l'expérience montre que la lentille donne de l'objet une image réelle et renversée B' que l'on peut recevoir sur un écran, et qui est d'autant plus grande que l'objet est plus rapproché du foyer de la lentille.

En même temps, à mesure que l'objet lumineux B se rapproche du foyer, l'image B' se forme de plus en plus loin de la lentille.

La *lanterne magique* n'est qu'une application de l'expérience précédente.

3° *Image virtuelle d'un objet.* — Si l'objet lumineux B (*fig.* 44) est placé *entre la lentille* LL' *et son foyer* F, l'image B' est droite, virtuelle et agrandie. L'œil O placé derrière la lentille croit apercevoir, en avant de la lentille, l'image virtuelle B' de l'objet B; cette image semble toujours être située au delà de l'objet par rapport à la lentille.

52. Lentilles divergentes. — Dans une **lentille divergente** LL′ (*fig.* 45), les rayons lumineux parallèles à

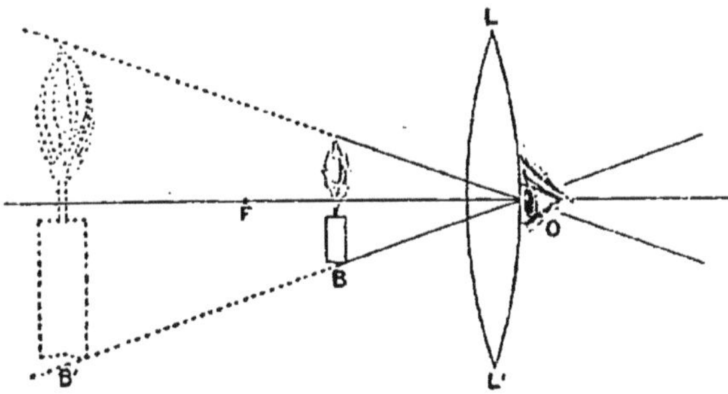

Fig. 44. — Une bougie B, placée *entre* une lentille convergente LL′ et son foyer F, a une image B′, *virtuelle* et *droite*.

l'axe principal sortent de la lentille *en divergeant*, c'est-à-dire en s'écartant les uns des autres. Ils semblent alors

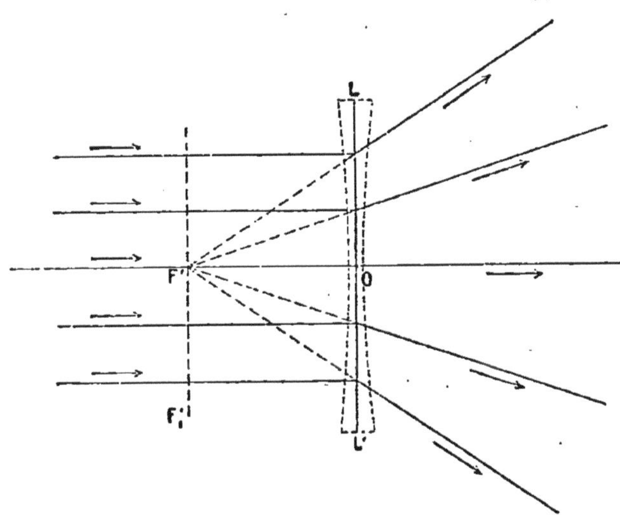

Fig. 45. — Un faisceau de lumières parallèles est transformé par une lentille divergente LL′ en un faisceau divergent, qui semble issu du point F′. Le point F′ est le foyer de la lentille. Le plan F′ F'_1 est le *plan focal.*

sortir de la lentille *comme s'ils venaient* d'un même point F′, situé sur l'axe principal. Ce point F′ est le *foyer virtuel* de la lentille divergente.

Une lentille divergente LL′ (*fig.* 46) donne toujours d'un objet lumineux B une image B′ virtuelle, droite et plus petite que l'objet; de plus, cette image est toujours plus près de la lentille que n'en est l'objet lui-même. Donc, si l'on place l'œil en O, on *croira* que l'objet lumineux s'est rapproché en B′, où il apparaît droit et plus petit qu'il n'est réellement[1].

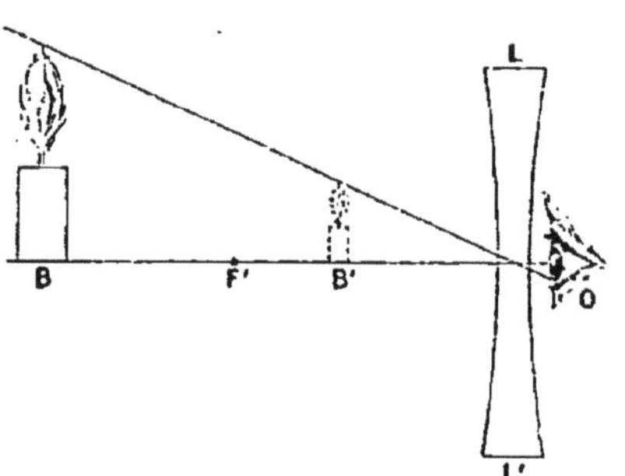

FIG. 46. — **Image d'un objet.** — L'œil, placé derrière la lentille divergente, croit apercevoir B′ au lieu de B.

QUESTIONNAIRE. — **47.** Exposer ce qui se passe quand on regarde un bâton dont une portion a été plongée dans l'eau. — Qu'appelez-vous réfraction de la lumière? — **48.** Qu'est-ce qu'un prisme? — Quelle est la déviation subie par un rayon lumineux qui a traversé un prisme de verre? — **50.** Combien y a-t-il d'espèces de lentilles? — **51.** Qu'est-ce qu'une lentille convergente? — Qu'appelle-t-on foyer d'une lentille convergente? — Dans quels cas une lentille convergente donne-t-elle lieu à une image réelle ou à une image virtuelle? — **52.** Qu'est-ce qu'une lentille divergente? — De quelle nature est son foyer? — Quelle espèce d'image donne une lentille divergente?

SUJETS DE RÉDACTION

Lentilles convergentes. — *Sommaire.* **1.** Forme d'une lentille convergente. — **2.** Foyer d'un lentille convergente. — **3.** Images dans les différents cas.

Lentilles divergentes. — *Sommaire.* **1.** Forme d'une lentille divergente. — **2.** Foyer. — **3.** Image.

1. Pour la théorie complète des lentilles, voir : *Traité de Physique des écoles normales primaires*, par MM. DRINCOURT et DUPAYS, page 267.

CHAPITRE III

DISPERSION DE LA LUMIÈRE SOLAIRE. — COULEUR DES CORPS

SOMMAIRE

1. — La lumière solaire tombant sur un prisme est décomposée en radiations simples, dont les principales sont : *violet*, *indigo bleu*, *vert*, *jaune*, *orangé*, *rouge*, à partir de la base du prisme.

53. Dispersion de la lumière solaire. — La **lumière solaire** n'est pas une lumière *simple ;* elle est, au contraire, composée d'un nombre très grand de lumières

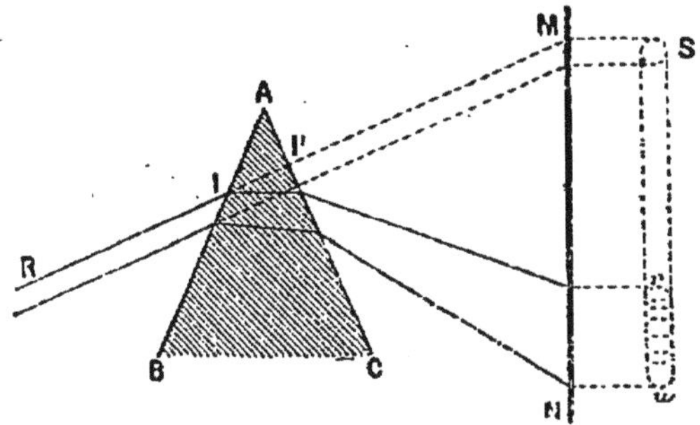

Fig. 47. — **Formation du spectre solaire.** — Un faisceau de lumière solaire R, après avoir traversé un prisme BAC, donne, sur un écran MN, une image colorée que nous avons représentée suivant *rv*, en supposant l'écran MN rabattu.

simples qui, impressionnant l'œil simultanément, donnent la sensation du *blanc*.

Pour *décomposer* la lumière solaire, ou, comme on dit, pour en opérer la *dispersion*, il suffit de lui faire traverser un prisme de verre.

Expérience. — Considérons un faisceau de *lumière solaire* parallèle RIM (*fig.* 47) tombant sur un écran MN. Nous obtiendrons une petite tache ronde, blanche, S. Interposons maintenant sur le passage du faisceau de lumière RI un prisme de verre BAC. Les rayons solaires qui traverseront le prisme seront déviés (§ 48) et on obtiendra sur l'écran une image *vu*, ayant la forme d'un rectangle allongé, et colorée des teintes de l'*arc-en-ciel*.

Newton a donné à cette image le nom de *spectre solaire*, dans lequel les couleurs se succèdent dans l'ordre suivant, à partir de la base du prisme : *violet*, *indigo*, *bleu*, *vert*, *jaune*, *orangé*, *rouge*.

Principe. — *Les couleurs du spectre sont simples et inégalement réfrangibles.* Elles sont *simples* parce que chaque couleur n'est plus décomposable par un second prisme. Elles sont inégalement *réfrangibles*, parce que les rayons violets subissent une déviation plus grande que la déviation subie par les rayons rouges.

54. Recomposition en lumière blanche des lumières simples du spectre solaire. — On peut

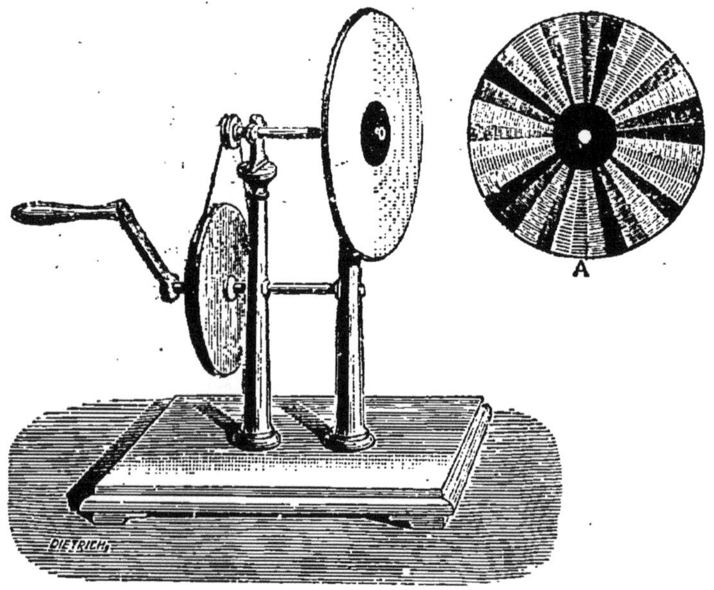

Fig. 48. — **Disque de Newton.** — Le disque, qui porte les sept couleurs du spectre solaire, paraît *blanc* quand on lui imprime un mouvement rapide de rotation.

recomposer en lumière blanche, à l'aide du **disque de Newton**, les lumières simples du spectre solaire. — On colle sur un disque de carton A (*fig.* 48) des secteurs en papier portant chacun l'une des sept couleurs du spectre. On imprime à ce disque un mouvement de rotation rapide et la surface du disque paraît d'un blanc d'autant plus parfait que les couleurs des secteurs se rapprochent davantage des couleurs du spectre.

55. Couleurs des corps. — La réunion de toutes les couleurs du spectre donne de la lumière blanche. Supposons que l'on supprime un certain nombre de couleurs du spectre; les couleurs conservées formeront, par leur mélange, une certaine teinte colorée que nous appellerons A. Les couleurs supprimées formeraient par leur mélange une autre teinte B : A et B réunies donneraient du blanc; on dit alors que les couleurs A et B sont *complémentaires.*

Si l'on supprime le *rouge*, on obtient du *vert;* donc, le *rouge* et le *vert* sont *complémentaires;* il en est de même du *bleu* et du *jaune.*

Si l'on fait tomber la lumière solaire sur un corps, certaines couleurs sont absorbées et les autres sont diffusées, c'est-à-dire renvoyées par le corps dans toutes les directions.

L'œil reçoit seulement les radiations diffusées, et la couleur résultant de leur mélange constitue la *couleur propre* du corps soumis à l'expérience. Ainsi, un corps qui nous paraît *jaune* absorbe toutes les radiations autres que le jaune, qui seul est diffusé; si l'on éclairait ce corps avec de la lumière rouge par exemple, il nous semblerait être noir.

Les corps *blancs* sont ceux qui diffusent les couleurs du spectre en *égales proportions;* les corps *noirs* sont ceux qui absorbent toutes les couleurs du spectre.

Le verre ordinaire se laisse traverser par toutes les couleurs du spectre, aussi nous paraît-il *blanc* par transparence.

Un verre *rouge* est celui qui ne se laisse traverser que par les rayons rouges, etc.

Si l'on examine un corps jaune à travers un verre rouge, le corps jaune paraît noir; de même un corps blanc, vu à travers un verre rouge, paraîtrait rouge et un corps rouge conserverait sa couleur.

56. Arc-en-ciel. — L'arc-en-ciel est dû à la décomposition de la lumière solaire par les gouttes d'eau d'un nuage se résolvant en pluie. L'œil aperçoit une couronne circulaire bordée de rouge à l'extérieur et de violet à l'intérieur. On obtient ainsi le **premier arc-en-ciel.**

On aperçoit quelquefois un *second* arc-en-ciel extérieur au premier ayant le rouge en dedans et le violet au dehors; son intensité lumineuse est très faible.

QUESTIONNAIRE. — **53.** Expliquer le phénomène de la dispersion. — Qu'appelle-t-on spectre solaire? — Les couleurs du spectre sont-elles simples? — **54.** Décrire l'expérience de Newton servant à la recomposition de la lumière blanche. — **55.** Qu'appelle-t-on couleurs complémentaires? — **56.** Qu'est-ce que l'arc-en-ciel?

SUJETS DE RÉDACTION

Dispersion de la lumière. — *Sommaire.* **1.** Formation du spectre solaire. — **2.** Recomposition de la lumière. — **3.** Couleur des corps.

LIVRE III

ACOUSTIQUE

Explications préparatoires.

Qu'est-ce que vibrer? — Si l'on frappe sur un verre à boire avec un couteau et si l'on touche légèrement le verre avec le doigt, on sent le verre *vibrer* sous le doigt. On dit donc qu'un corps *vibre*, toutes les fois que ce corps exécute des *oscillations* très rapides, se succédant à des intervalles de temps infiniment *petits*.

Qu'appelle-t-on amplitude d'une vibration?—Supposons qu'une longue corde à violon soit tendue en ligne droite entre deux clous A et B (fig. 49) fixés sur une table. Avec le doigt écartons la corde de la ligne droite et lâchons-la. Nous entendrons un son d'autant plus intense que l'écart primitif de la corde aura été plus grand. L'écart donné primitivement à la corde s'appelle l'*amplitude* de ses vibrations.

Qu'est-ce qu'une gamme? — Vous apprenez la musique vocale; on vous fait chanter une suite de sons nommés *do*, *ré*, *mi*, *fa*, *sol*, *la*, *si*, *do*. Cette suite de sons constitue une *gamme*.

Qu'est-ce qu'une octave? — Quand vous chantez la gamme, vous commencez par chanter la note *do* dans le grave de la voix et vous terminez par une note plus élevée appelée aussi *do*. Pour distinguer ces deux *do* l'un de l'autre, on dit que la note *do* la plus élevée est à l'*octave* de la note *do* la plus grave.

Quelle idée vous faites-vous de la hauteur d'un ton? — Quand vous chantez la gamme, vous chantez d'abord la note *do*, puis vous chantez la note *ré*, puis la note *mi*, etc. On dit que *ré* est **plus élevé** que *do* et que *mi* est plus élevé que *ré*, etc. Inversement, *ré* est **moins élevé** que *mi* et *do* est moins élevé que *ré*. On dit aussi que le son *ré* est plus **aigu** que le son *do* ou que *do* est plus **grave** que *ré*. On résume toutes ces expressions en disant que chaque son possède une *hauteur* particulière, caractérisée par le nombre de ses vibrations par *seconde*.

Qu'est-ce le que vide? — Prenons un verre à boire, nous disons qu'il est *vide* parce qu'il ne contient aucun liquide; mais ce n'est pas là le *vide scientifique;* en effet, le verre est plein d'*air*. De même, un ballon de verre n'est pas *vide* au sens scientifique du mot : il est plein d'*air*. Mais, si ce ballon est muni d'un robinet, si nous extrayons l'air du ballon à l'aide d'une pompe spéciale (*machine pneumatique*) et si nous fermons le robinet, le ballon sera complètement vide de toute matière. On dit alors que l'on a *fait le vide* dans le ballon.

SOMMAIRE

1. Les corps élastiques, écartés de leur position de repos, *vibrent* et produisent un **son**.

2. *Le son ne se propage pas dans le vide*; dans l'air sa vitesse est égale à **340** mètres par seconde; elle est plus grande dans les liquides et dans les solides que dans l'air.

3. **L'écho** est dû à la réflexion du son sur un obstacle.

4. La *hauteur d'un son* est caractérisée par le *nombre des vibrations* qu'accomplit en une seconde le corps sonore qui le produit.

5. Le diapason normal correspond à 435 vibrations par seconde.

6. Une corde rend un son d'autant **plus aigu** qu'elle est *plus courte*, *plus mince* et *plus tendue*.

57. Production du son. — Chacun de nous sait ce que signifie *entendre* et ce que c'est qu'un **son** : le son résulte d'une impression subie par notre oreille et que le cerveau transforme en sensation auditive. Proposons-nous de chercher quelles sont les conditions nécessaires pour que l'oreille perçoive un son.

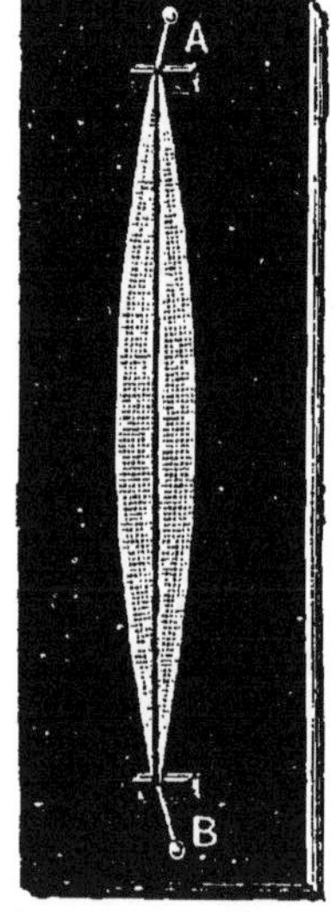

Fig. 49. — **Mouvement vibratoire d'une corde.** — La corde présente l'aspect d'un fuseau transparent.

1° *Corde vibrante.* — Considérons d'abord une longue corde à violon (*fig.* 49), tendue entre deux points fixes A et B; écartons-la de sa position de repos et abandonnons-la à elle-même. L'oreille entend un son provenant du *mouvement vibratoire* de la corde.

2° *Diapason.* — Un **diapason** (*fig.* 50) est une tige d'acier recourbée en fer à cheval. Si l'on fait passer entre les deux branches du diapason, un morceau de fer un peu plus large que l'intervalle des deux branches, on entend *un son très pur*. Ce son provient du mouvement vibratoire des branches du diapason.

3° *Verre à boire.* — Un verre à boire que l'on heurte avec un couteau rend un son. Si on approche légèrement les doigts de la surface du verre, on sentira un frémissement indiquant que le verre est en mouvement.

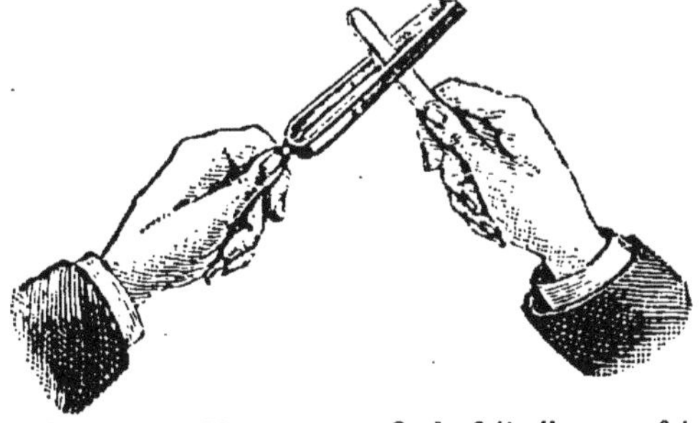

Fig. 50. — Diapason. — On le fait vibrer en faisant passer un petit cylindre de métal entre les deux branches.

58. Mouvement vibratoire. — Tout corps produisant un son s'appelle un corps **sonore**, et son mouvement est dit un mouvement **vibratoire.**

Pour nous rendre compte de ce mouvement, prenons un diapason (*fig.* 51), faisons-le résonner et examinons l'une des branches : elle s'épanouit en éventail et elle accomplit, à droite et à gauche de sa position de repos N, des **oscillations de même durée.** Une *oscillation* est le déplacement de la branche de N′ en N″, ou de N″ en N′.

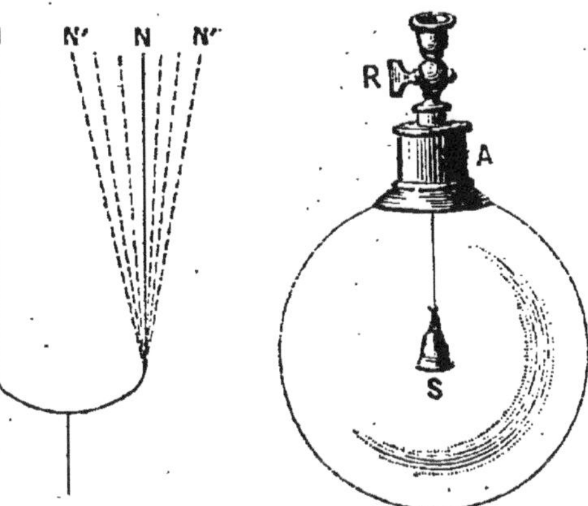

Fig. 51. — Mouvement d'un diapason.

Fig. 52. — Si on fait le vide dans le ballon, on n'entend plus le son de la clochette.

Une **vibration** est formée de *deux oscillations* : l'amplitude des oscillations diminue peu à peu, sans que la durée des oscillations varie. *Le diapason accomplit toujours le même nombre de vibrations en une seconde.* Il en serait de même pour un corps sonore quelconque.

59. Le son ne se propage pas dans le vide. — Prenons un ballon A (*fig.* 52), au centre duquel une clochette S se trouve suspendue par un fil de soie. On fait le vide dans le ballon, on ferme le robinet R et on agite l'appareil : *aucun son n'arrive à l'oreille.*

Si l'on fait rentrer dans le ballon de l'air ou un gaz quelconque, le son devient perceptible, et son intensité est d'autant plus grande que la force élastique du gaz introduit est plus considérable.

60. Propagation du son. — Le son se propage à travers les *liquides* et à travers les *solides.*

Si nous nous trouvons sur le bord d'un étang où se jouent des poissons, il nous suffira de frapper dans nos mains pour les mettre en fuite : donc les corps liquides transmettent le son.

L'oreille appliquée sur le sol perçoit le bruit d'une troupe en marche, le roulement d'une voiture : donc les corps solides transmettent le son.

Parmi les corps solides, il en est qui transmettent très mal le son : ce sont les corps dépourvus d'élasticité, comme le coton, la ouate, le duvet. Les tapisseries, les portières en tissus épais étouffent tous les bruits. Ces faits vulgaires montrent que le son peut être transmis par tout milieu élastique.

61. Vitesse du son. — Chacun sait qu'on voit la *fumée* d'un coup de canon avant d'entendre le *bruit* et que le temps qui s'écoule entre ces deux impressions est d'autant plus grand que la distance de l'observateur à l'arme est plus considérable.

Le son se propage uniformément dans l'air ; sa vitesse de propagation est de **340 mètres par seconde.** Or, entre le corps sonore et l'*oreille* il y a une couche d'air, et chacune des tranches d'air comprises entre le corps sonore et l'oreille vibre à son tour comme le corps sonore : le mouvement vibratoire arrive ainsi de proche en proche jusqu'à l'oreille.

Dans les liquides et dans les solides le son se propage beaucoup plus rapidement que dans l'air.

62. Tubes acoustiques. — Quand un son est produit devant un tuyau cylindrique, chacune des tranches d'air du tuyau *vibre*, et comme elles ont toutes la même étendue, le son ne perd rien de son intensité en se propageant dans le tuyau : de là l'établissement des tubes *acoustiques* dans les maisons, les usines, etc. On parle devant l'embouchure du tuyau (*fig.* 53), et la personne placée à l'autre bout du tube entend la voix avec la même intensité que si on parlait tout près d'elle.

Si, au contraire, un son se propage dans l'air, le mouvement vibratoire se répand sur une surface de plus en plus étendue, et l'intensité du son diminue très rapidement.

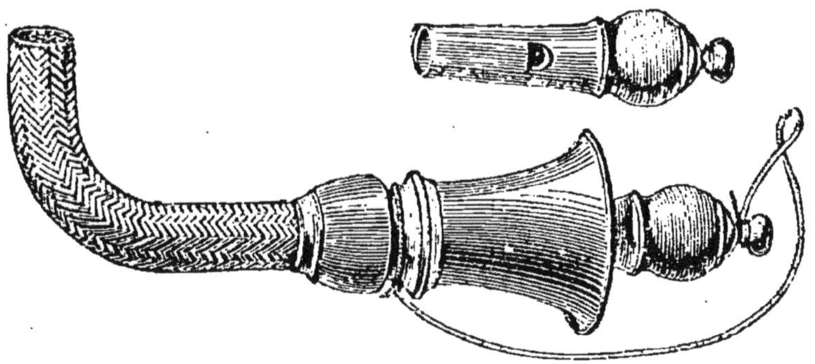

FIG. 53. — Tube acoustique.

63. Réflexion du son. — Écho. — Quand on lance une balle élastique sur un mur, la balle rebondit ; de même, quand on profère un son devant un mur ou un obstacle quelconque, le mouvement vibratoire se propage d'abord jusqu'au mur, puis il rebondit sur le mur et revient à l'oreille de l'observateur au bout d'un temps plus ou moins long. Ce phénomène porte le nom d'**écho**, et on dit que le son a été *réfléchi* sur l'obstacle. Un écho n'est appréciable que si la distance de l'oreille à l'obstacle est au moins égale à 17 mètres.

Lorsque la distance de l'observateur à l'obstacle est un peu inférieure à 17 mètres, les sons réfléchis viennent renforcer pendant un instant les sons directs qui leur ont donné naissance ; puis ils se confondent avec les sons suivants ; il y a alors **résonance**. On observe ce phénomène dans les grands appartements, les grandes salles nues. On affaiblit les résonances à l'aide de tentures et de draperies.

64. Hauteur d'un son. — Diapason normal. — Les sons diffèrent les uns des autres par leur *hauteur*, c'est-à-dire par le nombre de vibrations qu'accomplissent en une seconde les corps sonores qui les produisent. Un son est d'autant plus *bas* ou plus *grave* qu'il correspond à un plus petit nombre de vibrations par seconde; un son est d'autant plus *élevé* ou *aigu* qu'il correspond à un plus grand nombre de vibrations par seconde. Au-dessous de 16 vibrations par seconde, l'oreille ne distingue plus deux sons l'un de l'autre : il y a alors **bruit**; si le son est trop aigu, il devient un **cri**.

L'échelle des sons perceptibles est très étendue : elle comprend 7 octaves au moins; on peut classer ces sons par gammes successives. Pour fixer tous les sons, il suffit d'arrêter la valeur absolue de l'un d'eux.

On a pris comme terme de comparaison, ou **diapason normal**, le son correspondant à 435 vibrations par seconde de l'instrument nommé diapason : c'est le **la** normal. La première note de la gamme correspondante sera *ut* = 261 vibrations par seconde. Il y a une série de gammes inférieures et une série de gammes supérieures à celle qui comprend le *la* normal.

65. Cordes vibrantes. — On appelle **cordes**, des corps ayant la forme de fils fins, en boyaux ou en métal, présentant *l'élasticité de tension*. Pour faire vibrer une corde, on la tend entre deux points fixes et on en excite les vibrations transversales avec un archet, comme dans le violon, ou avec les doigts, comme dans la harpe, ou avec un marteau, comme dans le piano.

Fig. 54. — **Intérieur de piano.** — Plus la corde est longue, plus le son est grave; plus la corde est courte, plus le son est aigu.

Une corde rend un son d'autant plus *grave* qu'elle est plus *longue*; elle rend un son d'autant plus *aigu* qu'elle est plus *courte*.

A longueur égale, une corde rend un son d'autant *plus aigu* qu'elle est *plus mince*.

Une corde de longueur et de diamètre invariables rend un son d'autant *plus aigu* que la corde est *plus tendue*.

Ces lois trouvent leur application dans le violon, le violoncelle, la harpe, le piano (*fig.* 54). Les cordes sont tendues sur une caisse sonore destinée à renforcer les sons et à leur donner le timbre particulier à ces instruments.

QUESTIONNAIRE. — **57.** Donner quelques exemples d'instruments producteurs d'un son. — **58.** Qu'est-ce qu'un mouvement vibratoire ? — **59.** Le son se propage-t-il dans le vide ? — Comment vérifie-t-on que le son ne se propage pas dans le vide ? — **61.** Quelle est la vitesse du son dans l'air ? — **63.** Qu'est-ce qu'un écho ? — **64.** Qu'appelez-vous hauteur d'un son ? — Définir le diapason normal. — **65.** Quelles sont les lois des vibrations des cordes ?

SUJET DE RÉDACTION

Résumer entièrement le livre III dans l'ordre des paragraphes.

LIVRE IV

MAGNÉTISME

Explications préparatoires.

Qu'est-ce qu'un oxyde de fer? — Nous verrons en chimie qu'on donne le nom d'*oxydes* à des corps composés provenant de l'union intime d'un *métal* avec l'*oxygène*. En particulier l'*oxyde de fer* est un corps composé formé de *fer* et d'*oxygène*.

Qu'est-ce que l'acier? — L'*acier* est un mélange de *fer* et de *carbone*, renfermant de 1 à 2 pour 100 de carbone avec des traces de *silicium*. L'acier est élastique, très dur et très cassant; il sert à fabriquer des rasoirs, des ciseaux, des instruments de chirurgie, etc.

Qu'est ce que le fer doux? — Le *fer doux* est du *fer pur*. Le *fer doux* est mou ; il est dépourvu d'élasticité; il n'est pas cassant ; on voit que les qualités du *fer doux* sont tout à fait différentes de celles de l'acier.

Qu'est-ce qu'un hémisphère? — Si l'on coupe une sphère en deux parties égales par un plan passant par le centre de la sphère, chacune des moitiés de la sphère s'appelle un *hémisphère*, c'est-à-dire *demi*-sphère. La terre est divisée en deux hémisphères par l'équateur : l'hémisphère *nord* ou *boréal;* l'hémisphère *sud* ou *austral.*

Expliquez ce qu'on entend par ligne des pôles de la terre, et par méridien terrestre. — Prenons une pomme, traversons-la, de bout en bout, par une aiguille à tricoter; si nous faisons tourner l'aiguille entre nos doigts, la pomme tournera sur elle-même exactement comme le fait la terre en 24 heures. L'aiguille à tricoter représente la *ligne des pôles géographiques* de la terre; les points où l'aiguille sort de la pomme représentent les *pôles géographiques* de la terre.

Entourons la pomme d'un fil passant par les deux pôles; ce fil représentera ce que l'on appelle un *méridien*.

A la hauteur du centre de la pomme et perpendiculairement au méridien, entourons la pomme d'un nouveau fil : ce fil représente l'*équateur*.

On peut faire passer un méridien par *chaque point* de l'équateur.

Que veut dire le mot : s'orienter? — Vous êtes arrêté au milieu d'une plaine et vous voulez rentrer dans votre maison qui est située, par rapport à vous, exactement au nord. Vous vous tournerez alors vers le nord de la plaine, déterminé par votre boussole, et vous vous mettrez en marche vers votre demeure. Par le seul fait que vous avez pris la direction du nord, vous vous êtes *orienté*, comme l'on dit ordinairement.

SOMMAIRE

1. On appelle **aimant** un barreau d'acier doué de la propriété d'attirer le fer, la fonte et l'acier.

2. Tout aimant possède deux **pôles** : un pôle *nord* et un pôle *sud* : il s'oriente sensiblement du nord au sud.

3. *Les pôles de même nom de deux aimants se repoussent. Les pôles de noms contraires s'attirent.*

4. On appelle **déclinaison magnétique d'un** lieu l'angle formé par la méridienne magnétique du lieu avec la méridienne géographique. Elle est à Paris un peu supérieure à 15° à l'ouest.

5. Les **boussoles** ordinaires sont destinées à l'observation de la déclinaison magnétique; elles servent à déterminer le *Nord* sur terre et sur mer.

66. Aimants. — 1° *Aimants naturels.* On trouve dans le sol un oxyde de fer ayant la propriété d'attirer le fer et l'acier. On appelle ce minéral *pierre d'aimant* ou **aimant naturel.**

2° *Aimants artificiels.* On appelle *aimants artificiels* ou simplement **aimants** (*fig.* 55) des barreaux d'acier trempé

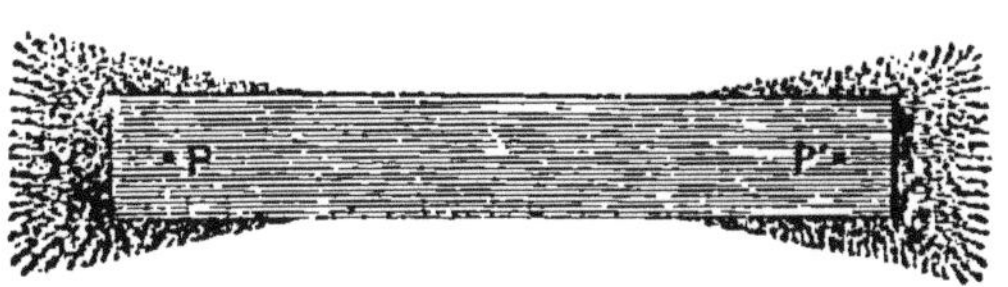

Fig. 55. — Pôles d'un aimant. — P, P', pôles.

ayant la propriété d'attirer la limaille de fer ou de légères aiguilles de fer ou d'acier. Si l'on plonge un barreau aimanté dans la limaille de fer, celle-ci s'attache surtout aux deux extrémités de l'aimant, comme si le barreau présentait deux centres d'attraction P et P' auxquels on a donné le nom de **pôles** de l'aimant. Au milieu de l'aimant l'attraction est nulle; le milieu de l'aimant s'appelle la *ligne neutre* de l'aimant.

67. Pôle nord, pôle sud. — Prenons (*fig.* 56) un barreau aimanté NS, dont on aura peint en *rouge* une des moitiés et en *noir* l'autre moitié, et suspendons ce barreau *horizontalement* à un fil OC sans torsion, à l'aide d'une petite chape de papier C. Nous constaterons qu'après avoir effectué quelques oscillations, le barreau aimanté prendra une position fixe NS, et que la moitié *rouge* du barreau, par exemple, se tournera *à peu près* vers le *nord géographique*.

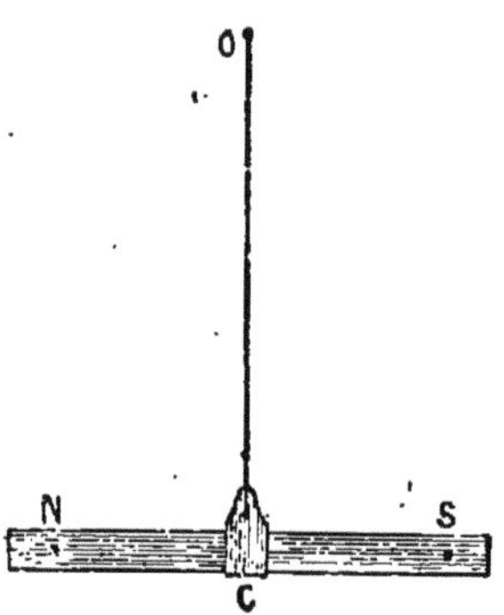

Fig. 56. — N, pôle nord de l'aimant; S, pôle sud de l'aimant; C, chape de papier; O, fil de suspension. Le pôle *nord* se tourne vert le **nord**. Le pôle *sud* se tourne vers le sud.

Si nous écartons le barreau de sa position d'équilibre, nous constaterons qu'il y revient exactement, et que sa moitié *rouge* se tourne toujours vers le nord. Nous donnerons alors le nom de **pôle nord** au pôle N d'un aimant qui se tourne vers le nord, et le nom de **pôle sud** au pôle S du même aimant qui se tourne vers le sud.

L'orientation de l'aimant est due à une action particulière de la terre, comme nous l'expliquerons plus loin.

68. Actions réciproques des pôles de deux aimants. — Après avoir marqué d'un N (Nord) et d'un S (Sud), les pôles de deux barreaux aimantés, suspendons l'un des barreaux à un fil à l'aide d'une chape en papier. Puis, tenant l'autre barreau aimanté à la main, présentons le pôle nord de l'aimant fixe au pôle nord de l'aimant suspendu : nous observerons que le pôle nord de l'aimant fixe repousse le pôle nord de l'aimant suspendu; de même le pôle sud de l'aimant fixe repousse le pôle sud de l'aimant mobile.

Donc, *les pôles de même nom de deux aimants se repoussent.*

Au contraire, si l'on présente le pôle sud de l'aimant fixe au pôle nord de l'aimant mobile, il y a *attraction*.

Donc, *les pôles de noms contraires de deux aimants s'attirent.*

69. Action de l'aimant terrestre. — Considérons un barreau aimanté M′ (*fig.* 57), suspendu horizontalement; au-dessous de lui plaçons horizontalement un barreau aimanté puissant M, orienté d'une façon quelconque, de manière que sa ligne neutre soit sur la verticale du fil de suspension du premier barreau. Nous verrons le barreau M′ venir se placer parallèlement au barreau M, de manière que les pôles de noms contraires des deux aimants soient l'un au-dessus de l'autre. Or nous avons vu (§ 67) qu'un aimant librement suspendu s'oriente toujours dans la même direction, à peu près du nord au sud. L'expérience précédente nous permet d'admettre que tout se passe comme s'il y avait dans la terre un aimant puissant, passant par le centre du globe terrestre, dirigé invariablement à peu près du nord au sud, et appelé **aimant terrestre.**

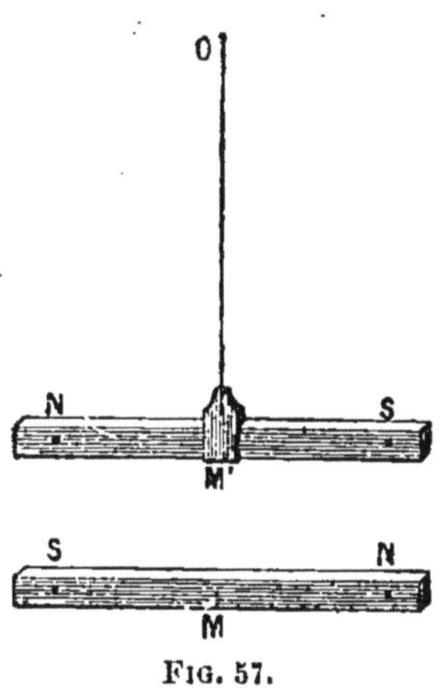

FIG. 57.

L'aimant terrestre aura l'un de ses pôles dans l'hémisphère boréal; ce sera le *pôle boréal magnétique terrestre;* le pôle opposé sera le *pôle austral magnétique terrestre.*

Les pôles *magnétiques* de la terre ne coïncident pas avec les pôles *géographiques;* l'axe magnétique de la terre B′OA′ (*fig.* 58) est distinct de l'axe géographique NOS, autour duquel tourne la terre.

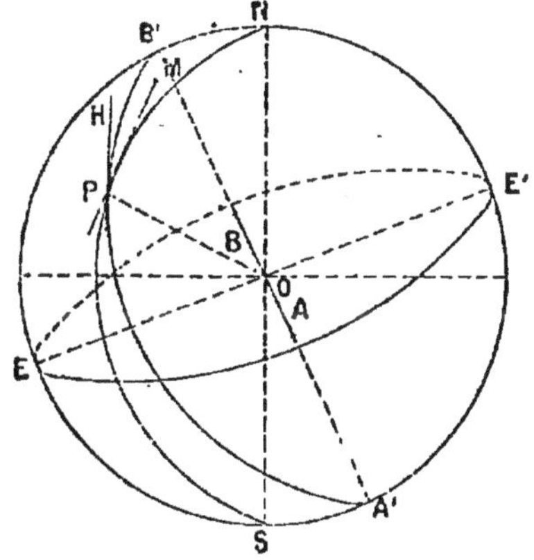

FIG. 58. — NS, axe géographique de la Terre; B, pôle magnétique boréal; A, pôle magnétique austral.

Or un aimant, placé en un lieu quelconque du globe, doit

s'orienter dans le plan de l'aimant terrestre B'A' ; on comprend alors pourquoi la direction d'un aimant n'est pas celle du nord au sud géographique.

70. Déclinaison magnétique. — On appelle **méridienne magnétique** d'un lieu la direction que prend en ce lieu un aimant suspendu horizontalement.

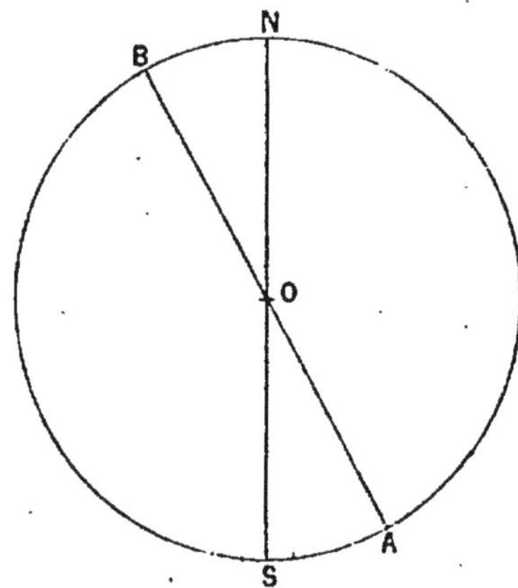

FIG. 59. — On appelle *déclinaison magnétique* l'angle NOB formé par la méridienne magnétique BOA avec la méridienne géographique NOS.

On appelle **méridienne géographique** d'un lieu la ligne **nord-sud** géographique de ce lieu.

On appelle **déclinaison magnétique** d'un lieu l'angle NOB (fig. 59) que fait la méridienne magnétique BOA de ce lieu avec la méridienne géographique NOS du même lieu. La déclinaison est *occidentale* lorsque la méridienne magnétique est à l'ouest de la méridienne géographique, et la déclinaison est *orientale* si la méridienne magnétique est à l'est de la méridienne géographique.

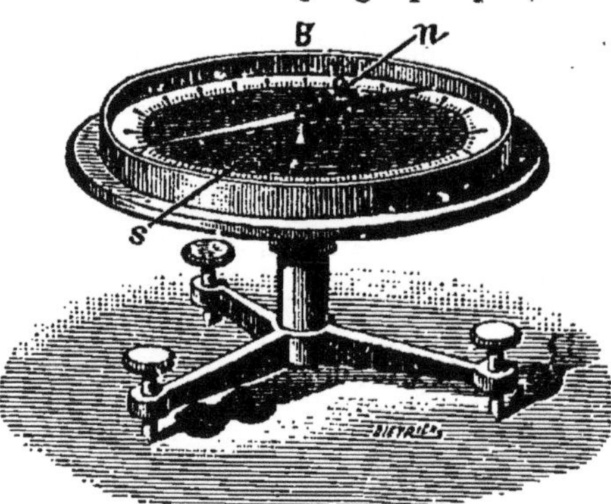

FIG. 60. — Boussole ordinaire.

71. Boussole. — La **boussole** sert à déterminer la *méridienne magnétique* d'un lieu. Il est évident qu'une aiguille aimantée se dirigera suivant la méridienne magnétique du lieu où l'on se trouve ; si l'on mesure l'angle que fait la ligne des pôles de cette aiguille avec la méridienne géographique du lieu, on aura la *déclinaison magnétique* du lieu.

Une **boussole** se compose d'une aiguille aimantée en forme de losange (*fig.* 60), placée dans une boîte circulaire en cuivre rouge B, sur un pivot situé au centre d'un cercle gradué. L'aiguille a été convenablement surchargée pour qu'elle ne puisse se mouvoir que dans un plan horizontal. Le cercle est gradué en degrés de 0 à 180°, à droite et à gauche d'un diamètre choisi comme origine.

Pour faire une observation, on place, à l'aide des vis calantes du pied, le pivot de l'aiguille dans une position rigoureusement verticale; puis, on oriente la ligne 0 — 180 du cercle gradué parallèlement à la méridienne géographique *ns* du lieu, déterminée par les procédés astronomiques. La division du cercle devant laquelle

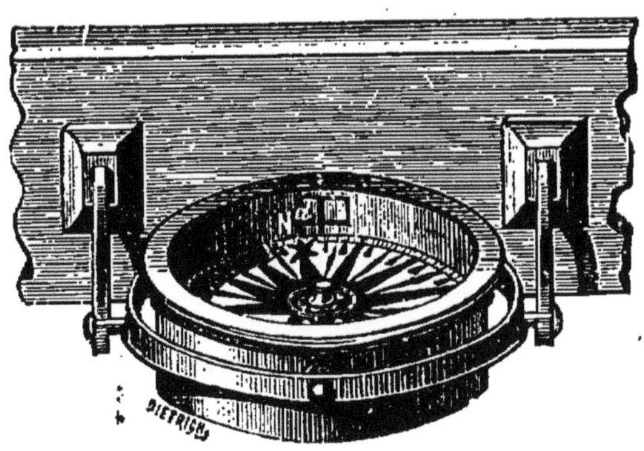

Fig. 61. — Boussole marine ou compas de mer.

s'arrête la pointe nord de l'aiguille, qui est la pointe bleue, fait connaître la *déclinaison*.

A Paris, la déclinaison est occidentale et un peu supérieure à 15°; elle diminue d'année en année d'un angle de 5' environ.

Il est évident que la déclinaison magnétique, à une époque déterminée, varie d'un lieu du globe à l'autre; il existe des *cartes*, très importantes pour la navigation, faisant connaître les déclinaisons des divers points de la terre.

72. Usages de la boussole. — La boussole sert pour *s'orienter;* c'est une erreur courante de croire que la boussole indique le nord géographique. Ainsi, à Paris, pour aller au nord géographique, on laisse la boussole se mettre en équilibre, puis on trace par le centre de la boussole une ligne à l'est de l'aiguille aimantée et faisant avec celle-ci un angle de 15°37′ ; cette ligne donnera le *nord géographique*.

A bord de tout navire se trouve une *boussole* ou *compas de mer* (*fig.* 61), sur laquelle le timonier règle la marche du navire[1].

QUESTIONNAIRE. — **66.** Qu'est-ce qu'un aimant? — **67.** Qu'appelle-t-on pôle nord d'un aimant? — Qu'appelle-t-on pôle sud d'un aimant? — **68.** Quelle est l'action du pôle nord d'un aimant sur le pôle nord d'un autre aimant? — Quelle est l'action du pôle nord d'un aimant sur le pôle sud d'un autre aimant? — **69.** Qu'appelle-t-on pôles magnétiques de la terre? — **70.** Qu'est-ce que la méridienne magnétique d'un lieu? — Est-elle distincte de la méridienne géographique? — Qu'appelle-t-on déclinaison magnétique d'un lieu? — **71.** Qu'est-ce qu'une boussole? — **72.** Quels sont les usages d'une boussole?

SUJETS DE RÉDACTION

Magnétisme terrestre. — *Sommaire.* **1.** Un aimant s'oriente sensiblement du nord au sud. — **2.** Pôles magnétiques de la terre. — **3.** Déclinaison magnétique. — **4.** Boussole et ses usages.

1. Pour plus de détails, voir *Traité de Physique des écoles normales*, par MM. DRINCOURT et DUPAYS, page 619.

DEUXIÈME ANNÉE

LIVRE V

PESANTEUR

Explications préparatoires.

Qu'appelle-t-on quantités proportionnelles? — Deux quantités sont dites *proportionnelles*, lorsque, si l'une devient un certain nombre de fois plus grande ou plus petite, l'autre devient aussi ce même nombre de fois plus grande ou plus petite.

Qu'est-ce qu'une seconde? — La *seconde* est la soixantième partie d'une *minute*. — La *minute* est la soixantième partie de l'*heure* et l'*heure* est la vingt-quatrième partie du *jour*.

Différence entre le repos et l'équilibre. — Un corps est *en repos*, lorsqu'il occupe une position fixe dans l'espace, sans qu'*aucune force* agisse sur lui. La nature ne nous présente aucun exemple de corps en repos.

Un corps est *en équilibre*, lorsqu'il occupe une position fixe dans l'espace, bien que *plusieurs forces* agissent sur lui.

Ainsi, par exemple, deux écoliers se disputent une règle, chacun d'eux tire sur la règle pour l'attirer à lui : si les deux enfants sont également forts, la règle restera en place et on dira que la règle est *en équilibre*, malgré les efforts faits par chacun des deux écoliers.

Quelle idée vous faites-vous de la pesanteur? — Une pierre tombe du haut d'une maison; pour expliquer la chute de cette pierre, il faut s'imaginer qu'à cette pierre soit attaché un fil sur lequel une main invisible tirerait pour faire tomber la pierre. Si la terre n'existait pas, les corps ne seraient pas sollicités par elle et ils n'auraient pas de poids.

Qu'est-ce qu'un gramme? — Un *gramme* est le poids à Paris, au niveau de la mer, d'un centimètre cube d'eau pure, à la température de 4 degrés centigrades.

Quels sont les multiples du gramme? — Les multiples usuels du gramme sont le *décagramme* (10^{gr}); l'*hectogramme* (100^{gr}) et le *kilogramme* ($1\,000^{gr}$). On emploie encore le *quintal* (100 kilogr.) et la *tonne* (1 000 kilogr.).

Quels sont les sous-multiples du gramme? — Ce sont le *décigramme* $\left(\frac{1}{10}\text{ de gramme}\right)$; le *centigramme* $\left(\frac{1}{100}\text{ de gramme}\right)$ et le *milligramme* $\left(\frac{1}{1000}\text{ de gramme}\right)$.

Que veut dire le mot isochrones? — Ce mot veut dire d'*égale durée*. Ainsi, les vibrations d'un diapason sont *isochrones*; les oscillations du balancier d'une horloge sont *isochrones*.

SOMMAIRE

1. La **pesanteur** est l'*attraction* qu'exerce la terre sur tous les corps qui sont à sa surface.

2. La *direction* de la pesanteur, donnée par le *fil à plomb*, est appelée **verticale. La** verticale est perpendiculaire à la surface libre des liquides en équilibre.

3. Dans le vide, tous les corps tombent également vite.

4. *Les espaces parcourus par un corps tombant librement dans le vide, et partant du repos, sont proportionnels aux carrés des temps employés à les parcourir.*

5. **Le centre de gravité** d'une sphère est en son centre géométrique; le *centre de gravité* d'une barre homogène est en son milieu.

6. Lorsqu'un corps pesant repose sur un plan horizontal, il est en *équilibre* si la verticale de son centre de gravité tombe *dans l'intérieur* du polygone de sustentation.

7. On appelle **poids** d'un corps l'*intensité de l'attraction* que la terre exerce sur ce corps; l'unité de poids est le *kilogramme*, ou poids d'un litre d'eau pure à la température de 4°.

8. **La balance** est un instrument destiné à déterminer le *poids des corps*. Une balance doit être *juste* et *sensible*.

9. La *double pesée* de Borda est employée pour avoir exactement le poids d'un corps avec une balance soupçonnée fausse.

10. Le **poids spécifique** d'un corps est le poids de l'unité de volume de ce corps.

11. Un **pendule** est un corps pesant quelconque, *oscillant* autour d'un axe fixe, appelé *axe de suspension*. Les petites oscillations d'un pendule sont *isochrones*.

Le pendule qui bat la seconde à Paris a une longueur de 994 millimètres.

73. Direction de la pesanteur. — Fil à plomb. — Verticale. — Horizontale. — Un corps abandonné à lui-même au-dessus du sol **tombe** suivant une *ligne* *droite*. La cause invisible de ce mouvement est l'*attraction* que la terre exerce sur le corps; on a donné à cette attraction le nom de **pesanteur.**

On détermine la *direction* de la pesanteur à l'aide du **fil à plomb** (*fig.* 62), formé d'une masse de plomb suspendue à un fil. Tenons le fil à plomb à la main : *la direction du fil à plomb sera celle de la pesanteur.*

La *direction* de la pesanteur en un lieu est appelée la **verticale** du lieu; elle est perpendiculaire à la surface

FIG. 62. — **Fil à plomb.** Il donne la direction de la **verticale.**

FIG. 63. — **Verticale**. La verticale est perpendiculaire à la surface de l'eau.

des eaux tranquilles, comme on le constaterait à l'aide d'une équerre (*fig.* 63).

L'horizontale est une droite perpendiculaire à la verticale.

La verticale d'un lieu passe sensiblement par le centre de la terre. Il suit de là que la verticale de Paris n'est pas parallèle à celle de Madrid, par exemple.

74. Chute des corps dans le vide. — Dans le vide tous les corps tombent également vite. Pour vérifier ce principe, on emploie le **tube de Newton** (*fig.* 64).

C'est un tube de verre d'environ deux mètres de longueur, fermé à l'une de ses extrémités et dont l'autre peut s'ouvrir et se fermer au moyen d'un robinet de cuivre.

On introduit dans le tube des corps très différents, comme des balles de plomb, du liège, du papier, du duvet, de la craie, puis on en extrait l'air à l'aide d'une pompe spéciale, appelée *machine pneumatique*, et on ferme le robinet. Retournons brusquement le tube : nous verrons tomber tous les corps qui y sont enfermés, et nous constaterons que tous arrivent *en même temps* à l'extrémité inférieure. Mais si on fait rentrer l'air dans le tube, on verra le plomb tomber plus vite que le liège, et le liège tomber plus vite que le duvet.

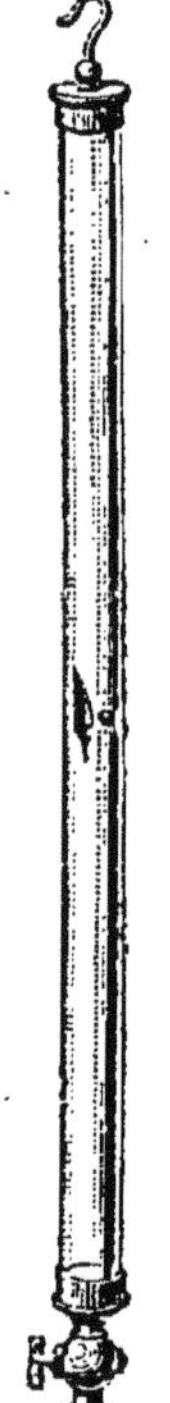

FIG. 64. — Tube de Newton. — Tous les corps, dans le vide, tombent également vite.

Ces différences sont dues à la *résistance* de l'air.

75. Loi de la chute des corps. — Les espaces parcourus par un corps tombant librement, en partant du repos, sont proportionnels aux carrés des temps employés à les parcourir.

L'expérience montre qu'un corps, partant du repos et tombant librement, parcourt $4^m,9$ pendant la **première seconde** de sa chute. Donc, d'après la loi précédente :

Après 1 seconde, un corps a parcouru $4^m,9$.

Après 2 secondes, un corps a parcouru $4^m,9 \times 2^2 = 19^m,6$.

Après 3 secondes, un corps a parcouru $4^m,9 \times 3^2 = 44^m,1$, etc.

76. Poids des corps. — On appelle **poids d'un corps** *l'intensité de l'attraction que la terre exerce sur lui;* le poids d'un corps se manifeste par la pression qu'il exerce sur la main ou par la tension d'un ressort auquel on le suspend.

On mesure le poids d'un corps en le comparant au poids d'un autre corps choisi arbitrairement pour unité. En France, on prend pour *unité* le poids d'un litre d'eau à la température de 4 degrés; on donne à cette unité le nom de **kilogramme.**

Dans la pratique, on construit des lingots en métal dont les poids sont égaux à ceux de 1, 2,... etc., litres d'eau, et on les échantillonne 1, 2, 3,... kilogrammes.

Pour peser un corps à l'aide de ces lingots, on emploie la balance, que nous décrirons plus loin.

77. Centre de gravité. — Pour tenir horizontalement *en équilibre* un bâton sur le doigt tendu (*fig.* 65), on vérifiera expérimentalement que le doigt ne peut soutenir le bâton que par un point déterminé de celui-ci, et que si le doigt soutient tout autre point de celui-ci, le bâton trébuche. Ce point particulier, qu'il faut soutenir pour maintenir un corps en équilibre, s'appelle le **centre de gravité** du corps.

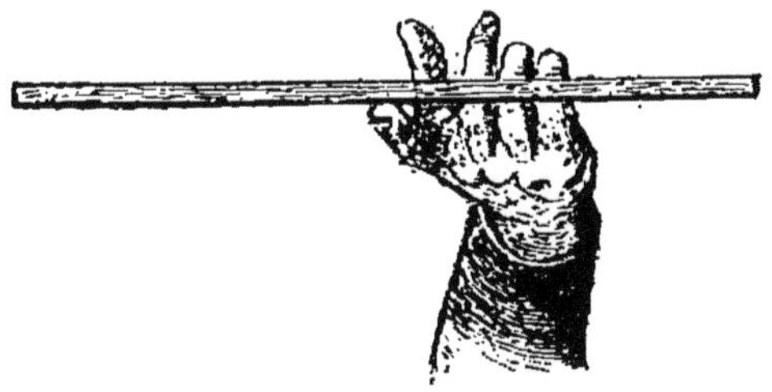

Fig. 65. — Bâton horizontal se tenant en équilibre sur le doigt tendu.

Le centre de gravité d'une règle homogène est en son *milieu;* celui d'une boule sphérique homogène est en son *centre;* pour les corps non réguliers ou pour les corps non homogènes, le centre de gravité se détermine expérimentalement, comme on le verra plus loin.

78. Équilibre d'un corps pesant reposant sur un plan horizontal. — Si le corps repose sur un plan horizontal par plusieurs points, il faut que la verticale du centre de gravité tombe dans l'intérieur de la *base de sustentation*, obtenue en joignant successivement les points d'appui.

Fig. 66. — Équilibre d'une table. — La verticale GV, menée par le centre de gravité. G de la table, tombe *dans l'intérieur* de la base de sustentation (équilibre *stable*).

Exemple. — *Équilibre d'une table reposant sur ses pieds* (*fig.* 66). La verticale G V du centre de gravité G tombe dans l'intérieur du triangle obtenu en joignant les trois pieds. La table est en équilibre **stable**.

Les tables, les meubles, les chandeliers doivent leur

Fig. 67. — L'homme se penche du côté opposé au seau.

Fig. 68. — L'homme se penche en avant du côté opposé au fardeau.

stabilité à l'étendue de leurs bases.

D'après ce principe, un homme est d'autant plus solide sur ses pieds que ceux-ci sont plus écartés.

Si l'homme porte un fardeau, il devra se pencher du côté opposé au fardeau, afin que la verticale GV, passant par le centre de gravité G du système formé par l'homme et son fardeau, tombe encore dans l'intérieur de la base de sustentation (*fig.* 67 et 68).

Fig. 69. — La voiture est sur le point de verser, parce que son centre de gravité est trop haut placé.

Une voiture sera d'autant moins stable que son centre de gravité sera placé plus haut (*fig.* 69).

L'instrument appelé *équilibriste* (*fig.* 70) est un exemple d'équilibre **stable**; dans cette expérience, le centre de gravité est placé *très bas* **au-dessous** du point d'appui.

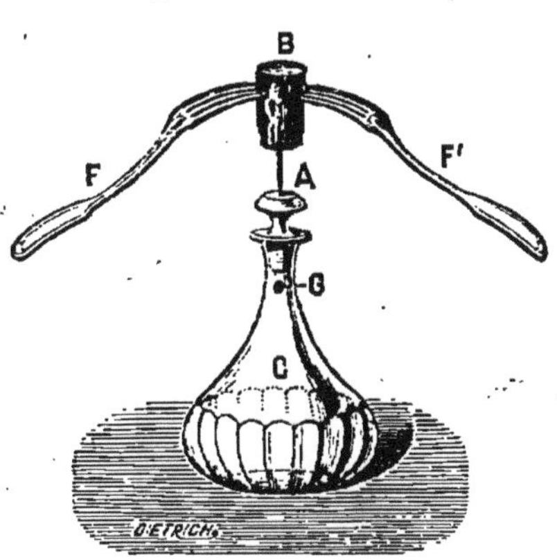

Fig. 70. — **Équilibriste.** — On plante dans un bouchon une aiguille A; latéralement on pique deux fourchettes F et F' ou deux canifs; on fait reposer la pointe de l'aiguille sur le bouchon d'une carafe, par exemple; le système est en **équilibre stable**, parce que son centre de gravité G est *placé très bas*.

Si le corps ne repose que par un de ses points sur un plan horizontal, il faut et il suffit que la verticale menée par le centre de gravité du corps *passe par le point d'appui*.

Nous en trouvons un exemple dans le jeu qui consiste à tenir une canne debout sur l'extrémité du doigt (*fig.* 71); il faut que la canne soit bien verticale, alors la verticale du centre de gravité passera par le doigt, et la canne sera en équilibre. L'équilibre est **instable**; et, pour le maintenir, il faut suivre avec la main tous les mouvements de la canne.

Fig. 71. — **Équilibre** d'un corps n'ayant qu'un point d'appui (équilibre *instable*).

79. *Un corps, suspendu à un fil, est en équilibre, lorsque, le fil étant vertical, la direction du fil prolongée passe par le centre de gravité du corps :* on applique ce principe à la **détermination du centre de gravité d'un corps quelconque.** — On suspend le corps à un fil successivement dans deux positions différentes (*fig.* 72); puis on cherche le point de rencontre des deux directions du fil; ce point est le *centre de gravité* du corps.

80. Fil à plomb. — Dans les arts, on suspend un cylindre de plomb à un fil tenu à la main (*fig.* 62); lorsque le fil est en équilibre, sa direction est la *verticale*. Pour reconnaître si un mur est bien vertical (*fig.* 74), on tend le fil à plomb devant le mur et on s'assure que l'arête du mur est bien parallèle au fil à plomb.

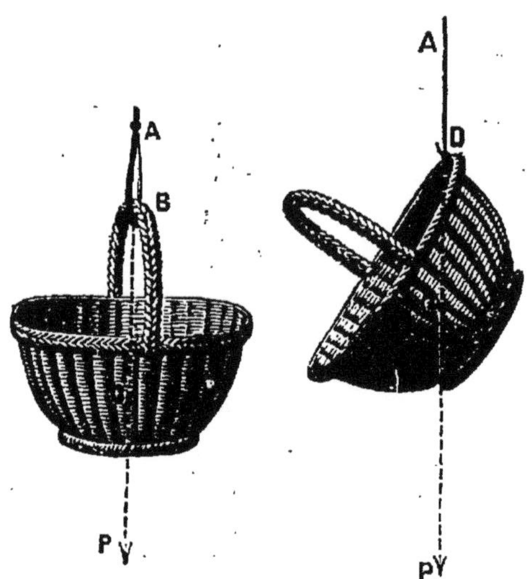

FIG. 72. — Centre de gravité d'un panier. — On suspend le panier à un fil par son anse B, puis par son bord D; les deux directions du fil, quand le panier est en équilibre, se coupent au centre de gravité G du panier.

81. Pesées. — Balance. — *Peser* un corps, c'est faire équilibre à ce corps par des lingots échantillonnés et appelés *poids marqués*. Les poids usuels sont les multiples et les sous-multiples du *gramme*, conformément aux prescriptions du système métrique. Les pesées se font à l'aide d'une **balance** (*fig.* 75).

Une *balance* se compose d'une barre rigide ou **fléau,** AB, traversée *en son milieu* C par un prisme triangulaire en acier trempé, appelé **couteau,** dont l'arête inférieure repose sur deux petits plans d'acier D (*fig.* 76) placés en avant et en arrière du fléau, et situés dans un même plan horizontal. L'*arête* du couteau est l'*axe d'oscillation* du fléau. Aux deux extrémités du fléau sont deux autres couteaux B, B (*fig.* 77), tournant leurs arêtes vers le haut, de manière que les trois arêtes B, C, B, soient dans un même plan. Sur les couteaux B et B

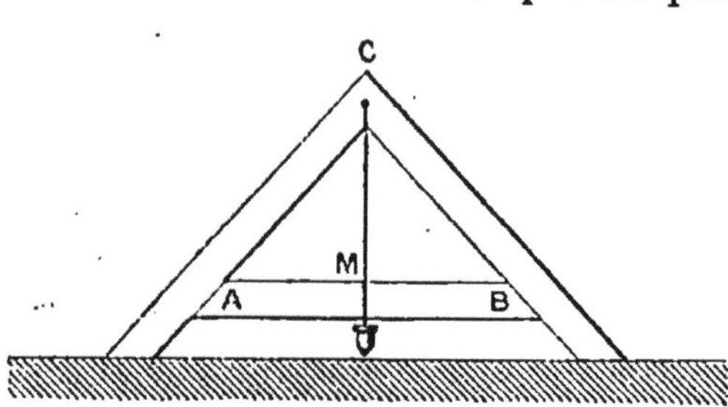

FIG. 73. — Fil à plomb adapté à un niveau de maçon.

s'appuient les crochets qui supportent les **plateaux** de la balance. Le fléau porte en outre en son milieu une **aiguille** perpendiculaire au fléau et dont l'extrémité peut se déplacer devant un petit arc de cercle gradué M (*fig.* 75). Quand le fléau est horizontal, l'aiguille coïncide avec le zéro de la graduation.

Fig. 74. — **Emploi du fil à plomb** pour reconnaître qu'un mur est bien vertical.

Les plans d'*acier* sont supportés par une colonne verticale E, dont la position est réglée à l'aide de vis calantes.

Pour peser un corps, il suffira de le placer dans un des plateaux de la balance et de déposer dans l'autre plateau des poids marqués, en nombre tel que l'aiguille du fléau s'arrête au *zéro* de la graduation quand le fléau n'oscille plus. La somme des poids marqués représentera le poids du corps. Cette manière d'opérer suppose que la balance est **juste** ; mais il n'y a pas de balance rigoureusement juste ; la

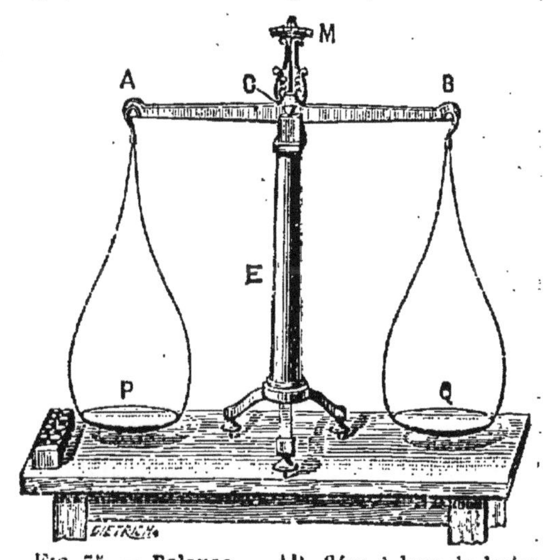

Fig. 75. -- **Balance.** — AB, fléau à bras de levier égaux ; C, couteau ; P, Q, plateaux ou bassins. E. Colonne qui supporte la balance.

seule qualité qu'on puisse exiger d'une balance est d'être **sensible.**

82. **Sensibilité.** — Une balance est **sensible**, lorsque, l'équilibre étant obtenu à l'aide de poids convenables placés dans les deux plateaux, il suffit d'ajouter d'un côté

Fig. 76. — Agrandissement de la partie de la figure relative au couteau et à ses points d'appui.

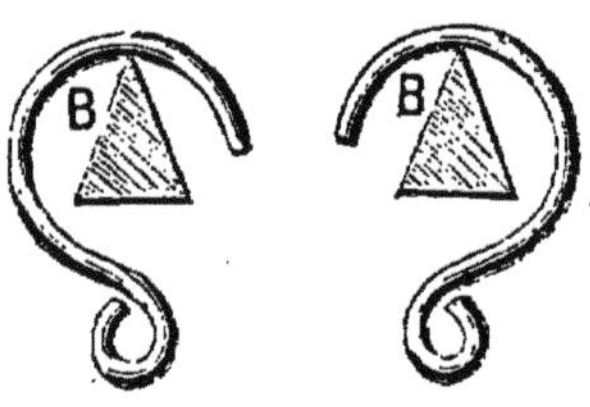

Fig. 77. — Agrandissement de la figure relative aux couteaux situés aux extrémités du fléau.

un poids très petit pour que le fléau s'incline. Si, par exemple, il suffit d'un milligramme pour faire incliner le fléau, on dit que la balance est *sensible au milligramme.* Dans la pratique, on construit couramment des balances d'autant plus sensibles qu'elles sont destinées à déterminer des poids plus petits. La balance d'un épicier est sensible au gramme; celle d'un pharmacien est sensible au milligramme.

83. **Double pesée.** — La double pesée permet d'obtenir exactement le poids d'un corps avec une balance *dépourvue de justesse.*

Le corps à peser étant placé dans un des plateaux, on lui fait équilibre en mettant dans l'autre plateau de la grenaille de plomb ou du sable, formant **tare**, de telle façon que l'aiguille s'arrête au zéro de la graduation. On enlève le corps et l'on met à sa place *dans le même plateau* des poids marqués, jusqu'à ce que l'aiguille revienne au zéro. La somme de ces poids représente exactement le poids du corps; en effet, ce dernier d'abord, et les poids marqués ensuite, ont fait équilibre à la tare dans des conditions absolument identiques : ils sont donc équivalents.

84. **Poids spécifique.** — On appelle **poids spécifique** *d'un corps le poids de l'unité de volume de ce corps.* Ainsi le poids spécifique du mercure est 13,6; 1 centimètre cube de mercure pèse 13^{g},6. L'eau à la température

de 4°, a pour poids spécifique 1, d'après la définition du gramme[1].

Quand on connaît le volume d'un corps et son poids spécifique, on en obtiendra le poids en multipliant la mesure du volume par le poids spécifique : le poids du corps sera exprimé en unités correspondantes à l'unité de volume adopté.

Exemple. — Quel est le poids de 6 litres de mercure? Ce poids est $6 \times 13,6$ ou $81^{kg},6$.

85. Notions élémentaires sur le pendule. — On appelle **pendule** une masse métallique B (*fig.* 78) sphérique ou lenticulaire, attachée à l'extrémité d'une tige métallique ou d'un fil inextensible, et pouvant osciller autour d'un *axe horizontal de suspension* A.

Fig. 78. — Pendule. — A, point de suspension ; B, sphère pesante en cuivre. Le pendule peut osciller autour de l'axe horizontal passant par le point A.

Considérons un pendule OA (*fig.* 79), dont O est le point de suspension; le pendule est en équilibre quand la ligne OA est verticale.

Si nous écartons le pendule de sa position d'équilibre pour l'amener en OA′, et si nous l'abandonnons à lui-même, il descendra le long de l'arc de cercle A′A; en vertu de l'inertie, il dépassera la verticale et remontera jusqu'en A″; puis il descendra de A″ en A et remontera de A en A′, et ainsi de suite. Le déplacement du pendule de OA′ en OA″, ou de OA″ en OA′, s'appelle une *oscillation du pendule*. L'angle A′OA″ s'appelle l'*amplitude* de l'oscillation.

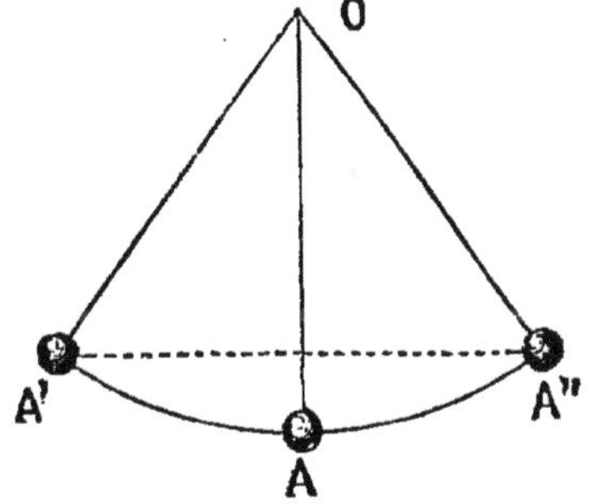

Fig. 79. — Le pendule exécute de part et d'autre de la verticale des oscillations qui sont *isochrones* quand leur amplitude est très petite.

1. Il est à remarquer qu'à 0°, l'eau a un poids spécifique plus faible qu'à 4°. A 0°, l'eau a pour poids spécifique 0,9998. C'est une exception aux lois générales de la physique.

Or, la résistance de l'air fait diminuer peu à peu l'amplitude des oscillations et le pendule s'arrête au bout de quelque temps.

On constate alors que, lorsque l'amplitude des oscillations du pendule est supérieure à 3°, la durée de l'oscillation diminue avec son amplitude ; mais lorsque l'amplitude de l'oscillation est descendue à 3°, sa durée reste sensiblement constante, bien que l'amplitude diminue progressivement. On dit alors que les petites oscillations du pendule sont **isochrones.**

La durée d'une petite oscillation d'un pendule dépend uniquement, en un même lieu, de la longueur du pendule ; elle est proportionnelle à la racine carrée de la longueur du pendule. Le pendule qui bat *la seconde* à Paris a une longueur de 994 millimètres. Le pendule sert couramment à régulariser la marche des horloges, sous le nom vulgaire de *balancier*.

QUESTIONNAIRE. — **73.** Quelle est la direction de la pesanteur ? — Qu'est-ce qu'une verticale ? — Qu'est-ce qu'une horizontale ? — **75.** Énoncez la loi des espaces parcourus par un corps qui tombe. — **76.** Qu'appelle-t-on poids d'un corps ? — Quelle est l'unité de poids adoptée en France ? — **77.** Qu'appelle-t-on centre de gravité ? — **80.** Qu'est-ce qu'un fil à plomb ? — Quels sont les usages du fil à plomb. — **81.** Nommez les différentes parties d'une balance. — **82.** Qu'est-ce qu'une balance sensible ? — **83.** Comment peut-on obtenir exactement le poids d'un corps avec une balance qui n'est pas juste ? — **84.** Qu'appelle-t-on *poids spécifique d'un corps.* — **85.** Quel est le mouvement d'un pendule ? — Quel est le caractère des petites oscillations d'un pendule ? — Quel est l'usage d'un pendule ?

SUJETS DE RÉDACTION

Chute des corps. — *Sommaire.* **1.** Tous les corps dans le vide tombent également vite. — **2.** Loi des espaces parcourus par un corps qui tombe.

Poids des corps. — *Sommaire.* **1.** Définition du poids d'un corps. — **2.** Unité de poids. — **3.** Balance. — **4.** Double pesée. — **5.** Poids spécifique.

Pendule. — *Sommaire.* **1.** Mouvement oscillatoire d'un pendule. — **2.** Isochronisme des petites oscillations. — **3.** Usage du pendule.

LIVRE VI

LIQUIDES EN REPOS

Explications préparatoires.

Qu'est-ce qu'un liquide en équilibre? — Une masse d'eau immobile dans un vase est, scientifiquement parlant, *en équilibre* parce que le poids du liquide est équilibré par la résistance des parois du vase. Le liquide nous paraît être *en repos* et réellement il est *en équilibre.* — Si le vase était, par exemple, en papier peu résistant, le liquide crèverait le papier, l'équilibre n'existerait plus et le liquide tomberait par terre.

Qu'entend-on par mobilité d'un liquide? — Les molécules d'un liquide peuvent glisser parfaitement les unes sur les autres; elles sont donc *très mobiles.* Par extension de langage, on a dit que les liquides avaient une grande mobilité.

Qu'est-ce qu'un puits ordinaire? — Un *puits ordinaire* est une cavité pratiquée dans le sol jusqu'à la rencontre d'une nappe d'eau. Le puits s'alimente naturellement par infiltration; de plus, le niveau de l'eau dans le puits est toujours au-dessous de la surface du sol.

Qu'est-ce qu'un puits artésien? — Un *puits artésien* est encore une cavité pratiquée dans le sol jusqu'à la rencontre d'une nappe d'eau; seulement, ici, l'eau jaillit par l'ouverture supérieure de la cavité et s'élève à une certaine hauteur au-dessus du sol.

Qu'est-ce qu'un corps flottant? — Vous avez tous vu un bateau sur l'eau; vous savez qu'une partie de la coque du bateau plonge dans l'eau et que l'autre partie de la coque sort de l'eau. On dit alors que le bateau *flotte* sur l'eau ou que le bateau est un *corps flottant.* Vous avez tous remarqué que, si l'on charge le bateau, celui-ci s'enfonce. En d'autres termes, la partie immergée de la coque augmente; au contraire, quand on décharge le bateau, la partie immergée de la coque diminue.

Qu'est-ce que la densité? — Prenez une balle de plomb, comme une chevrotine par exemple; puis, amusez-vous à tailler dans du liège une balle de même grosseur. En plaçant dans la main successivement chacune des deux balles, vous sentirez facilement que le poids de la balle de plomb est plus grand que le poids de la balle de liège, bien que leurs volumes soient égaux. On dit alors que le plomb est plus **dense** que le liège.

Qu'est-ce qu'un pèse-lait, un pèse-acide, un pèse-vinaigre? — Ces instruments ne sont pas destinés à faire connaître le *poids* d'un litre de lait, d'un acide ou de vinaigre.

Le *pèse-lait* est un instrument destiné à faire connaître si on a ajouté de l'eau au lait et en quelle proportion.

Le *pèse-acide* indique si l'acide vendu a été additionné d'eau.

Le *pèse-vinaigre* indique si le vinaigre a été falsifié ou additionné d'eau.

CHAPITRE PREMIER

DÉMONSTRATION EXPÉRIMENTALE DES PRINCIPALES PROPRIÉTÉS DES LIQUIDES EN REPOS ET DES PRESSIONS QU'ILS EXERCENT.

SOMMAIRE

1. L'étude des *liquides en repos* porte en physique le nom d'**hydrostatique**.

2. La surface d'un liquide en équilibre est *horizontale*.

3. Dans l'intérieur d'un liquide en équilibre, tous les points d'un même plan horizontal supportent *la même pression*.

4. Dans l'intérieur d'un liquide en équilibre, la *pression* croît avec la *profondeur*.

5. Les surfaces libres d'un *même* liquide contenu dans des vases communicants sont sur un *même plan horizontal*.

6. La pression exercée par un liquide pesant sur le fond horizontal du vase qui le renferme est **indépendante** de la **forme** du vase ; elle est égale au *poids d'une colonne cylindrique de liquide, ayant pour base l'aire du fond et pour hauteur la distance verticale du fond à la surface libre du liquide.*

86. Surface libre d'un liquide en équilibre. — Si l'on présente un fil à plomb à des points différents de la surface libre d'un liquide contenu dans un vase, on constate que le fil à plomb est toujours perpendiculaire à cette surface. Donc, **la surface libre d'un liquide en équilibre est horizontale.**

87. Pression au sein d'un liquide. — Un liquide est *pesant*; par conséquent, il doit, par son poids, exercer une pression sur toute surface qui y est plongée. Pour le montrer, prenons un bocal en verre A (*fig.* 80), dont le fond est percé d'un trou où s'engage un verre de lampe B. Ce verre de lampe est fermé à sa partie supérieure par un fragment de vessie V, liée avec une ficelle. Versons de l'eau dans le bocal jusqu'en MN ; aussitôt la vessie, dont *la face supérieure seule* est en contact avec l'eau, se déprime dans l'intérieur du verre de lampe, indiquant ainsi qu'elle subit de la part de l'eau une pression dirigée de haut en bas. De plus, la dépression de la vessie sera d'autant plus grande que la distance de la vessie à la surface libre du liquide sera plus considérable ; donc, *au sein* d'un liquide en équilibre, *la pression croît avec la profondeur.*

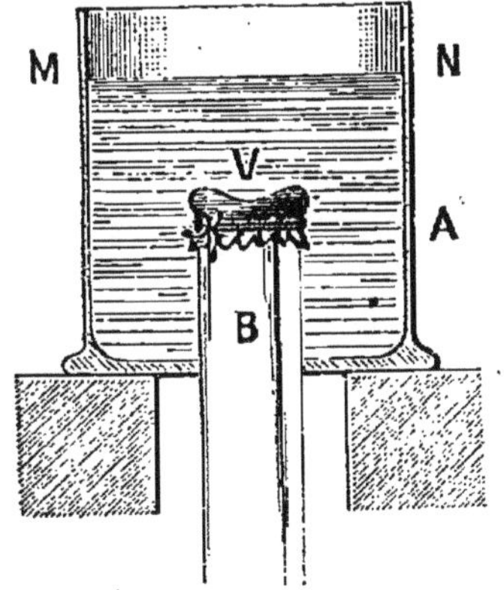

Fig. 80. — La vessie V est déprimée par la *pression* du liquide qui la surmonte.

Il résulte, en outre, de la mobilité du liquide, que la pression supportée par la vessie est, en chacun de ses points, **perpendiculaire** à la surface pressée.

Faisons une autre expérience : prenons une vessie tendue sur un cadre de cuivre et, à l'aide d'un fil tenu à la main, faisons descendre la vessie au sein d'un liquide : la vessie, dont les *deux faces* sont en contact avec le liquide, restera tendue et ne s'infléchira ni dans un sens ni dans un autre ; par conséquent, *elle supporte la même pression sur chacune de ses faces.*

88. Principe. — Dans l'intérieur d'un liquide en équilibre, la pression est la même en tous les points d'un même plan horizontal. — Ce principe est le résultat de l'expérience. Pour le vérifier, introduisons (*fig.* 81) au sein de l'eau un manchon de verre fermé inférieurement par un obturateur BC maintenu par un fil. Lorsque l'obturateur est arrivé au niveau du plan XY, lâchons le fil : l'obturateur ne tombe pas. Supposons qu'il faille placer sur l'obturateur un poids de 100 grammes pour le faire tomber et que l'obturateur pèse 10 grammes. La pression P′ exercée sur l'obturateur est donc égale à 110 grammes.

Déplaçons le manchon le long du plan XY et recommençons l'expérience : il faudra toujours exactement 110 grammes pour faire tomber l'obturateur. Donc, tout le long du plan horizontal XY, la pression P′ de bas en haut sur des éléments égaux *est constante;* il en est de même de la pression dirigée de haut en bas, qui est *égale* à la pression de bas en haut (§ 87).

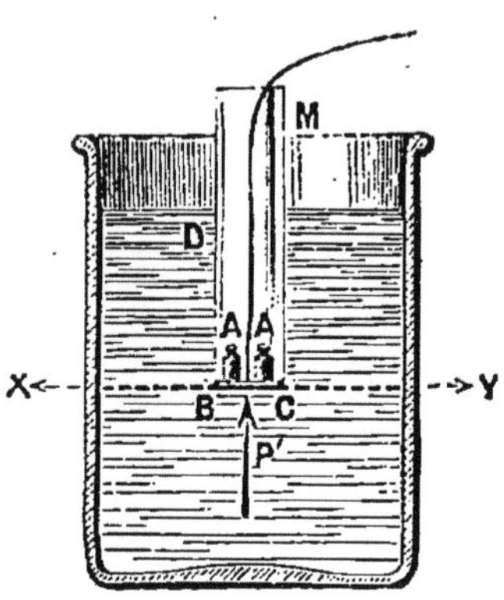

Fig. 81. — M, manchon de verre; BC, obturateur; AA, 2 poids de 50 grammes nécessaires pour faire tomber l'obturateur. — Tout le long du plan XY, il faudra placer 100 grammes sur l'obturateur pour le faire tomber.

Si l'on enfonce le manchon plus profondément, on voit qu'il faut ajouter sur l'obturateur un poids d'autant plus considérable que la base inférieure de l'obturateur est plus éloignée de la surface libre du liquide : donc, **la pression sur une surface horizontale donnée croît avec la profondeur.**

Soit XY (*fig.* 81) le plan horizontal pour lequel la pression est égale à 110 grammes. Supposons que la surface de l'obturateur soit représentée par 10 centimètres carrés, et mesurons la distance BD de la base inférieure de l'obturateur à la surface libre de l'eau ; nous trouverons que BD est égal à 11 centimètres. Or le poids d'une colonne cylindrique d'eau de 10 centimètres de base sur 11 centimètres de hauteur est justement égal à 110 grammes; on en conclut que **la pression exercée de bas en haut sur BC est égale au poids d'une colonne cylindrique d'eau ayant pour base BC et pour hauteur la distance BD qui sépare BC de la surface libre du liquide.** Il en serait de même à une profondeur quelconque. Il en serait aussi de même pour tout autre liquide.

89. Vases communicants. — Soient (*fig.* 82) deux vases communicants renfermant un même liquide en équilibre. Coupons le liquide par un plan horizontal XY ; deux éléments égaux AB et A′B′ pris sur XY doivent, d'après les principes précédents, supporter la même pression ; donc les distances des surfaces libres MN et M′N′ au plan horizontal XY sont égales entre elles. Par conséquent, **les surfaces libres MN et M′N′ sont sur un même plan horizontal**, c'est-à-dire, comme on dit vulgairement, sont au même niveau.

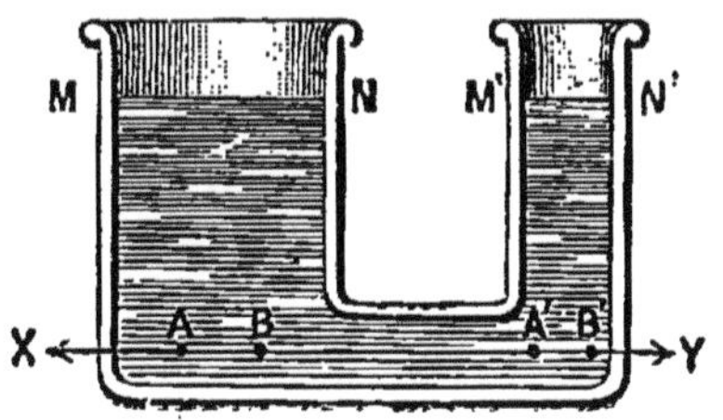

Fig. 82. — Dans deux vases communicants, les surfaces libres d'un même liquide en équilibre sont sur un même plan horizontal.

On vérifie les propriétés des vases communicants à l'aide de l'appareil représenté par la figure 83.

Un réservoir V, contenant de l'eau, communique par le conduit MN avec un tube incliné C. Le niveau de l'eau est

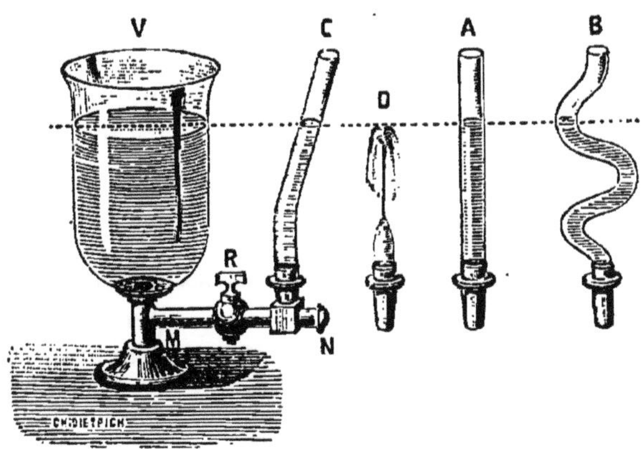

Fig. 83. — Vases communicants. — Le réservoir V communique à volonté avec l'un des tubes C, A, B, D ; le liquide, dans chacun des tubes, s'élève à la même hauteur que dans V.

le même dans les deux vases communicants C et V. Il en serait de même si l'on remplaçait le tube C par le tube A ou par le tube B. Avec le tube D, qui est plus court, l'eau jaillirait jusqu'au niveau de l'eau dans le vase V.

Ce principe trouve son application dans les *puits ordinaires* (*fig.* 84), les *puits artésiens*, les *écluses*, les *jets d'eau des jardins*, la *distribution de l'eau* dans les villes, etc.

90. Sources et puits. — Les terrains qui composent l'écorce du globe sont, les uns *perméables* aux eaux, comme les sables, les graviers, les autres *imperméables*, comme les argiles. Cela posé, soit un bassin géographique, plus ou moins étendu, au-dessous duquel gisent deux couches imperméables M, M' (*fig.* 84), comprenant entre elles une

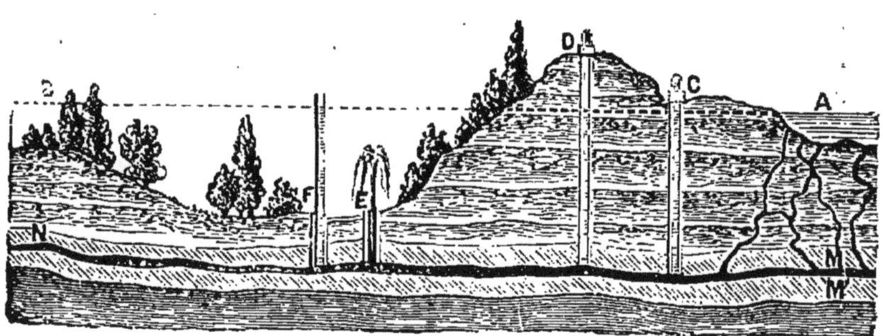

FIG. 84. — A, niveau supérieur de l'eau; MM', couches imperméables; C, D, puits ordinaires; E, source jaillissante; F, puits artésien.

couche perméable, qui est dessinée en noir. Supposons cette dernière en communication avec des terrains plus élevés A, à travers lesquels s'infiltrent les eaux des pluies. Ces eaux d'infiltration arrivent ainsi jusqu'à la première couche imperméable, qu'elles traversent grâce à des fissures ou à des solutions de continuité. Là elles s'accumulent, sans pouvoir communiquer avec la couche superficielle, dont elles sont séparées par la couche imperméable MN.

Si une fissure vient à se produire dans le sol en un point D, situé à un niveau plus élevé qu'en A, l'eau s'élèvera dans la fissure jusqu'au plan horizontal AB : on aura alors un *puits ordinaire;* si la fissure se produit en E, à un niveau situé au-dessous de AB, l'eau jaillira au-dessus du sol et on aura une *source naturelle.*

Si maintenant on pratique un trou très étroit, foré à la sonde, et pénétrant jusqu'à la nappe d'eau souterraine, en un point F du sol dont le niveau est inférieur à AB, l'eau jaillira encore et l'on aura un *puits artésien.* On adapte à l'ouverture du puits un tube F, duquel on fait partir des conduits pour distribuer l'eau aux environs.

Les jets d'eau des jardins et des promenades publiques sont fondés sur le principe des vases communicants. L'eau vient d'un réservoir situé à un niveau *plus élevé* que celui du jet d'eau et elle jaillit sous la pression d'une colonne d'eau dont la hauteur est égale à la différence de niveau du réservoir et du bassin.

La distribution de l'eau dans les villes est aussi une application des vases communicants. L'eau est amenée dans de vastes réservoirs placés à la partie la plus élevée de la ville ; cette eau est distribuée par l'intermédiaire de tuyaux de conduite, dans lesquels le liquide tend à reprendre son niveau et peut s'élever de lui-même jusqu'aux étages supérieurs des habitations.

91. Pression sur le fond horizontal d'un vase. — Pressions latérales. — Tous les points du fond horizontal d'un vase supportent la même pression (§ 88) ; chaque centimètre carré du fond supporte une pression égale au poids d'une colonne de liquide ayant un centimètre carré de base et pour hauteur la distance du fond à la surface libre du liquide ; donc *le fond entier supporte une pression, indépendante de la forme du vase, et égale au poids d'une colonne cylindrique de liquide ayant pour base l'aire du fond et pour hauteur la distance du fond à la surface libre du liquide.*

Les liquides exercent aussi des pressions sur les parois latérales de leur récipient. L'écoulement d'un liquide par une ouverture pratiquée dans la paroi (*fig.* 85) met en évidence l'existence d'une pression latérale s'exerçant au niveau de l'ouverture ; l'intensité de cette pression est d'autant plus grande que la distance du trou à la surface libre du liquide est elle-même plus grande. On constate, en effet, que le jet liquide est de moins en moins fort à mesure que le niveau du liquide baisse dans le récipient.

FIG. 85. — A mesure que le tonneau se vide, le jet est de moins en moins fort et rétrograde de *a* en *b* et en *c*.

QUESTIONNAIRE. — **86.** Quelle est la forme de la surface libre d'un liquide en équilibre? — **87.** Quelles sont les pressions supportées par une surface plane plongée dans un liquide? — **88.** Que savez-vous sur les pressions supportées par les différents points d'un même plan horizontal? — **89.** Quelle est la propriété des vases communicants? — **90.** Quelle est la pression supportée par le fond horizontal d'un vase?

SUJETS DE RÉDACTION

Pressions au sein d'un liquide. — *Sommaire.* **1.** La pression est perpendiculaire à la surface pressée. — **2.** La pression est proportionnelle à l'étendue de la surface pressée. — **3.** La pression croît avec la profondeur.

Vases communicants et applications de leur principe. — *Sommaire.* **1.** Vases communicants. — **2.** Source. — **3.** Puits ordinaire. — **4.** Puits artésien. — **5.** Jets d'eau.

CHAPITRE II

PRINCIPE D'ARCHIMÈDE. — APPLICATIONS

SOMMAIRE

1. Le **principe d'Archimède** s'énonce ainsi: **tout corps plongé dans un liquide en équilibre subit une poussée verticale, dirigée de bas en haut, égale au poids du liquide qu'il déplace.**

2. Lorsque le poids spécifique d'un corps plongé dans un liquide est *supérieur* à celui du liquide, le corps gagne le fond du vase; s'il est *égal* au poids spécifique du liquide, le corps reste en *équilibre au sein du liquide;* s'il est *inférieur* au poids spécifique du liquide, le corps remonte à la surface et *flotte.*

3. Pour qu'un corps **flottant** soit en équilibre, il faut que *le poids du liquide déplacé soit égal au poids total du corps.*

4. Lorsque plusieurs liquides sont placés dans un même vase, ils se superposent par ordre de *poids spécifique* décroissant à partir du fond du vase, et la surface de séparation de deux liquides consécutifs est horizontale.

5. On appelle *densité* d'un corps le nombre de fois que ce corps pèse plus que l'eau.

92. Principe d'Archimède. — Prenons un cylindre massif B (*fig.* 86) en laiton et un cylindre creux A, aussi en laiton, dont la capacité est égale au volume du cylindre B. Suspendons le cylindre creux A au-dessous de l'un des plateaux d'une balance et, au-dessous du cylindre A, suspendons le cylindre plein B. Établissons l'horizontalité du fléau à l'aide d'une tare convenable placée dans l'autre

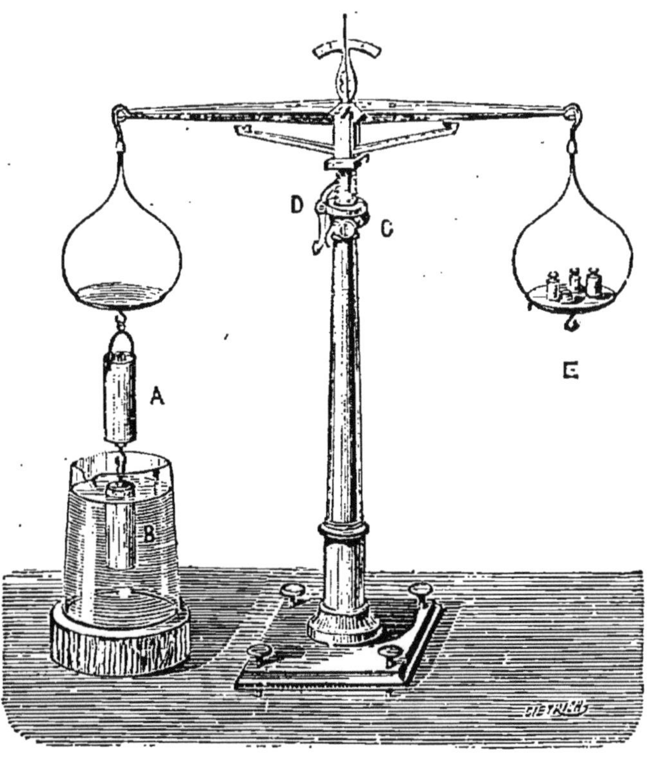

Fig. 86. — Vérification du principe d'Archimède. — A, cylindre creux; B, cylindre massif. Le volume de B est égal à la capacité de A. Si on plonge B dans l'eau, la poussée qu'il subit est égale au poids de l'eau contenue dans A.

plateau. Plongeons ensuite le cylindre B dans l'eau de façon qu'il soit entièrement immergé; dès l'immersion, l'équilibre est détruit et le fléau penche du côté du plateau E : *donc le cylindre plein B subit une poussée de bas en haut.*

Pour mesurer cette poussée, remplissons exactement d'eau la capacité du cylindre creux A; aussitôt le fléau redevient horizontal et en équilibre. Donc la poussée subie par le cylindre B est égale au poids de l'eau qui remplit le cylindre A, *c'est-à-dire au poids de l'eau déplacée par le cylindre B.*

De cette expérience nous déduirons le principe suivant, appelé **principe d'Archimède** : *tout corps plongé dans un liquide subit une poussée verticale, dirigée de bas en haut, égale au poids du liquide déplacé.*

Il résulte du principe d'Archimède que tout corps plongé dans un liquide est soumis à deux forces : son poids dirigé de haut en bas, et la poussée du liquide dirigée de bas en haut.

Si le corps a un poids spécifique supérieur à celui du liquide, le poids du corps l'emporte sur la poussée, et le corps gagne le fond du vase, comme le fait une pierre plongée dans l'eau ou un morceau de métal. Si le corps et le liquide ont le même poids spécifique, le corps reste en équilibre au sein du liquide ; enfin, si le poids spécifique du liquide est supérieur à celui du solide, le corps remonte à la surface du liquide, comme le fait un bouchon de liège abandonné à lui-même.

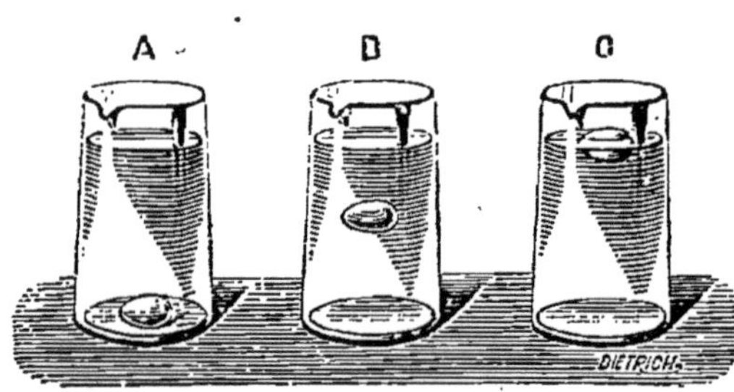

FIG. 87. — A, dans l'eau pure, l'œuf va au fond du vase ; B, dans l'eau salée additionnée d'eau pure, l'œuf est en équilibre ; C, dans l'eau saturée de sel, l'œuf flotte à la surface.

Un œuf peut servir à faire l'expérience :

1° Dans de l'eau ordinaire (*fig.* 87 A), l'œuf tombe *au fond* du vase ; 2° dans de l'eau saturée de sel marin (C), l'œuf *flotte ;* 3° dans un vase à moitié rempli d'eau fortement salée (B), et que l'on achève peu à peu de remplir d'eau pure, l'œuf reste en équilibre au sein du liquide.

APPLICATIONS.

93. Corps flottants. — Prenons un morceau de bois et plongeons-le entièrement dans l'eau. Il subit de la part de l'eau une poussée supérieure à son poids, ce qui nous oblige à le maintenir. Abandonnons le morceau de bois à lui-même : il s'élèvera alors et arrivera bientôt à affleurer la surface libre du liquide : il émergera peu à peu. Mais, au fur et à mesure qu'il émerge, la poussée du liquide diminue progressivement, alors que le poids du corps solide reste constant. Il arrivera donc un moment où la poussée sera égale au poids du corps solide : celui-ci sera en équilibre ; on dit que le corps solide **flotte** à la surface du liquide.

Ainsi si on place dans un même vase de l'huile et de l'eau ; l'eau gagne le fond du vase et l'huile surnage.

Quand un corps solide flotte, le poids du liquide déplacé est égal au poids du corps flottant.

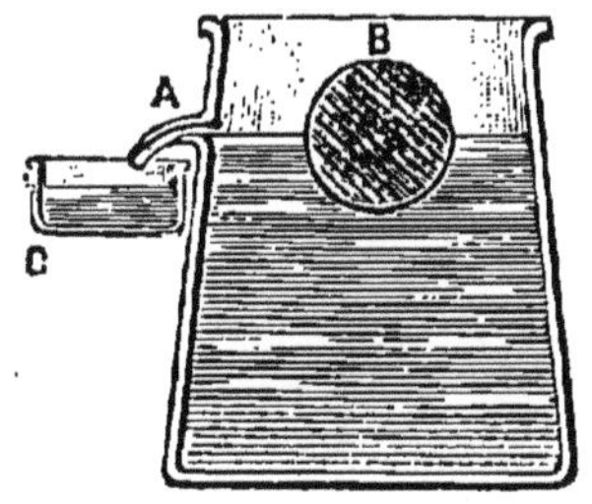

Fig. 88. — Quand un corps solide flotte, le poids du liquide déplacé est égal au poids du corps flottant.

Pour le vérifier, prenons un vase de verre (*fig.* 88) muni d'une tubulure latérale A ; remplissons le vase d'eau jusqu'au niveau de la tubulure. Introduisons dans le vase une sphère de bois B ; celle-ci flotte à la surface du liquide et une certaine quantité d'eau s'écoule par la tubulure dans une capsule C préalablement pesée vide. Pesons de nouveau la capsule et son eau : l'excès de poids de la capsule donnera le poids de l'eau recueillie, et on constatera que le poids de cette eau est rigoureusement égal au poids de la sphère de bois.

Pour qu'un corps flottant soit en équilibre, il faut :

Que le poids du liquide déplacé soit égal au poids total du corps flottant.

L'équilibre est d'autant plus stable que le centre de gravité du corps flottant est plus bas placé ; ainsi l'équilibre d'un navire sera d'autant plus stable que le navire sera mieux lesté.

94. **Équilibre des liquides superposés dans un même vase.** — 1° *Les liquides se superposent par ordre de poids spécifique décroissant à partir du fond.* — Cette première condition est une conséquence du principe d'Archimède.

2° *La surface de séparation de deux liquides consécutifs est horizontale.*

95. Densité. — Un corps est d'autant plus **dense** qu'il possède un poids spécifique plus considérable, c'est-à-dire qu'un centimètre cube de ce corps pèse davantage. On appelle **densité** d'un corps le nombre de fois que ce corps pèse plus que l'eau.

Or, 1 litre d'eau pèse 1 kilogramme; par conséquent, la densité d'un corps sera représentée par le même nombre

FIG. 89. — Un morceau de soufre est suspendu au-dessous de l'un des plateaux d'une balance. On a établi la *tare* dans l'autre plateau.

FIG. 90. — Le soufre a été enlevé et remplacé par 40 grammes.

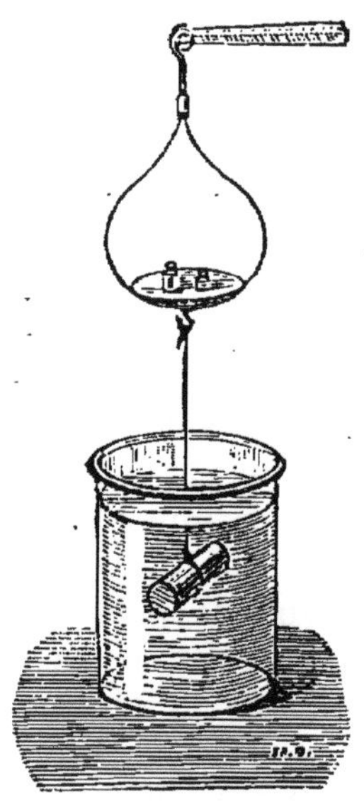

FIG. 91. — Le soufre a été attaché de nouveau et plongé dans l'eau. Il faut 20 grammes pour rétablir l'équilibre.

que son poids spécifique; de là l'emploi indifférent des deux mots *densité* et *poids spécifique* (§ 84).

EXEMPLE. — 1° La densité du mercure est 13,6. Cela veut dire que, en tous les pays, le poids d'un certain volume de mercure est égal à 13,6 fois le poids du même volume d'eau, ou bien que 1 centimètre cube de mercure pèse 13gr,6, en France.

96. Déterminer la densité d'un solide. — Pour calculer la densité d'un corps, il faut déterminer :

1° Le poids du corps en grammes;

2° Le poids en grammes d'un égal volume d'eau;

3° Diviser l'un par l'autre les deux nombres obtenus.

1° *Poids du corps.* — Prenons, par exemple, un morceau de *soufre* (*fig.* 89); suspendons-le à l'aide d'un fil très fin au-dessous de l'un des plateaux d'une balance hydrostatique, et faisons équilibre au morceau de soufre à l'aide d'une tare convenable placée dans l'autre plateau. Détachons le soufre (*fig.* 90) et rétablissons l'équilibre à l'aide de poids placés dans le plateau auquel le fil est resté suspendu ; soit 40 grammes ces poids : 40 grammes est le poids du soufre.

2° *Poids d'un égal volume d'eau.* — Enlevons les poids, attachons de nouveau le soufre au fil et plongeons-le dans de l'eau (*fig.* 91); rétablissons l'horizontalité du fléau à l'aide de poids placés dans le plateau, et que nous supposerons égaux à 20 grammes : 20 grammes représentent le poids d'un volume d'eau égal au volume du soufre.

3° *Quotient des deux nombres.* — On aura alors

$$d = \frac{40}{20} = 2.$$

DENSITÉS DES SOLIDES ET DES LIQUIDES USUELS PAR RAPPORT A L'EAU.

Solides usuels.

Platine	21,16	Diamant	3,50 à 3,53
Or	19,25	Marbre statuaire	2,83
Plomb	11,3	Aluminium	2,56
Argent	10,47	Verre de Saint-Gobain	2,48
Cuivre	8,78	Soufre octaédrique	2,07
Laiton	8,39	Glace fondante	0,93
Acier non écroui	7,81	Potassium	0,86
Fer	7,78	Hêtre	0,85
Étain fondu	7,29	Liège	0,24
Zinc	6,80		

Liquides usuels.

Lait de vache	1,03	Vin de Bordeaux	0,99
Eau de mer	1,02	Esprit de bois	0,92
Mercure	13,59	Huile d'olive	0,91
Eau distillée à 4°	1,00	Essence de térébenthine	0,86
— — à 0°	0,99	Alcool absolu	0,79

97. Aréomètres usuels. — On donne le nom d'aréomètres à des flotteurs en verre destinés à déterminer *le degré de concentration* des acides, des dissolutions salines et des liqueurs alcooliques. Le plus important est *l'alcoomètre centésimal de Gay-Lussac* (*fig.* 92); sa tige est graduée de telle sorte qu'il suffit de le plonger dans un mélange d'eau et d'alcool, pour que le point d'affleurement du flotteur indique immédiatement la richesse alcoolique du liquide. Si l'instrument marque 88, un hectolitre du liquide contient 88 litres d'alcool pur.

Les *pèse-lait*, les *pèse-acide*, les *pèse-vinaigre* sont des aréomètres.

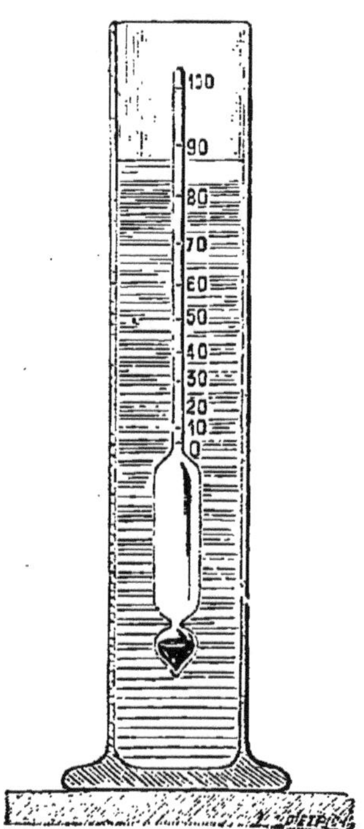

FIG. 92. — **Alcoomètre centésimal.** — On plonge l'instrument dans un alcool du commerce; l'instrument affleure à la division 88. Donc le liquide alcoolique contient 88 p. 100 d'alcool pur.

QUESTIONNAIRE. — **92.** Énoncez le principe d'Archimède. — Comment vérifie-t-on le principe d'Archimède? — Quelles sont les conséquences du principe d'Archimède? — **93.** Quelles sont les conditions d'équilibre d'un corps flottant? — **95.** Qu'appelle-t-on *densité d'un corps?* — Peut-on confondre la densité et le poids spécifique? — **96.** Par quel procédé détermine-t-on la densité d'un corps solide ? — **97.** Comment se sert-on d'un alcoomètre centésimal?

SUJETS DE RÉDACTION

Principe d'Archimède. — *Sommaire.* **1.** Expérience des deux cylindres. — **2.** Énoncé du principe. — **3.** Conséquences du principe d'Archimède.

LIVRE VII

ÉTUDE DES GAZ

Explications préparatoires.

Quelle idée vous faites-vous de la force élastique d'un gaz? — Vous vous êtes tous amusés à vouloir gonfler un sac de papier en soufflant dedans, après avoir réuni dans votre bouche les bords du sac. Vous avez constaté que, quand le sac est gonflé, le papier est tendu, et que même, si le sac est en papier mince, le papier se déchire. Par conséquent, l'air enfermé dans le sac exerce sur les parois intérieures du sac une pression qui tend à faire crever le sac : cette pression s'appelle la *force élastique* de l'air contenu dans le sac. Fermez le sac et faites-le éclater en frappant dessus. Vous aurez comprimé l'air qui y était contenu; la *force élastique* de cet air a augmenté et le sac a crevé en produisant du bruit.

Qu'est-ce qu'un mélange de plusieurs gaz? — Lorsqu'une bouteille est remplie d'eau, on ne peut plus faire entrer dans la bouteille aucun autre liquide. Au contraire, quand un récipient fermé contient déjà un gaz, on peut faire introduire dans ce récipient plusieurs autres gaz, sans que le récipient soit trop plein. Cela tient à ce que les molécules du premier gaz sont très éloignées les unes des autres; alors, dans les intervalles qu'elles laissent entre elles, pourront trouver place les molécules de plusieurs autres gaz. Seulement la pression exercée sur les parois du récipient augmentera à mesure que l'on introduit un nouveau gaz dans le récipient. En outre, chacun des gaz se comporte comme s'il était seul; les gaz mélangés ne se gênent pas mutuellement. Ainsi, dans l'air, il y a partout de l'oxygène et de l'azote.

Comment se fait-il que nous ne nous sentons pas incommodés par la pression atmosphérique? — Cela tient à ce que cette pression s'exerce dans tous les sens; les vitres d'une fenêtre sont poussées par l'air extérieur, mais l'air de la chambre les repousse et les maintient en équilibre. De même l'air de nos poumons contrebalance l'air extérieur, et les solides et les liquides qui forment les tissus de notre corps sont également poussés en dedans et en dehors. Aussi ne sommes-nous pas plus gênés par le poids de l'atmosphère que les poissons qui vivent dans les profondeurs de la mer ne le sont par le poids bien plus considérable de la masse d'eau qui se trouve au-dessus d'eux.

Que veut dire le mot raréfier? — Le mot *raréfier* veut dire *rendre plus rare*. Ce mot ne s'emploie que pour les gaz. Quand on a enlevé une partie de l'air que contient un récipient, le gaz qui reste dans le récipient est *plus rare* que le gaz qui s'y trouvait primitivement : il est *raréfié*.

Qu'est-ce qu'une toise? — La *toise* est l'ancienne unité de longueur adoptée en France; la toise vaut $1^m,949$. La toise se subdivisait en 6 *pieds*, le pied en 12 *pouces* et le pouce en 12 *lignes*.

CHAPITRE PREMIER

PESANTEUR DES GAZ ET PRESSION ATMOSPHÉRIQUE BAROMÈTRE

SOMMAIRE

1. Les gaz sont éminemment **compressibles** et **élastiques** ; ils sont **pesants**. Ils exercent sur les parois de leur récipient une pression qu'on appelle leur *force élastique*.

2. L'atmosphère exerce une pression sur la surface de la terre ; on mesure cette pression à l'aide du **baromètre**. Cet appareil se compose d'un tube de verre fermé à sa partie supérieure et reposant sur une cuve à mercure ; la pression atmosphérique soutient dans le tube une colonne de mercure dont le poids fait équilibre à la pression atmosphérique.

3. On appelle *hauteur barométrique* la hauteur de la colonne de mercure soulevée dans un baromètre.

4. La hauteur barométrique moyenne à Paris est égale à 76 centimètres; la pression atmosphérique moyenne est égale à 1 033 grammes par centimètre carré.

98. **Propriétés générales des gaz.** — L'existence des gaz ne peut se manifester que par des expériences spéciales. Tout le monde a constaté l'existence de l'air : soit en jouant de l'éventail, soit en courant, nous sentons qu'autour de nous un fluide invisible se déplace. Les bulles qui se dégagent d'une bouteille brusquement enfoncée dans l'eau nous montrent que la bouteille était occupée par un fluide, dont l'eau a pris la place. Ce fluide s'appelle un *gaz* et en particulier **l'air atmosphérique**.

99. **Compressibilité et élasticité des gaz.** — Une première propriété importante des gaz est la **compressibilité.**

On prend un tube de verre suffisamment résistant (*fig.* 93) fermé à son extrémité inférieure; on y introduit un piston qui le ferme hermétiquement et on exerce avec la main sur la tige du piston un effort mécanique progressif. Le piston s'enfonce peu à peu et le volume de la masse d'air confinée dans le tube diminue successivement, en se réduisant à la moitié, au tiers, au quart du volume primitif. L'air contenu dans le tube est donc très *compressible*.

FIG. 93. — **Compressibilité des gaz.** — Une masse d'air limitée renfermée dans un tube de verre épais se comprime progressivement sous l'action d'un piston.

Si l'on cesse d'exercer un effort mécanique sur le piston, l'air reprend son volume primitif et fait remonter le piston à sa position première : donc l'air est **élastique**.

Tous les gaz sont compressibles et élastiques.

100. Expansibilité des gaz. — Un gaz tend toujours à occuper le plus grand volume possible : on dit alors que les gaz sont **expansibles**; on vérifie de la manière suivante l'expansibilité des gaz :

Plaçons sous une cloche (*fig.* 94) une vessie ne renfermant que très peu d'air et préalablement fermée. A l'aide d'une machine spéciale, appelée *machine pneumatique*[1], faisons le vide sous la cloche : aussitôt la vessie se gonfle (*fig.* 95) par suite de l'*expansibilité* de l'air qu'elle renferme.

L'expérience nous montre en outre que la vessie est tendue; si elle était assez mince, il pourrait même arriver qu'elle éclatât; *donc les gaz exercent une pression sur les parois de leur récipient.*

101. Pression exercée par un gaz. — Les gaz, de

1. La machine pneumatique est une machine destinée à faire le vide, en enlevant l'air contenu dans un récipient clos.

même que les liquides, exercent une pression sur les corps qui y sont plongés: en effet, laissons rentrer brusquement l'air extérieur sous la cloche précédente, la vessie se dégonfle et reprend son volume primitif, de façon qu'il y ait égalité entre la pression du gaz contenu dans la vessie et la pression du gaz enfermé dans la cloche.

102. Constitution d'un gaz. — Comment expliquer ces propriétés des gaz? On admet aujourd'hui que les molé-

Expansibilité des gaz.

Fig. 94. — Une vessie dégonflée est placée sous la cloche d'une machine pneumatique.

Fig. 95. — On fait le vide et la vessie se gonfle par suite de l'*expansibilité* de l'air qu'elle renferme.

cules d'un gaz sont absolument *indépendantes* les unes des autres; elles sont animées d'un *mouvement très rapide* et leur course n'est limitée que par les parois du récipient; de plus, toutes les molécules d'une même masse gazeuse *possèdent la même vitesse*.

Il résulte de là qu'un gaz doit se répartir uniformément dans l'intérieur de son récipient et l'occuper en totalité. Entre les molécules d'une même masse gazeuse il existera des vides d'autant plus grands que la masse gazeuse occupera un récipient plus vaste. L'existence de ces vides explique la *compressibilité* des gaz, et le mouvement des molécules d'un gaz rend compte de l'*élasticité* du gaz.

103. Force élastique d'un gaz. — Les molécules d'un gaz viennent choquer la paroi du récipient, s'y heurtent et reviennent sur leurs pas pour aller frapper la paroi opposée, etc.; cette succession de chocs très rapprochés produit le même effet qu'une pression continue éprouvée par la paroi; cette pression est appelée la *force élastique du gaz.* Inversement, le gaz subit de la part de la paroi une pression égale et opposée à sa force élastique. De plus, pour un récipient de dimensions ordinaires, la force élastique est la même en chacun des points de la paroi, à laquelle elle est toujours perpendiculaire.

104. Pesanteur des gaz. — Les gaz sont **pesants**: un litre d'air, pris dans l'atmosphère, pèse 1^gr^,3 environ dans les conditions ordinaires de température et de pression.

105. Pression atmosphérique. — La terre est entourée d'une atmosphère gazeuse qui exerce sur la surface de notre planète une pression appelée **pression atmosphérique.** On démontre l'existence de la *pression atmosphérique* à l'aide des expériences suivantes :

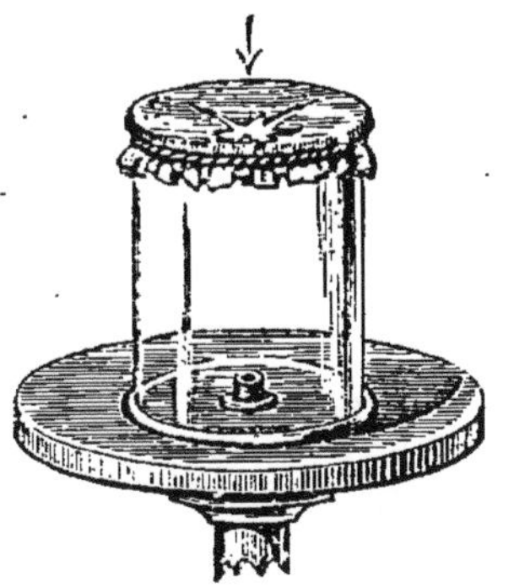

Fig. 96. — **Crève-vessie.** — La *pression atmosphérique* fait crever la vessie sous laquelle on avait fait préalablement le vide.

1° *Crève-vessie.* — On place sur le plateau de la machine pneumatique (*fig.* 96) un cylindre de verre, ouvert à ses deux extrémités, et sur la base supérieure duquel on a tendu une membrane de vessie. Tant qu'on ne fait pas fonctionner la machine, la membrane reste plane, malgré la pression énorme qu'elle supporte de la part de l'atmosphère, cela vient de ce que la pression atmosphérique est contrebalancée par la force élastique de l'air intérieur. Mais dès les premiers coups de piston, qui diminuent cette force élastique, la membrane s'infléchit, et bientôt elle se crève sous l'effort de la pression atmosphérique. Le bruit qui se produit alors est dû surtout au choc de l'air extérieur qui rentre contre les parois du cylindre.

2° *Verre d'eau.* — Si l'on emplit d'eau un verre à boire ordinaire, et que l'on applique une feuille de papier sur la surface du liquide, on peut, en agissant avec précaution, retourner le verre sans que le liquide s'en échappe (*fig.* 97).

Qu'est-ce qui empêche l'eau de tomber? c'est la pression atmosphérique qui s'exerce de bas en haut. Il est bon de remarquer que la feuille de papier sert ici seulement à empêcher que la masse liquide ne se laisse diviser par le passage de l'air qui est plus léger que l'eau. Si au lieu d'un verre ordinaire, on employait un tube étroit, fermé à l'une de ses extrémités, on pourrait, après l'avoir empli d'eau, le retourner purement et simplement sans que le liquide s'échappât.

3° *Expérience de Torricelli.* — On prend un

Fig. 97. — La *pression atmosphérique*, agissant de bas en haut, maintient l'eau dans le verre renversé.

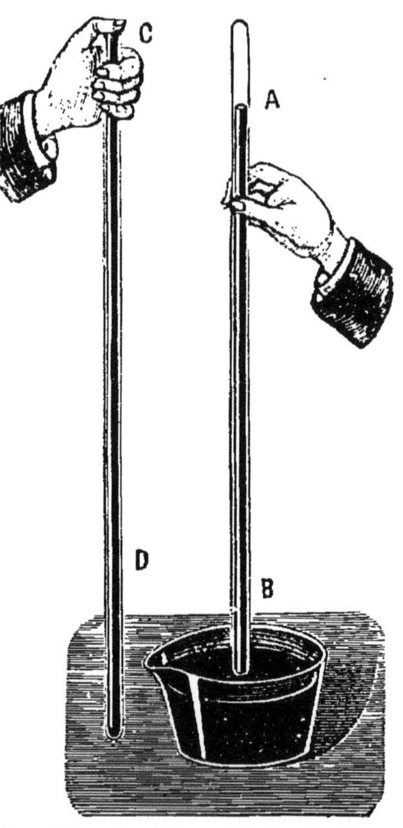

Fig. 98. — Expérience de Torricelli. — La *pression atmosphérique* maintient le mercure dans le tube AB, à une hauteur de 0m,76.

tube de verre D (*fig.* 98) long de 80 centimètres au moins, d'un diamètre intérieur de 6 à 7 millimètres et fermé à l'une de ses extrémités. On le remplit entièrement de mercure; puis, fermant l'ouverture C avec le pouce, on retourne le tube et l'on en plonge l'extrémité ouverte dans une cuvette à mercure. On retire alors le doigt et l'on voit la colonne de mercure se maintenir soulevée dans le tube de manière que la différence entre le niveau du mercure dans le tube AB et le niveau du mercure dans la cuvette soit égale à 76 centimètres environ.

Torricelli affirma et soutint que c'était la pression atmosphérique qui maintenait le mercure dans le tube, et que le poids de la colonne de mercure soulevée était égal à la pression que l'atmosphère exerce sur une surface égale à la section du tube.

Supposons, par exemple, qu'à Paris, la différence de niveau du mercure soit égale aujourd'hui à 76 centimètres; la pression atmosphérique sur 1 centimètre carré sera égale au poids d'une colonne de mercure dont l'expression est :

$$1 \times 76 \times 13{,}6 = 1\,033 \text{ grammes.}$$

4° *Expériences de Pascal*. — Au lieu de mettre du mercure dans le tube de Torricelli, mettons-y de l'eau; la pression atmosphérique sur 1 centimètre carré sera toujours égale à 1033 grammes; seulement comme la densité de l'eau est 1, l'eau s'élèvera dans le tube à $10^{m},33$. Pascal fit cette expérience à Rouen, sur la place de la Venerie.

De même, si on s'élève dans l'atmosphère, en vertu des lois de l'hydrostatique (§ 88), la pression atmosphérique doit diminuer.

Pascal fit l'expérience à la tour *Saint-Jacques*, à Paris; pour 25 toises de différence d'altitude (50 mètres), le mercure baissa de 2 *lignes* (5 millimètres).

Ces expériences confirmèrent la théorie de Torricelli et montrèrent que, dans le tube imaginé par ce savant, c'est bien la pression atmosphérique qui maintient le mercure soulevé. Elles montrent, en outre, que **la pression atmosphérique sur une surface donnée est égale au poids d'une colonne cylindrique de mercure ayant pour base la surface pressée et pour hauteur la différence verticale de niveau du mercure dans le tube et dans la cuve.**

106. Baromètre. — Le baromètre *est un instrument destiné à mesurer la pression atmosphérique.* Le baromètre n'est autre chose qu'un tube de Torricelli construit avec assez de soin pour que la *chambre barométrique* AB (*fig.* 99) ne renferme aucune trace d'air ni d'humidité.

Il suffit de mesurer la *hauteur barométrique* CA, pour en

déduire immédiatement la pression atmosphérique correspondante. En effet, si CA est égal à 76 centimètres par exemple, 1 centimètre carré MN du mercure de la cuvette supporte de la part de l'atmosphère une pression P égale à 1 × 76 × 13,6 ou à 1 033 grammes.

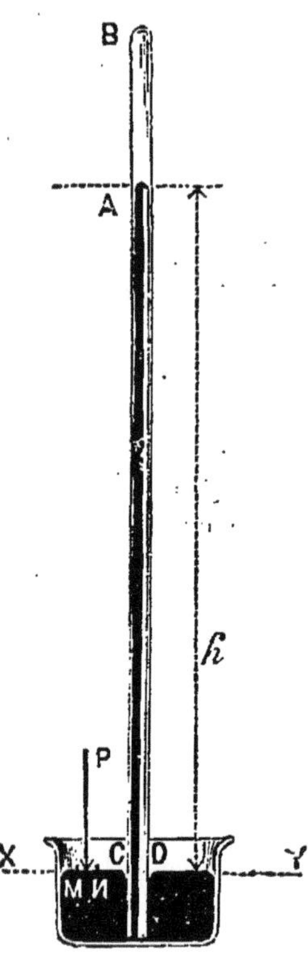

FIG. 99. — Un centimètre carré MN supporte une pression égale au poids d'une colonne de mercure CA égale à 0m,76 de hauteur.

On donne aux baromètres usuels la disposition représentée par la figure 100.

On construit depuis quelques années des baromètres métalliques (*fig.* 101); on les gradue en les comparant au baromètre à mercure.

107. Pression atmosphérique à Paris.— Si l'on observe le baromètre en un lieu, on constate que la hauteur barométrique *varie sans cesse suivant l'état de l'atmosphère;* l'écart entre les hauteurs extrêmes observées est de 55 millimètres environ. A Paris, la moyenne annuelle des hauteurs barométriques observées est égale à 760 millimètres, ce qui donne 1 033 grammes comme pression atmosphérique moyenne par centimètre carré.

D'après ce calcul, la pression que supporte un homme de taille moyenne de la part de l'atmosphère est d'environ 15 000 kilogrammes.

On peut se demander comment les objets terrestres et notre corps lui-même peuvent supporter une telle pression. Cela tient à ce que cette pression s'exerce dans tous les sens. Les vitres d'une fenêtre sont poussées par l'air extérieur, mais l'air de la chambre les repousse et les maintient en équilibre. De même l'air de nos poumons contrebalance l'air extérieur, et les solides et les liquides qui forment les tissus de notre corps sont également poussés en dedans et en dehors. Aussi ne sommes-nous pas plus gênés par le poids de l'atmosphère que les poissons qui vivent dans les profondeurs de la mer ne le sont par le poids bien plus considérable de la masse d'eau

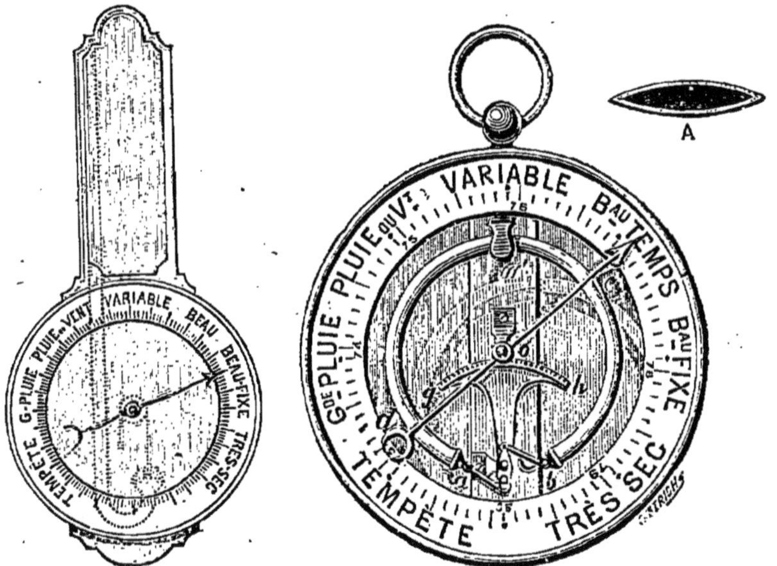

FIG. 100. — Baromètre. FIG. 101. — Baromètre de M. Bourdon.

qui se trouve au-dessus d'eux et auquel vient s'ajouter d'ailleurs la pression atmosphérique.

108. Usages du baromètre. — En météorologie, les indications du baromètre, combinées avec celles du thermomètre, et avec la connaissance de la direction et de la vitesse du vent, permettent de prévoir le temps.

QUESTIONNAIRE. — **99.** Par quelle expérience montre-t-on que l'air est élastique ? — **100.** Par quelles expériences montre-t-on que les gaz sont expansibles ? — **103.** Qu'appelle-t-on force élastique d'un gaz ? — **105.** Par quelles expériences manifeste-t-on l'existence de la pression atmosphérique ? — **106.** Qu'est-ce qu'un baromètre ? — Qu'appelle-t-on hauteur barométrique ? — **108.** Quels sont les usages du baromètre ?

SUJETS DE RÉDACTION

Pression atmosphérique. — *Sommaire.* **1.** Crève-vessie. — **2.** Expérience du verre d'eau. — **3.** Expérience de Torricelli. — **4.** Expérience de Pascal. — **5.** Valeur de la pression atmosphérique moyenne par centimètre carré.

CHAPITRE II

FORCE ÉLASTIQUE DES GAZ. — LOI DE MARIOTTE. — MANOMÈTRES. — POMPES. — SIPHON.

SOMMAIRE

1. *A une même température, les volumes occupés successivement par une même masse gazeuse sont inversement proportionnels aux pressions qu'elle supporte* (Loi de Mariotte).

2. Quand plusieurs gaz sont mélangés, chacun d'eux se répand dans le récipient comme s'il était seul.

3. Un **manomètre** est un appareil destiné à mesurer la force élastique d'un gaz ou d'une vapeur.

4. La **machine pneumatique** est un appareil destiné à raréfier les gaz.

5. Les **pompes** sont des appareils destinés à l'élévation de l'eau.

6. Le **siphon** est un instrument destiné à transvaser les liquides. Il se compose d'un tube formé de deux branches de longueurs différentes et dont la petite est plongée dans le liquide à transvaser.

7. A l'aide de la **presse hydraulique** on peut exercer des pressions considérables en ne dépensant qu'un faible effort.

109. Force élastique d'un gaz. — Nous avons vu (§ 103) que les gaz exercent sur les parois de leur récipient une pression, appelée *force élastique* du gaz. On évalue cette pression *en colonne de mercure*, et l'on dit qu'un gaz a une force élastique de 240 centimètres par exemple, lorsque, par *centimètre carré*, ce gaz exerce une pression égale au poids d'une colonne de mercure de 240 centimètres de hauteur, c'est-à-dire une pression égale à $240 \times 13{,}6$ ou à 3 264 grammes. Inversement, le gaz supporte, de la part du récipient, une pression de 3 264 grammes par centimètre carré.

110. Loi de Mariotte relative à la compression des gaz. — Prenons un vase de verre (*fig.* 102) renfermant une masse d'air ; ce vase est fermé par un piston A supportant la pression atmosphérique, qui, eu égard à la surface du piston, est, par exemple, égale à 10 kilogrammes. Dans ces conditions, la masse d'air contenue dans le récipient, a un volume V, et elle est soumise à une pression de 10 kilogrammes. Si l'on charge progressivement le piston avec des poids, le piston s'enfonce peu à peu et le volume de la masse d'air diminue. Cessons de charger le piston quand le volume du gaz sera réduit à $\frac{V}{2}$, c'est-à-dire à moitié (*fig.* 103) : nous verrons alors qu'il a fallu charger

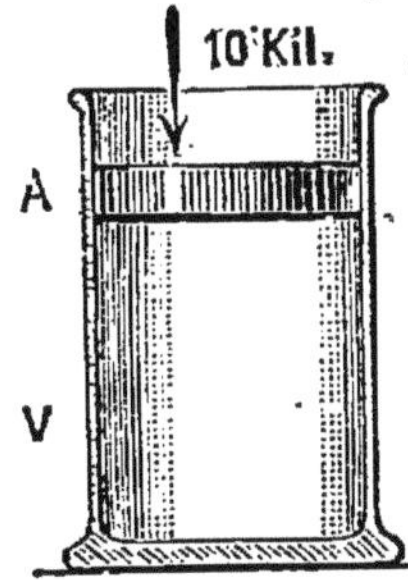

FIG. 102. — Sous la pression de 10 kilogrammes, l'air occupe le volume V.

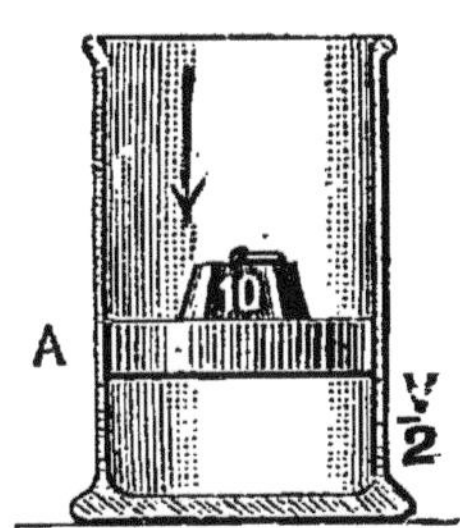

FIG. 103. — Sous la pression de 20 kilogrammes, l'air occupe le volume $\frac{V}{2}$.

le piston de 10 kilogrammes. A ce moment, la masse gazeuse enfermée dans le récipient subit la pression atmosphérique, évaluée précédemment à 10 kilogrammes, augmentée des 10 kilogrammes représentés par les poids, c'est-à-dire une pression totale de 20 kilogrammes. Donc *quand la pression exercée sur le gaz devient* **double**, *le volume du gaz devient* **moitié**.

Pour réduire au **tiers** le volume du gaz, l'expérience montre qu'il faut charger le piston de 20 kilogrammes ; la pression supportée par le gaz est alors égale à 10 kilogrammes, représentant la pression atmosphérique augmentée des 20 kilogrammes, en tout 30 kilogrammes, c'est-à-dire 10×3, et ainsi de suite.

On déduit de ces expériences la loi dite de *Mariotte :*

A une même température, les volumes occupés par une même masse gazeuse sont inversement proportionnels aux pressions supportées par cette masse.

111. Mélange des gaz. — Il résulte de l'état de mouvement des molécules d'un gaz et des intervalles considérables existant entre ces molécules, que plusieurs gaz peuvent occuper simultanément le même récipient ; de plus, chacun d'eux se répartit uniformément dans le récipient *comme si les autres gaz n'existaient pas*, et il est évident que la pression exercée par le mélange gazeux est égale à la *somme* des pressions exercées par chacun des gaz mélangés.

L'air atmosphérique est un mélange de deux gaz, *l'oxygène* et *l'azote*[1] ; dans un appartement dont la capacité est 200 mètres cubes, il y a 200 mètres cubes de chaque gaz, et la pression atmosphérique est la somme des pressions exercées séparément par l'oxygène et par l'azote.

112. Manomètres métalliques. — Les **manomètres** sont des instruments destinés à mesurer la *force élastique* des gaz ou de la vapeur d'eau. Dans l'industrie, on emploie le **manomètre métallique de Bourdon**, indiquant en kilogrammes la pression exercée sur un centimètre carré.

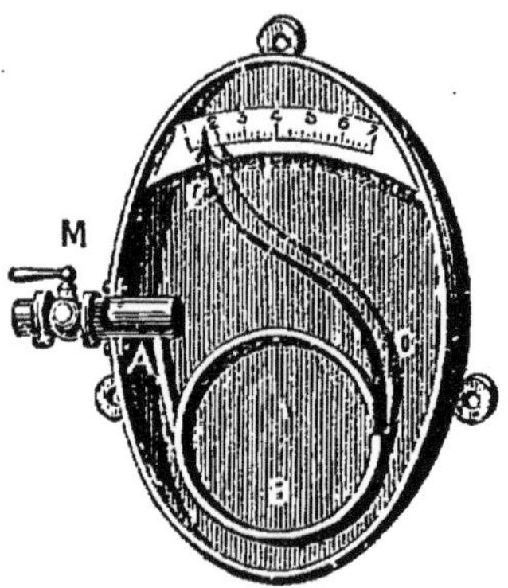

Fig. 104. — Manomètre de Bourdon. — A, tube de communication avec la chaudière à vapeur. — M, robinet ; B, tube mince en laiton fermé en *c* ; *e*, aiguille indiquant la pression de la vapeur.

L'instrument se compose d'un tube de laiton B (*fig.* 104) à parois minces et flexibles et recourbé en hélice. L'extrémité A du tube est fixée à une tubulure à robinet M, destinée à mettre le manomètre en communication avec une chaudière à vapeur. Le tube est *fermé* à son autre extrémité C, et le tube entier est libre.

Le robinet M étant ouvert, la pression que la vapeur exerce sur les parois intérieures du tube le force à *se dérouler* et il se déroule d'autant plus que la pression est plus considérable ; l'aiguille *e* s'arrête devant l'une des divisions d'un cadran, préalablement gradué en kilogrammes.

113. Interprétations des indications des manomètres industriels. — Supposons, par exemple, que

1. Voir *Trois années de Chimie* (Air atmosphérique), par M. Duxcourt, pour l'Enseignement primaire supérieur.

l'aiguille s'arrête devant le chiffre 5, cela veut dire que *chaque centimètre carré* de la surface intérieure de la chaudière supporte une pression de 5 *kilogrammes.*

On trouve encore dans l'industrie d'anciens manomètres gradués avec une unité spéciale appelée *un atmosphère.* Cette unité correspond à la pression atmosphérique moyenne à Paris, c'est-à-dire à 1 033 grammes par centimètre carré.

La graduation nouvelle en kilogrammes a l'avantage de substituer au nombre 1 033, qui exigeait un calcul compliqué, le nombre 1 000, d'un usage plus courant.

114. Machine pneumatique. — On appelle **machine pneumatique** une machine destinée à **raréfier** un gaz contenu dans un récipient clos.

La machine pneumatique se compose d'un corps de pompe C (*fig.* 105) communiquant par un canal T avec le

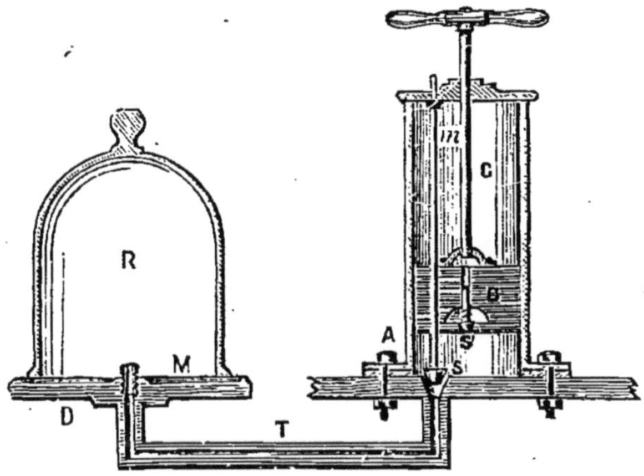

Fig. 105. — Machine pneumatique théorique. — C, corps de pompe; B, piston; S', soupape du piston; R, récipient contenant le gaz à raréfier; T, canal de jonction, dont l'orifice dans le corps de pompe peut se fermer à l'aide de la soupape S; *m*S, tige de la soupape S, dont les mouvements concordent avec ceux du piston.

récipient R contenant le gaz à raréfier. Dans le corps de pompe peut se mouvoir un piston B percé suivant son axe d'un canal fermé à sa partie inférieure par une soupape S' s'ouvrant de bas en haut. Le piston est traversé à frottement dur par une tige *m*S terminée par une soupape conique S destinée à boucher l'orifice du canal T dans le corps de pompe. Dès que le piston monte, il entraîne la tige mS; la soupape S est soulevée; mais presque aussitôt un bourrelet m, placé au haut de la tige, vient heurter la base supérieure du corps de pompe; la tige s'arrête et le piston B monte seul; grâce à cette disposition, la soupape S ne sera soulevée qu'à une très petite hauteur, et elle fermera l'orifice dès que le piston commencera à descendre.

Supposons que le récipient R ait une capacité de 10 litres

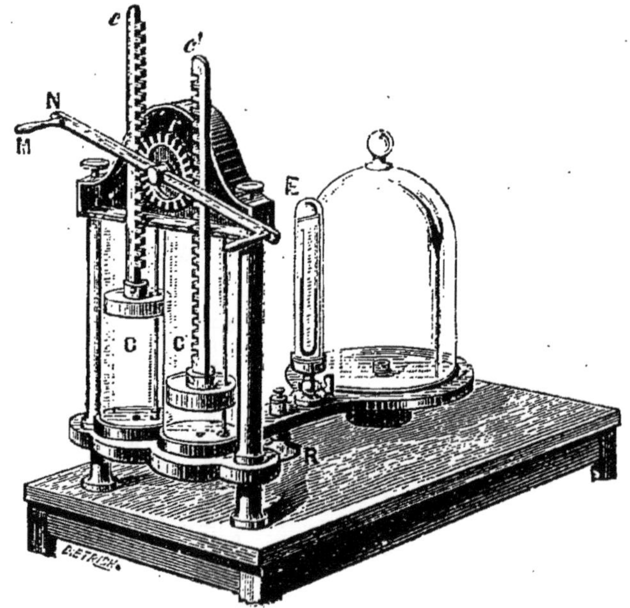

FIG. 106. — Machine pneumatique ordinaire.

et le corps de pompe C une capacité de 1 litre. Quand le piston monte, le gaz du récipient se répand aussi dans le corps de pompe et occupe le volume de 11 litres; sa force élastique est donc devenue les $\frac{10}{11}$ de ce qu'elle était primitivement. Quand le piston descend, la soupape S se ferme et la soupape S' s'ouvre pour faire passer en C et de là dans l'atmosphère le gaz qui est sous le piston. A chaque coup de piston, on extrait le $\frac{1}{11}$ de la masse gazeuse contenue dans le récipient R; la pression diminue progressivement, mais *elle ne devient jamais nulle.*

La *fig.* 106 représente une machine pneumatique dans son ensemble. Cette machine est à deux corps de pompe, pour que la raréfaction du gaz soit plus rapide.

En changeant le sens des soupapes de la machine précédente, on la transforme en **machine de compression,** comprimant de l'air dans le récipient.

115. Cloche à plongeur. — La cloche à plongeur

FIG. 107. — **Cloche à plongeur.** — A gauche, cloche non submergée. Sur la droite, cloche immergée, dont on a *chassé* l'eau par l'air comprimé.

(*fig.* 107) permet d'opérer en toute sécurité des travaux sous l'eau. Elle se compose d'une vaste cloche en fonte ouverte par le bas et hermétiquement close de tout autre côté ; on y envoie de l'air comprimé qui expulse complètement l'eau de la cloche et qui alimente les ouvriers d'air respirable; les ouvriers peuvent alors travailler presque à pied sec.

116. Pompe aspirante. — Une pompe aspirante est

un appareil destiné à élever l'eau. Elle se compose d'un corps de pompe cylindrique P (*fig.* 108), dans lequel peut se mouvoir un piston B. Ce piston est percé d'outre en outre; et l'orifice supérieur est fermé par la soupape Z, qui ne s'ouvre que de bas en haut. A la base du corps de pompe P est un *tuyau d'aspiration* C plongeant dans le réservoir XY d'où l'on veut extraire l'eau; à la jonction du tuyau d'aspiration et du corps de pompe est une soupape Z′, qui, elle aussi, ne peut s'ouvrir que de bas en haut. A sa partie supérieure, le corps de pompe présente un *déversoir* T.

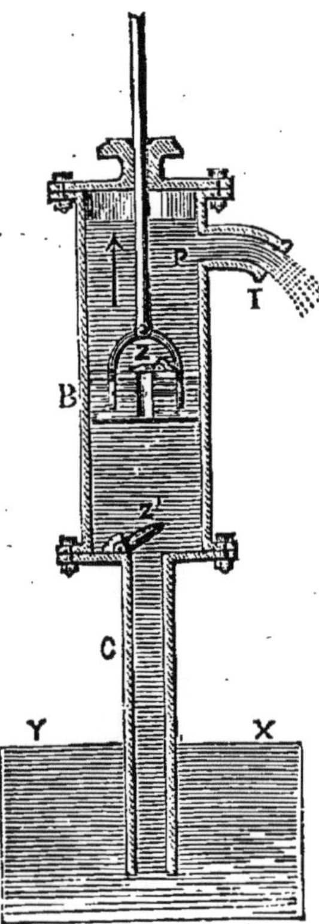

FIG. 108.—Pompe aspirante. — P, corps de pompe; B, piston; C, tuyau d'aspiration; X, soupape du piston; Z′, soupape du corps de pompe; T, déversoir; XY, niveau de l'eau dans le puits.

Première manœuvre. — Lorsqu'on soulève le piston, la soupape Z se ferme et la soupape Z′ s'ouvre pour livrer passage à l'air du tuyau d'aspiration qui se trouve ainsi raréfié. L'eau, sollicitée par la pression atmosphérique extérieure, s'élève dans le tuyau d'aspiration C et dans le corps de pompe.

Deuxième manœuvre. — On fait descendre le piston. La soupape Z′ se ferme et la soupape Z s'ouvre; et, quand le piston sera arrivé au bas de sa course, l'eau contenue dans le corps de pompe sera passée au-dessus du piston.

Troisième manœuvre. — Soulevons le piston; la soupape Z′ s'ouvre et l'eau se précipite dans le corps de pompe, dans le piston; la soupape Z reste fermée, et le piston élève mécaniquement l'eau située au-dessus de lui jusqu'au déversoir par lequel elle s'écoule. Il en sera de même à chaque coup de piston. Il s'écoule donc par le déversoir, à chaque coup de piston, un volume d'eau égal à la capacité du corps de pompe.

Pour que la pompe aspirante fonctionne, le tuyau d'aspiration ne doit pas théoriquement dépasser $10^m,33$, hauteur barométrique moyenne exprimée en colonne d'eau. Dans la pratique, les fuites de l'appareil réduisent à 7 mètres la hauteur maxima du tuyau d'aspiration.

117. Pompe foulante. — Dans la **pompe foulante** (*fig.* 109), le corps de pompe plonge directement dans le réservoir; le piston P est plein; sur le côté du corps de pompe est adapté un tuyau d'ascension D, portant à sa base une soupape O ouvrant de bas en haut; à la base du corps de pompe est une soupape S ouvrant aussi de bas en haut.

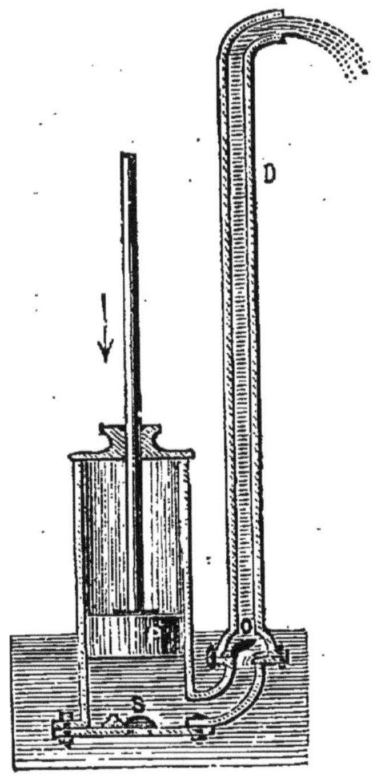

Fig. 109. — Pompe foulante. — P, piston plein; S, soupape du corps de pompe; D, canal élévatoire; O, soupape du canal élévatoire.

Lorsque le piston P monte, la soupape S s'ouvre, soulevée par la poussée du liquide, et le corps de pompe se remplit d'eau; puis, lorsque le piston descend, la soupape S étant fermée par son propre poids et par la pression qu'elle supporte, l'eau, refoulée par le piston, fait ouvrir la soupape O et s'élève, dans le tuyau D, à une hauteur proportionnelle à la pression exercée et qui n'a d'autres limites que la pression exercée sur le piston et la solidité de l'appareil.

La *pompe à incendie* (*fig.* 110) est une application de la pompe foulante. Un réservoir *d'air comprimé* R assure la continuité du jet.

118. Siphon. — On appelle **siphon** un instrument destiné à transvaser les liquides. Un siphon (*fig.* 111) se compose d'un tube ABCD recourbé deux fois à angle droit et dont les branches sont inégales. On plonge la petite branche AB dans le liquide à transvaser que contient un vase MN, et on aspire par l'extrémité D l'air contenu dans l'appareil; le siphon *s'amorce* et, quand on cesse d'aspirer, le liquide

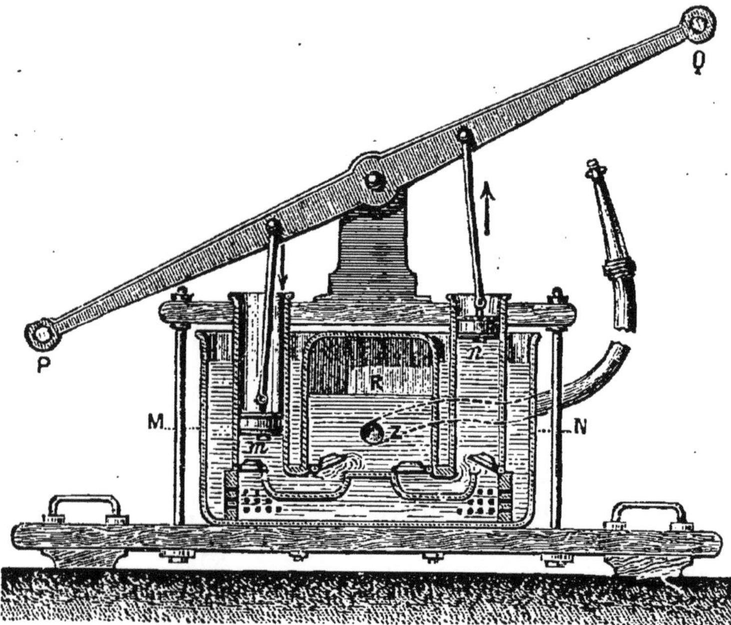

FIG. 110. — **Pompe à incendie.** — *m*, *n*, piston refoulant l'eau du bac MN dans le réservoir R; Z, orifice d'échappement de l'eau; P, Q, balancier de manœuvre.

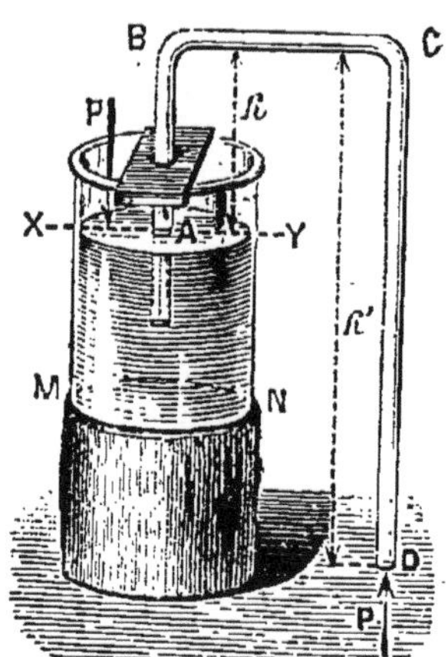

FIG. 111. — **Siphon.** — ABCD, siphon; l'eau s'écoule par l'orifice D sous l'action d'une pression égale au poids d'une colonne d'eau de hauteur (h', h).

s'écoule d'une manière continue par l'extrémité de la grande branche.

En effet, d'une part, la tranche liquide située en D supporte de bas en haut la pression atmosphérique P; d'autre part, la même tranche supporte de haut en bas la pression atmosphérique P s'exerçant sur XY augmentée du poids d'une colonne de liquide égale à la différence des longueurs h' et h des deux branches du siphon. La tranche D de liquide est donc plus pressée de haut en bas que de bas en haut. Il en est de même pour toutes les autres tranches liquides du siphon : par suite, le liquide devra s'écouler, d'une manière continue, de la petite branche vers la grande.

Pour qu'un siphon destiné à transvaser de l'eau puisse

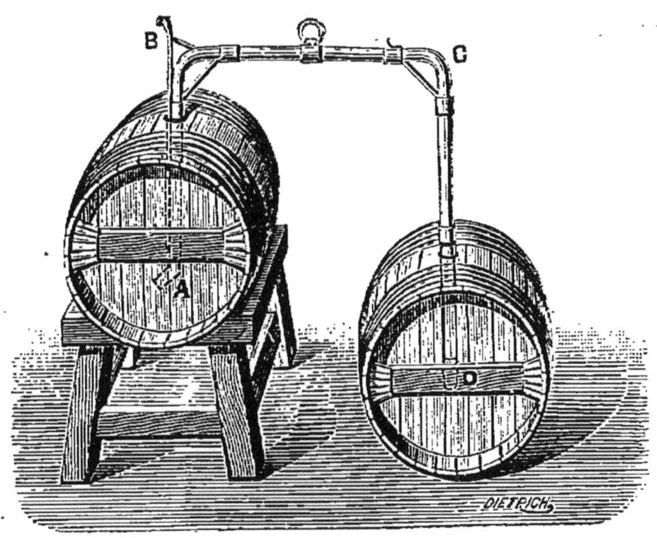

FIG. 112. — A l'aide d'un siphon ABCD on transvase du vin d'une barrique dans l'autre.

fonctionner, il faut que la petite branche soit inférieure à $10^{m},33$; pour transvaser du mercure, la petite branche du siphon doit être inférieure à 76 centimètres.

On se sert du siphon (*fig.* 112) pour transvaser le vin, les eaux-de-vie, etc., d'un baril dans un autre.

119. Presse hydraulique. — La presse **hydraulique**, inventée par Pascal, est une application des lois de l'hydrostatique.

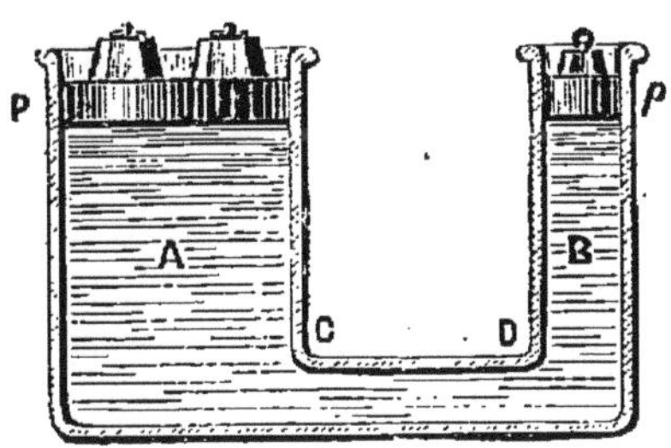

FIG. 113. — Presse hydraulique (*principe*). — Section de P dix fois plus grande que section de *p*. Un poids de 1 kilo placé en *p* fait équilibre à un poids de 10 kilos placé en P.

La presse hydraulique (*fig.* 113) se compose essentiellement de deux cylindres verticaux A, B, de sections très différentes, communiquant par un tube CD. Dans chacun de ces cylindres est placé un piston P, p, fermant hermétiquement. Supposons que ces deux pistons P et p aient leur base inférieure sur un même plan horizontal et que le piston P ait une section 10 fois plus grande que celle du piston p. Si l'on place un poids

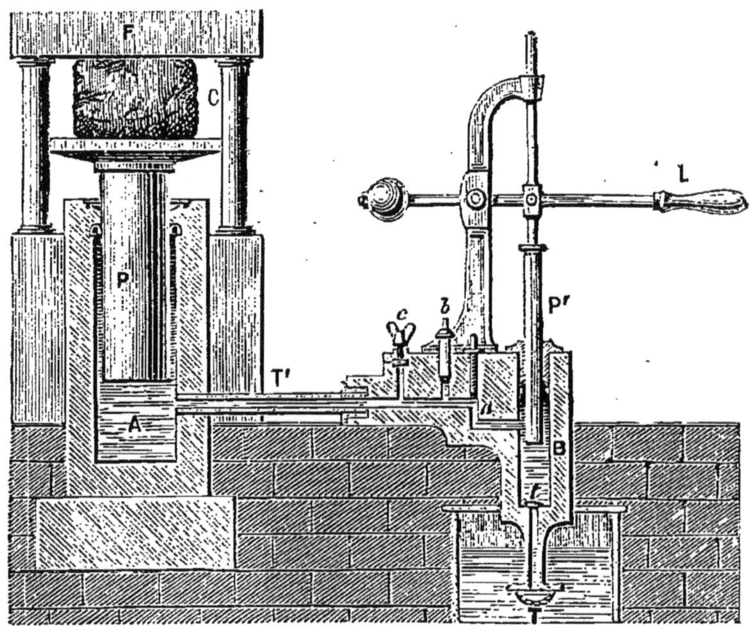

FIG. 114. — **Presse hydraulique.** — B, pompe aspirante et foulante ; A, corps de pompe dans lequel l'eau est refoulée ; P, piston plongeur ; F, plate-forme fixe. L'objet à presser est placé entre la tête du piston P et la plate-forme ; a, soupape ; b, soupape de sûreté ; c, robinet de vidange ; L, levier.

de 1 kilo sur le piston p, il faudra, pour maintenir le piston P en équilibre, le charger d'un poids de 10 kilos.

Si un objet compressible est placé entre le piston P (*fig.* 114) et une plate-forme fixe F, on pourra exercer sur cet objet une pression considérable tout en ne déployant qu'un faible effort.

La presse hydraulique est employée pour le foulage des draps, l'extraction du suc de betteraves et de l'huile des graines oléagineuses.

QUESTIONNAIRE. — **110.** Énoncer la loi de Mariotte. — Par quelles expériences vérifie-t-on la loi de Mariotte? — **111.** Quelles sont les propriétés d'un mélange de plusieurs gaz? — **112.** Quel est l'usage d'un manomètre. — **114.** Décrire la machine pneumatique. — **116.** Expliquer le fonctionnement d'une pompe aspirante. — **117.** Expliquer le fonctionnement d'une pompe foulante? — Quel est l'avantage présenté par la pompe foulante sur la pompe aspirante? — **118.** Décrire le siphon et en faire connaître le fonctionnement. **119.** Sur quel principe est fondée la presse hydraulique? — Quels sont les usages de la presse hydraulique?

SUJETS DE RÉDACTION

Loi de Mariotte. — *Sommaire.* 1. Expérience relative à la compression de l'air. — 2. Énoncé de la loi de Mariotte.

Pompes. — *Sommaire.* 1. Pompe aspirante. — 2. Pompe foulante. — 3. Pompe à incendie. — 4. Avantages présentés par la pompe foulante sur la pompe aspirante.

LIVRE VIII

CHALEUR

CHAPITRE PREMIER

VAPORISATION. — FORCE ÉLASTIQUE DE LA VAPEUR D'EAU

SOMMAIRE

1. La *vaporisation* est le passage d'un corps de l'état liquide à l'état gazeux en donnant naissance à une **vapeur**.

2. Dans l'*évaporation*, les vapeurs se forment à la surface du liquide; dans l'*ébullition*, les vapeurs se forment au sein du liquide.

3. Quand un liquide se vaporise, la vapeur formée possède une *force élastique* qui augmente avec la température.

4. La *liquéfaction* est le retour d'une vapeur à l'état liquide.

VAPORISATION.

120. Définition. — On appelle **vaporisation** le passage d'un corps de l'état *liquide* à l'état *gazeux*, et on donne le nom de **vapeur** au gaz qui prend naissance dans ces conditions. Un liquide se vaporise soit par *évaporation*, soit par *ébullition*.

121. Évaporation. — *On appelle évaporation la formation de vapeurs à la surface libre d'un liquide.* De l'eau abandonnée à l'air se vaporise lentement et entièrement (*fig.* 115).

Fig. 115. — L'eau peut se changer en vapeur *lentement;* c'est l'*évaporation*.

L'évaporation est d'autant plus rapide que la température est plus élevée et que la surface d'évaporation est plus grande.

L'agitation de l'air favorise également l'évaporation, car elle amène incessamment à la surface du liquide de l'air qui ne contient pas encore de vapeurs.

On explique ainsi l'action desséchante des vents du nord secs, qui, même pendant l'hiver, sèchent plus vite le sol que la chaleur de l'été. On applique ce principe dans les *séchoirs ;* on dispose des persiennes aux quatre faces des hangars pour favoriser la circulation rapide de l'air à l'intérieur.

Les différents liquides ne sont pas *également volatils ;* l'alcool et l'éther se vaporisent rapidement, tandis que l'huile n'émet pas de vapeurs sensibles à la température ordinaire.

La vaporisation d'un liquide exige de la chaleur : en effet, si on verse de l'éther dans la main, l'éther se vaporise grâce à la chaleur que lui fournit la main. La perte de chaleur éprouvée par la main est si grande qu'il en résulte pour l'expérimentateur une vive impression de froid.

122. Ébullition. — Plaçons de l'*eau ordinaire* dans un vase de verre et chauffons ce récipient par sa partie inférieure (*fig.* 116); au bout de quelques instants on voit des bulles de gaz très petites apparaître sur tous les points chauffés de la paroi intérieure du vase. Ces bulles grossissent peu à peu et bientôt chacune d'elles est le siège de la production de bulles de vapeur qui s'élèvent vers la surface de l'eau.

Fig. 116. — **Ébullition de l'eau.** — Les bulles de vapeur se forment au sein du liquide, et viennent crever à sa surface.

Au commencement, ces bulles se condensent dans les parties supérieures du liquide, et on entend un bruissement particulier que l'on exprime en disant que l'*eau chante.* Bientôt les bulles deviennent plus grosses et s'élèvent jusqu'à la surface du liquide, où elles crèvent : **l'ébullition est alors commencée** et un bouillonnement continu se manifeste dans la masse entière du liquide.

L'ébullition est donc la production de vapeurs au sein d'un liquide.

Si nous plongeons un thermomètre dans la vapeur formée, on constatera que, pendant toute la durée de l'ébullition, le thermomètre restera stationnaire et généralement marquera 100°. Il y a donc encore ici dépense de chaleur non sensible au thermomètre et uniquement employée au changement d'état : cette quantité de chaleur s'appelle **chaleur de vaporisation.**

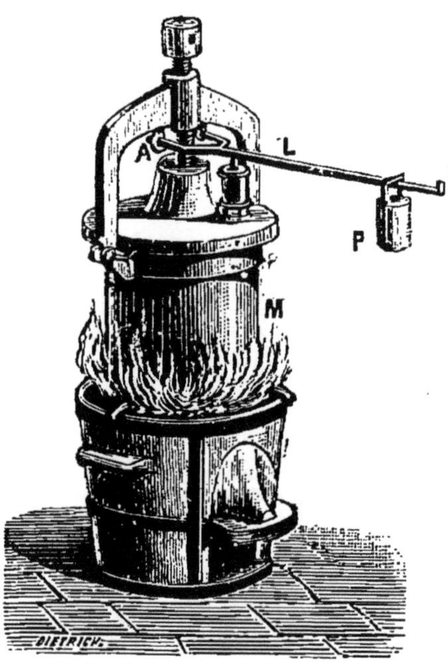

Fig. 117. — **Marmite de Papin.** — L'eau contenue dans la chaudière close M peut être portée à une température aussi élevée qu'on le veut.

On appelle **point d'ébullition normal** d'un liquide la température de sa vapeur au moment de l'ébullition à l'air ordinaire, *sous la pression atmosphérique moyenne* (760mm).

L'eau bout à 100°, l'alcool à 78°, la benzine à 80°, l'éther à 35°, l'huile à 316°, le mercure à 360°, etc.

123. Ébullition sous des pressions élevées. — Lorsque la pression supportée par la surface libre du liquide augmente, l'ébullition a lieu à une température de plus en plus élevée. Ainsi, sous la pression de 2 atmosphères, l'eau ne bout qu'à 120°,6.

Si, au lieu de chauffer un liquide à l'air libre, on le chauffe en vase clos, la tension de la vapeur formée exerce sur la surface libre du liquide une pression de plus en plus considérable, et celui-ci peut être porté à une température *très élevée* sans que l'ébullition se produise. On le démontre à l'aide de la **marmite de Papin.**

La marmite de Papin se compose (*fig.* 117) d'une chaudière cylindrique en bronze M, fermée par un couvercle en bronze solidement fixé sur la chaudière. Ce couvercle porte une soupape maintenue par un levier AB. Ce levier est chargé d'un poids P exerçant sur la soupape une pression que l'on peut faire varier en déplaçant le poids.

On met de l'eau dans la chaudière et on chauffe sur un fourneau. Le liquide peut ainsi être porté beaucoup au-dessus de 100°, et la tension de la vapeur atteindra 5 à 6 atmosphères, suivant la charge de la soupape de sûreté. Si on ouvre alors la soupape, un jet de vapeur s'échappe avec sifflement et s'élève à une grande hauteur. L'eau, qui jusque-là n'avait pas bouilli, entre immédiatement en ébullition, et sa température s'abaisse à 100°.

La marmite de Papin peut être utilisée pour augmenter l'action dissolvante des liquides (§ 28), en donnant le moyen de les porter à une température supérieure à celle de leur point normal d'ébullition. On se sert de la marmite de Papin pour extraire la gélatine des os.

124. Force élastique de la vapeur d'eau. — Toute vapeur exerce, comme un gaz, une pression sur les parois de son récipient; on dit alors que la vapeur possède une certaine *force élastique*. Pour vérifier ce fait, prenons un tube en zinc A (*fig.* 118), dans lequel il y a un peu d'eau; fermons-le solidement avec un bon bouchon et approchons-le du feu en le tenant avec des pincettes. L'eau du tube s'échauffe, et se vaporise; aussitôt le bouchon est chassé et saute à grand bruit.

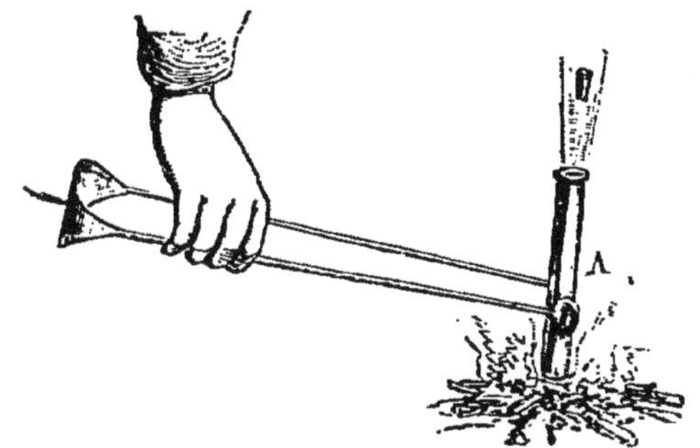

FIG. 118. — La force élastique de la vapeur emprisonnée dans le tube A fait sauter le bouchon.

On sait (§ 123) que la force élastique de la vapeur produite en présence d'un excès d'eau, en vase clos, croît rapidement avec la température. On applique alors la vapeur d'eau comme *force motrice*. On fait bouillir l'eau dans des vases clos, où elle donne naissance à une vapeur d'une grande puissance, capable de faire mouvoir un piston, de faire tourner des roues, etc.

LIQUÉFACTION.

125. Liquéfaction. — On conçoit facilement qu'il suffit de refroidir une vapeur pour en opérer la *liquéfaction*, c'est-à-dire le retour à l'état liquide. Ainsi, pour liquéfier

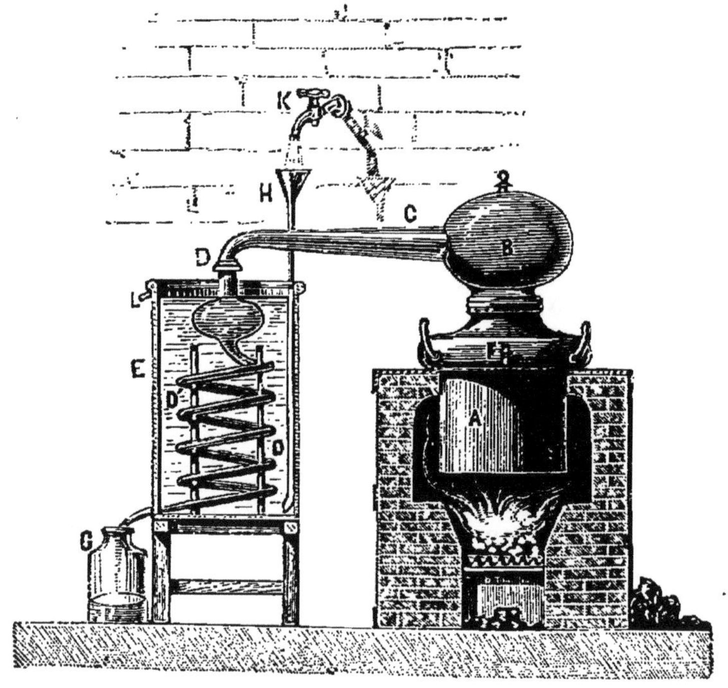

Fig. 119. — **Distillation de l'eau.** — La vapeur d'eau formée dans l'alambic A vient se condenser dans le *serpentin* D, continuellement refroidi par un courant d'eau froide versée par un robinet K.

la vapeur d'eau, il suffit de la faire passer à travers un récipient entouré d'eau froide.

126. Distillation de l'eau. — Quand on porte à l'ébullition de l'eau contenant des sels en dissolution, la vapeur est toujours exempte de matières étrangères; si donc on condense cette vapeur, on obtiendra de l'eau parfaitement pure. Cette ébullition, suivie de la condensation de la vapeur, s'appelle *distillation ;* l'opération s'effectue d'ordinaire dans un *alambic.*

Un alambic est une chaudière de cuivre A (*fig.* 119), appelée *cucurbite,* fermée par un *chapiteau* B qui communique par un tube C avec un autre tube D contourné en hélice, et plongé dans un vase E plein d'eau froide; ce tube D est connu sous le nom de *serpentin.* On introduit de l'eau dans la cucurbite par un tube latéral F, que l'on ferme ensuite, puis on chauffe. La vapeur formée, passant par le serpentin qui est toujours refroidi, se condense, et le liquide est recueilli à la sortie du serpentin dans un récipient G. C'est de cette façon qu'on obtient de l'eau chimiquement pure, ou *eau distillée.*

127. **Distillations fractionnées.** — Dans l'industrie, on a fréquemment à séparer un mélange de liquides inégalement volatils; on emploie alors la méthode des *distillations fractionnées.* Prenons pour exemple un mélange d'eau et d'alcool, et rappelons que l'eau bout à 100° et l'alcool à 78°. En chauffant progressivement le mélange, l'alcool, plus volatil que l'eau, commence à bouillir le premier. Pendant ce temps, la température reste à peu près constante à 78°, et les vapeurs d'alcool distillent sensiblement seules : on a donc séparé ainsi l'alcool de l'eau qui l'accompagnait. En recommençant l'opération une deuxième et une troisième fois sur le produit de la première distillation, on arrive à obtenir de l'alcool parfaitement pur. Cette opération est effectuée dans l'industrie, pour *rectifier* l'alcool, c'est-à-dire le séparer de l'eau avec laquelle il est mélangé.

QUESTIONNAIRE. — **120.** Définir la vaporisation.—**121.** Parler de l'évaporation. — **122.** Décrire le phénomène de l'ébullition. — Qu'appelle-t-on point normal d'ébullition de l'eau? — **124.** La vapeur d'eau possède-t-elle une force élastique? — Quels sont les effets de la force élastique de la vapeur d'eau? — **125.** Qu'appelle-t-on liquéfaction d'une vapeur? — **126.** Comment distille-t-on l'eau ordinaire?

SUJETS DE RÉDACTION

Vaporisation. — *Sommaire.* 1. Vaporisation en général. — 2. — Évaporation. — 3. Ébullition. — 4. Distillation de l'eau.

CHAPITRE II

VAPEUR D'EAU DANS L'ATMOSPHÈRE. — BROUILLARDS. NUAGES. — PLUIE. — ROSÉE, ETC.

SOMMAIRE

1. La vapeur d'eau de l'atmosphère est l'origine des *brouillards*, des *nuages*, de la *pluie* et de la *rosée*.

128. État hygrométrique de l'air. — L'air atmosphérique renferme toujours de la *vapeur d'eau ;* mais il peut être plus ou moins humide, suivant que la vapeur qu'il contient est plus ou moins près de se liquéfier. Lorsque la vapeur d'eau de l'atmosphère est très éloignée de son point de liquéfaction, on dit que l'air est *sec ;* on dit au contraire que l'air est *humide*, lorsqu'il est presque saturé de vapeur d'eau; l'*hygroscope à capucin* (*fig.* 120) permet de se rendre compte approximativement de l'état hygrométrique de l'air. L'action de l'humidité de l'air sur une corde à boyau se traduit par une torsion plus ou moins grande, grâce à laquelle le capuchon retombe sur la tête du moine, tandis qu'il est relevé en arrière par la sécheresse.

Fig. 120. — Hygroscope à capucin. — Sert à reconnaître si l'air est plus ou moins humide.

Lorsque l'air humide est soumis à un refroidissement croissant, il est bientôt saturé ; puis à partir de ce moment, une portion de la vapeur se condense. C'est ainsi que se forment les brouillards, les nuages, la pluie, la neige, le grésil, la grêle, le givre, le verglas, la rosée et la gelée blanche.

129. **Brouillards.** — Si le refroidissement envahit une grande masse d'air, la vapeur se transforme sur place en très petites gouttelettes d'eau qui donnent à l'air une opacité plus ou moins grande. Ces gouttelettes restent en suspension à cause de la résistance que l'air oppose à leur chute. Si cette condensation se fait près du sol, on a un *brouillard*.

FIG. 121. — Principales formes des nuages. — 1, cirrus; 2, cumulus; 3, stratus; 4, nimbus.

130. **Nuages.** — L'air qui nous entoure se charge de vapeur d'eau et s'échauffe pendant une partie de la journée; pour ces deux raisons il devient plus léger et s'élève dans l'atmosphère. Par suite de l'abaissement progressif de la température des régions où il arrive, cet air humide ne tarde pas à devenir saturé, la condensation commence, et un véritable brouillard se produit dans les hauteurs de l'atmosphère : le brouillard prend le nom de *nuage*.

Les nuages se forment encore lorsque les vents froids du

nord soufflent dans une région chaude et humide, ou bien quand un vent humide venu du sud ou du sud-ouest rencontre l'air froid des régions supérieures.

Les formes des nuages sont très variables ; on peut cependant les ramener à quatre types principaux : les *cirrus*, les *cumulus*, les *stratus* et les *nimbus* (*fig.* 121).

131. Pluie. — Quand la température s'abaisse au sein d'un nuage, les gouttelettes s'accroissent par la condensation de la vapeur environnante ; elles se soudent entre elles et descendent jusqu'à terre sous la forme de gouttes à peu près sphériques, constituant la *pluie*.

132. Neige. — Lorsque la condensation de la vapeur se fait dans une région de l'atmosphère dont la température est à 0° ou un peu au-dessous de 0°, au lieu de gouttes d'eau, il se forme des aiguilles de glace qui se groupent généralement en étoiles régulières à six branches, appelées *cristaux de neige* ou *fleurs de neige* (*fig.* 122).

Fig. 122. — Cristaux de neige.

133. Grésil. — Le *grésil*, qui est aussi de l'eau solidifiée, est formé de petites aiguilles de glace pressées les unes contre les autres d'une manière confuse. On attribue sa formation à la congélation brusque des gouttelettes d'un nuage dans un air agité. C'est en cet état que, sur les hautes montagnes, la neige tombe presque toujours.

134. Givre et verglas. — Le *givre* est un dépôt de glace sur les arbres pendant l'hiver.

Le *verglas* est produit par des gouttes d'eau glacées qui se solidifient en tombant sur le sol.

135. Rosée. — On donne le nom de *rosée* à la condensation de la vapeur d'eau atmosphérique déposée pendant la nuit sous la forme de gouttelettes liquides à la surface des corps placés sur le sol.

Dès que le soleil a disparu de l'horizon, le refroidissement du sol et de l'atmosphère se produit. Mais le sol se refroidit plus rapidement que l'air ; il est facile en effet de constater que, par une nuit sereine, un thermomètre posé sur le gazon accuse une température inférieure de 5 à 6 degrés à celle de l'air situé à un mètre plus haut. La couche d'air qui est en contact immédiat avec la terre sera donc à une température plus basse que les couches supérieures de l'atmosphère. Si cette couche d'air n'est pas trop éloignée d'être saturée de vapeur d'eau, il suffira d'un refroidissement peu considérable de la terre pour condenser sur le sol, à l'état de gouttelettes, l'excès de vapeur d'eau contenu dans l'atmosphère.

Si le ciel est couvert, la terre se refroidit très peu pendant la nuit et il n'y a pas de rosée ; si le ciel est clair, le refroidissement terrestre sera considérable et le dépôt de rosée abondant.

La rosée ne se produit que si le refroidissement de la terre pendant la nuit est assez considérable pour que la vapeur d'eau de l'atmosphère puisse devenir saturante. Il résulte de là que le dépôt de rosée ne s'effectue qu'à certaines époques de l'année, lorsqu'il y a une grande différence entre la température du jour et la température de la nuit, au printemps et à l'automne. Au contraire, pendant l'été et pendant l'hiver, la température de la nuit ne diffère pas assez de celle du jour pour que la rosée puisse se déposer.

La *gelée blanche* est une rosée qui se congèle si, pendant la nuit, la terre se refroidit *au-dessous de zéro.*

136. Grêle. — La *grêle* est formée par des aiguilles de glace qui s'agglomèrent dans les hautes régions de l'atmosphère et forment, en se soudant entre elles, des *grêlons* d'une certaine grosseur. Ces grêlons tombent sur la terre et produisent des dégâts considérables en détruisant les récoltes.

QUESTIONNAIRE. — **128.** Qu'appelle-t-on air humide? — **129.** Qu'est-ce qu'un brouillard. — **130.** Qu'est-ce qu'un nuage? — Nommez les différentes formes de nuages. — **131.** Comment se forme la pluie? — **132.** Quelle est la forme des flocons de neige? — **135.** Qu'est-ce que la rosée? — **136.** Qu'est-ce que la grêle?

SUJETS DE RÉDACTION

Vapeur d'eau dans l'atmosphère. — *Sommaire.* **1.** L'air renferme toujours de la vapeur d'eau. — **2.** Brouillards et nuages. — **3.** Pluie et neige. — **4.** Rosée.

CHAPITRE III

MACHINES A VAPEUR

SOMMAIRE

1. Les **machines à vapeur** sont des appareils dans lesquels on utilise la force élastique de la vapeur d'eau pour produire du travail mécanique.

2. Les parties principales d'une machine à vapeur sont : 1° la **chaudière** ; 2° le **cylindre** ou *corps de pompe ;* 3° le **tiroir** ; 4° le **mécanisme** de transmission.

3. La **chaudière,** qui peut être *à bouilleurs* ou *tubulaire*, doit être munie d'un *manomètre*, d'une *soupape de sûreté*, d'appareils indicateurs du *niveau* de l'eau, d'un appareil d'*alimentation* et d'un *dôme* pour prise de vapeur.

4. Le **cylindre** se compose d'un *corps de pompe* dans lequel la vapeur vient agir successivement sur les deux faces du piston ; l'arrivée de la vapeur est réglée par le **tiroir** placé dans la *boîte à vapeur.* Le tiroir est commandé par l'*excentrique* placé sur l'*arbre* de la machine.

5. Le **mécanisme** de transmission le plus simple est celui *à action directe*, dans lequel la tige du piston est articulée à une *bielle* qui, à son autre extrémité, est articulée à une *manivelle* fixée sur l'*arbre de couche.*

6. Le **volant** est destiné à entraîner la manivelle au moment où celle-ci est en ligne droite avec la bielle.

7. La **locomotive** est une machine à vapeur à action directe. Sa puissance considérable est au moins égale à 300 chevaux-vapeurs.

137. Moteurs à vapeur. — On a vu (§ 120) que, sous l'action de la chaleur, l'eau *se vaporise.* La vapeur formée possède une certaine *force élastique* (§ 124) qui exerce, sur les parois du récipient, une *pression* d'autant plus grande que la vapeur a été formée à une plus haute température.

On peut donc dire que les **moteurs à vapeur** sont des moteurs produisant du travail par dépense de chaleur, en prenant pour intermédiaire la vapeur d'eau.

La **machine à vapeur moderne** se compose : 1° d'une *chaudière* ou *générateur* dans laquelle est produite la vapeur nécessaire au fonctionnement de la machine ; 2° d'un *cylin-*

dre ou corps de pompe renfermant un *piston* mobile, sur les deux faces duquel on fait arriver successivement la vapeur, de telle sorte que ce piston exécute un *mouvement rectiligne alternatif;* 3° d'un distributeur de vapeur appelé *tiroir;* 4° d'un *mécanisme* destiné à la transmission du mouvement.

138. Chaudière ordinaire. — Une *chaudière ordinaire* se compose d'un corps de chaudière A (*fig.* 123) en

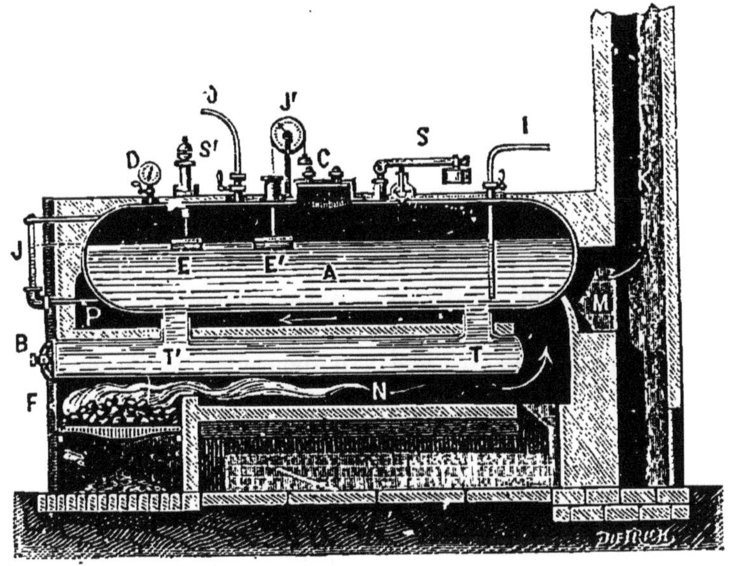

FIG. 123. — **Chaudière ordinaire ou à bouilleurs.** — A, cylindre où se produit la vapeur; TT', bouilleurs toujours pleins d'eau; NPM, carneaux; F, foyer; K, cheminée; S, soupape de sûreté; C, trou d'homme s'ouvrant pour le nettoyage et les réparations du générateur; O, tube de dégagement de la vapeur; I, tube donnant entrée à l'eau d'alimentation du générateur; D, manomètre; J, tube indicateur du niveau; J', appareil indicateur du niveau; E, flotteur du sifflet d'alarme S'.

tôle de fer laminé ou en cuivre rouge, communiquant à sa partie inférieure TT' avec deux *bouilleurs* plongés dans le foyer F.

Le tout est maçonné dans un fourneau en briques, construit de telle sorte que la flamme du foyer F, produite par la combustion de houille ou de coke, échauffe d'abord le bas des bouilleurs, puis revient en avant entre les bouilleurs et la chaudière, puis enfin retourne en arrière en léchant les côtés de la chaudière.

Par cette disposition, la flamme et les gaz du foyer passent trois fois successivement le long des différentes parties de la chaudière, et la chaleur est utilisée aussi complètement que possible. Les dimensions de la chaudière sont telles qu'il y ait au moins un *mètre carré de surface de chauffe par cheval-vapeur.*

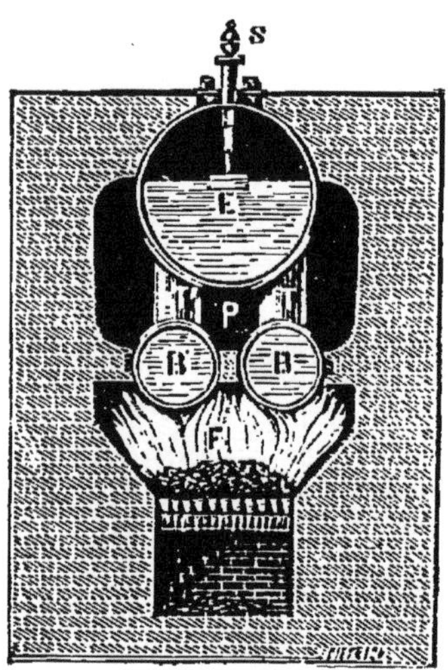

FIG. 124. — Coupe transversale de la chaudière à bouilleurs. — E, corps de chaudière ; B, B, bouilleurs ; TT', tuyaux de communication entre E et B ; S, sifflet d'alarme.

La vapeur produite dans les bouilleurs B (*fig.* 124) monte dans la chaudière par les tubes T et T' et vient s'accumuler dans la partie supérieure du générateur A (*fig.* 123), d'où un tube O la conduit dans le cylindre ou corps de pompe.

La chaudière est munie d'appareils de sûreté, tels que la *soupape de sûreté* S (*fig.* 123), le *sifflet d'alarme* S'; elle porte un manomètre D et des appareils J et J', indicateurs du niveau de l'eau.

139. Chaudière tubulaire. — Lorsque la chaudière ne doit occuper qu'un espace restreint, et doit fournir cependant une *grande quantité* de vapeur, on emploie, pour augmenter la surface de chauffe, les chaudières dites *tubulaires*, inventées par l'ingénieur français Séguin; c'est le cas des locomotives, des locomobiles, ainsi que des machines marines.

Une chaudière tubulaire (*fig.* 125) se compose d'un seul corps de chaudière de grande dimension. Le foyer F est placé à l'une des extrémités du corps de chaudière et pénètre dans l'intérieur de celui-ci. Le foyer F communique avec la cheminée C par une série de tubes t, t', t'', t''', t'''', traversant la chaudière et entourés de toutes parts par l'eau que contient la chaudière.

La flamme du foyer F, en se rendant dans la cheminée C, circule dans les tubes t, t', t'', etc., et chauffe ainsi l'eau sur une très-vaste surface.

L'avantage d'une chaudière tubulaire sur la chaudière ordinaire réside précisément dans la surface de chauffe.

140. Cylindre. — Le *cylindre* (*fig.* 126) est en acier assez épais pour résister à la pression de la vapeur;

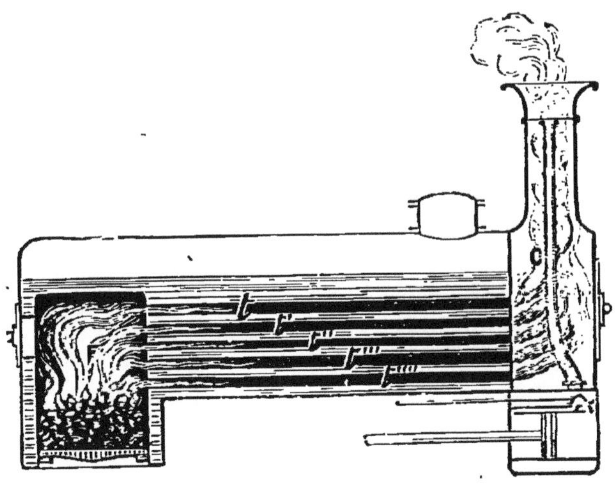

Fig. 125. — **Chaudière tubulaire.** — La flamme et les gaz du foyer F se rendent à la cheminée C par les tubes $t\ t'\ t''\ t'''\ t''''$.

dans l'intérieur du cylindre se meut un piston plein P muni d'une tige, appelée *tige du piston.*

Pour imprimer au piston un mouvement rectiligne alternatif, c'est-à-dire un mouvement de va-et-vient, il suffit de faire arriver la vapeur successivement sur chacune des faces du piston; puis, la vapeur qui a agi sur le piston s'échappe dans l'atmosphère.

Supposons que la vapeur sorte de la chaudière à la pression de 8 atmosphères; elle agit sur la face supérieure du piston, dont la face inférieure ne supporte que la pression atmosphérique, c'est-à-dire 1 atmosphère; le piston descendra donc sous l'action d'une pression égale à $8 - 1 = 7$ atmosphères.

141. Tiroir. — L'appareil le plus simple et le plus généralement employé pour faire arriver la vapeur successivement sur chacune des faces du piston est le **tiroir à coquille.** La vapeur arrivant du générateur se rend par le tube A (*fig.* 126 et 127) dans une boîte de fonte G fixée sur le côté du cylindre et appelée la *boîte à vapeur.* De celle-ci partent

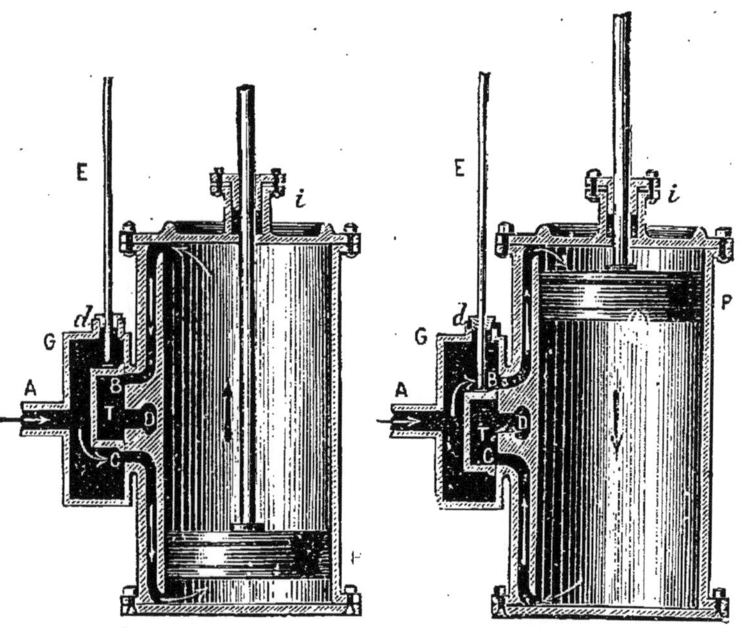

Fig. 126. — **Tiroir.** — La vapeur arrive de la chaudière par le tube A dans la *boîte à distribution* G. Le *tiroir* T est dans une position telle que la vapeur, par le canal C, se rend *au-dessous* du piston P et le fait monter. D'autre part, la partie supérieure du cylindre communique avec l'atmosphère par le canal B et l'ouverture D.

Fig. 127. — **Tiroir.** — Quand le piston P est arrivé en haut de sa course, le tiroir T découvre l'orifice B. Une nouvelle quantité de vapeur passe de la boîte à distribution G *au-dessus* du piston par l'orifice B, et l'oblige à descendre. Pendant ce temps, la vapeur, qui avait agi sur le piston pour le faire monter, vient dans le tiroir par le canal C et s'échappe dans l'atmosphère par l'ouverture D.

deux conduits B et C pratiqués dans l'épaisseur même des parois du cylindre, et qui dirigent la vapeur l'un au-dessus, l'autre au-dessous du piston. Entre les deux orifices de ces conduits, se trouve un troisième orifice D, d'où part un tube débouchant dans l'atmosphère.

Une pièce mobile T appelée *tiroir*, en raison de sa forme, peut aller et venir en regard de ces orifices, de façon à ne laisser à découvert qu'un des conduits B ou C, l'autre, C ou B, étant alors en communication avec le troisième conduit D.

La figure 127 représente l'appareil au moment où le piston est soulevé de bas en haut; l'ouverture C est libre et la vapeur provenant de la chaudière par le tube A pénètre sous le piston par le conduit C. La vapeur qui se trouve au-dessus du piston s'échappe par les conduits B et D.

La vapeur, arrivant d'une manière continue *au-dessous* du piston, fait monter celui-ci jusqu'en haut du cylindre. A ce moment précis (*fig.* 127), la tige E, qui commande le tiroir, s'abaisse de façon à découvrir le conduit B. La vapeur provenant de la chaudière passe alors au-dessus du piston, tandis que la vapeur située au-dessus du piston s'échappe dans l'atmosphère par les conduits C et D. Alors le piston descend jusqu'au fond du cylindre (*fig.* 126), et ainsi de suite.

142. Excentrique. — Les mouvements du tiroir sont déterminés par la machine elle-même, à l'aide d'un *excen-*

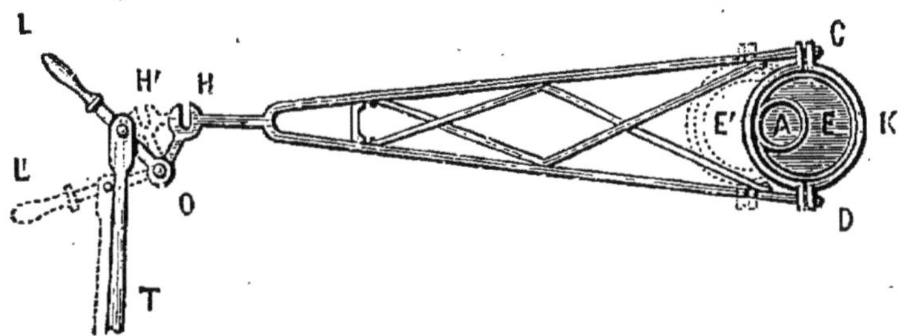

FIG. 128. — **Excentrique.** — A, arbre de couche ; E, excentrique ; K, collier ; CDH, bâtis ; HOL, levier articulé avec la tige T du tiroir.

trique (*fig.* 128). **L'excentrique** est un disque circulaire E fixé perpendiculairement à l'arbre de la machine A, mais de telle sorte que le centre de l'excentrique *ne coïncide pas* avec l'axe de rotation. Un collier K, auquel est adapté un bâti CDH, entoure le disque E. Le point H du bâti est articulé en O avec l'extrémité de la tige du tiroir.

La rotation de l'arbre de la machine détermine la rotation de l'excentrique E qui tourne dans l'intérieur du collier K. L'excentrique prend alors la position E' indiquée en pointillé sur la figure 128, quand l'arbre a fait un demi-tour. Le collier K s'est alors avancé horizontalement en entraînant vers la gauche le point H qui agit à son tour sur le levier L : H vient en H′ et L en L′ ; par suite, la tige du tiroir s'abaisse. Après un autre demi-tour de l'arbre, ce sera l'inverse qui aura lieu.

L'excentrique est construit de telle sorte que la course HH′ soit égale à la course que doit parcourir le tiroir.

143. Mécanisme de transmission. — Le mécanisme de transmission le plus simple, qui est en même

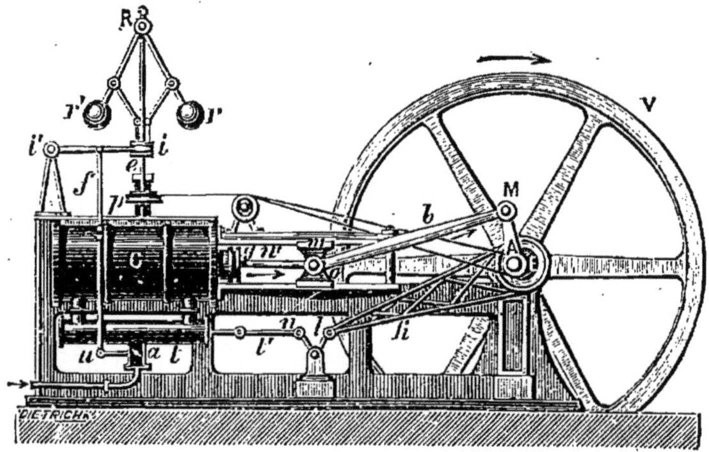

Fig. 129. — **Machine à action directe.** — La tige *n′* du piston s'articule avec la bielle *b*; la bielle s'articule avec la manivelle M. La manivelle s'articule avec l'arbre de couche, dont on voit la coupe circulaire en A et transforme le mouvement de va-et-vient du piston en mouvement de rotation.

temps le plus employé, est le mécanisme dit à **action directe** ; c'est le seul que nous décrirons.

Il faut faire tourner autour de son axe l'*arbre* A de la machine (*fig.* 129). A cet effet, on munit l'une des extrémités de l'arbre A d'une manivelle M, et on ajoute également sur l'arbre A, une grande roue en fonte V que l'arbre entraîne dans son mouvement; cette roue s'appelle le *volant*.

La vapeur arrive par le tuyau *u*, entre dans la boîte à vapeur *t*, où se trouve le tiroir, passe de là dans le cylindre

C, où se trouve le piston, et donne au piston un mouvement de va-et-vient.

La tête *o* de la tige *n'* du piston s'engage dans une glissière *g*, par une pièce métallique *m*. — Une longue barre résistante *b*, appelée **bielle**, s'articule d'une part au point *o* sur la tige du piston, et d'autre part à l'extrémité de la manivelle M.

D'après la figure, le piston pousse en avant le point *o*, la bielle *b* fait tourner de gauche à droite la manivelle M qui fait aussi tourner de gauche à droite l'arbre de couche de son volant. Lorsque le piston est au bout de sa course, la bielle et la manivelle sont en ligne droite : c'est le *point mort*. — La bielle *b* ne peut alors revenir en arrière ni faire tourner la manivelle, et la machine s'arrêterait, s'il n'y avait pas de *volant* V, destiné à entraîner tout le mécanisme et à faire dépasser le point mort à la manivelle.

On vient de voir (§§ 140 et 141) que la vapeur produite par la chaudière imprime au piston un mouvement rectiligne de va-et-vient. Il s'agit de transformer ce mouvement rectiligne de va-et-vient en un mouvement de *rotation*, qu'on communique à une pièce principale appelée *arbre de la machine*.

144. Locomotive. — Une **locomotive** n'est autre chose qu'une machine à vapeur à haute pression qui se traîne elle-même et qui dispose de son excès de puissance pour remorquer, outre sa provision d'eau et de combustible, un nombre plus ou moins considérable de véhicules composant son convoi. Nous avons vu que la chaudière des locomotives est **tubulaire**. De chaque côté de la chaudière il y a un cylindre et un mécanisme de transmission à action directe analogue à ceux qui viennent d'être décrits.

La *figure* 130 représente en coupe les éléments essentiels d'une locomotive. Dans ce modèle, l'action motrice de la machine s'exerce sur une seule paire de roues, la paire *m* du milieu; les autres roues ne servent qu'à soutenir la machine.

La vapeur formée dans la chaudière G se rend dans le *dôme* D, pénètre dans un tuyau *p* qui la conduit par les tubes S et *u* dans chacun des corps de pompe A. Une clef *q*, commandée par une manette *r*, interrompt ou favorise l'introduction de la vapeur dans le conduit S, et permet ainsi au mécanicien d'arrêter la locomotive ou de la mettre en marche.

La vapeur agit sur le piston *a* dont la tige est articulée avec une bielle *cc'*; une manivelle *d*, articulée avec la

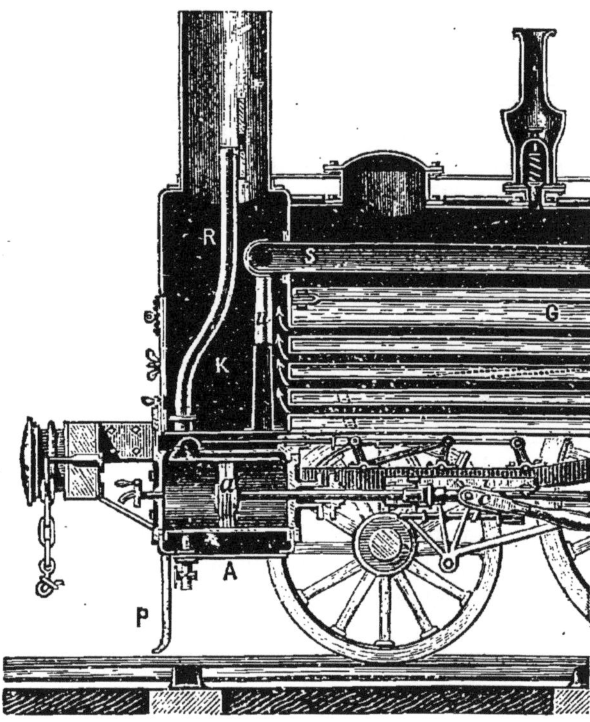

Fig. 130. — Coupe d'une locomotive du système Stephenson. les tubes S, S, *u*, aux cylindres; *r*, manette commandant la clef *q*; *cc'*, bielle; *d*, manivelle; M, foyer; C, cendrier; J, sifflet d'alarme dans la cheminée; P, chasse-pierres; G, corps de la chaudière; K,

bielle *cc'*, met en mouvement une grande roue *m*, appelée *roue motrice*, dont l'adhérence sur les *rails* détermine le mouvement de la locomotive. Cette adhérence est d'autant plus grande que le poids de la locomotive est plus considérable.

Quand la vapeur a agi sur le piston, elle s'échappe dans la cheminée K par le tube R. La chaudière G est une chaudière tubulaire : la flamme et les gaz du foyer M circulent dans une série de tubes en cuivre rouge et s'échappent dans la cheminée K, après avoir cédé à l'eau qui environne les tubes la totalité de leur chaleur. La machine présente en outre une soupape de sûreté V, un sifflet d'alarme J, un

— D, dôme à vapeur; *p*, tuyau prenant la vapeur et la conduisant par à l'entrée du tube S, S; A, l'un des corps de pompe; *a*, son piston; V, soupape de sûreté; R, tuyau d'échappement de la vapeur débouchant cheminée.

chasse-pierres P. Les roues de la locomotive, sur lesquelles n'agit pas la bielle, sont appelées *roues porteuses*, pour les distinguer des roues *m* ou *roues motrices*.

145. Puissance d'une machine à vapeur. — La puissance des machines à vapeur s'évalue en *chevaux-vapeur*. On dit qu'une machine a une puissance d'un *cheval-vapeur* lorsqu'elle est capable d'effectuer un travail de

75 kilogrammètres par seconde (§ 190). Les plus fortes machines industrielles ont une puissance de 500 chevaux-vapeur; les locomotives vont jusqu'à 300 chevaux-vapeur; les machines pour la marine (cuirassés et transatlantiques) peuvent aller jusqu'à 2000 chevaux.

QUESTIONNAIRE. — **137.** Quelles sont les différentes parties d'une machine à vapeur? — **138.** Décrire une chaudière ordinaire. — **139.** Qu'est-ce qu'une chaudière tubulaire? — **141.** Décrire le tiroir et indiquer comment s'effectue la distribution de la vapeur. — **142.** Qu'est-ce qu'une bielle? — Qu'est-ce qu'une manivelle? — Qu'est-ce qu'un volant? — **145.** Qu'appelle-t-on puissance d'une machine à vapeur? — Qu'est-ce qu'un cheval-vapeur?

SUJETS DE RÉDACTION

Machine à vapeur. — *Sommaire.* **1.** But d'une machine à vapeur. — **2.** Chaudière. — **3.** Cylindre. — **4.** Tiroir et excentrique. — **5.** Transmission. — **6.** Puissance.

LIVRE IX

ÉLECTRICITÉ

Explications préparatoires.

Qu'est-ce que l'ébonite? — L'*ébonite* est du *caoutchouc vulcanisé.* Le caoutchouc est souple par lui-même ; mais si on ajoute du caoutchouc à du soufre fondu, on obtient une masse dure, compacte, que l'on appelle le *caoutchouc vulcanisé.* Le caoutchouc vulcanisé est d'autant plus dur qu'il contient plus de soufre ; l'*ébonite* est du caoutchouc vulcanisé à son plus haut degré de dureté. L'ébonite est noire, susceptible d'un beau poli, mauvaise conductrice de l'électricité et s'électrisant négativement par le frottement.

Quelle idée vous faites-vous d'un courant électrique ? — Vous savez que la chaleur se propage dans une barre de cuivre dont une extrémité seulement est plongée dans le feu, et pourtant on n'a rien vu passer d'un bout de la barre à l'autre. De même l'électricité produite par une pile se propage instantanément à travers le fil conducteur et cependant on ne voit rien passer dans le fil.

Quelle idée vous faites-vous de l'énergie d'un courant électrique ? — On sait ce que c'est qu'un courant d'eau et on en connait les effets. Lorsque dans une rivière l'eau coule, si le courant est rapide, il passera beaucoup d'eau en peu de temps ; le courant d'eau sera très puissant ; il pourra actionner des machines hydrauliques et produire beaucoup de travail. De même, quand l'électricité s'écoule le long d'un fil de cuivre conducteur, la quantité d'électricité qui passe dans un temps donné peut être plus ou moins grande. Si la quantité d'électricité qui passe en un temps donné est grande, on dit que le courant électrique est puissant ; le courant électrique possède alors une énergie considérable et peut produire beaucoup de travail.

Qu'est-ce que l'acide sulfurique? — L'*acide sulfurique* ou *huile de vitriol* (SO^4H^2) est un acide très énergique qui attaque vivement le zinc, le fer, le bois, le sucre, etc., et les tissus organisés.

Qu'est-ce que le sulfate de cuivre ? — Le *sulfate de cuivre* est le produit que l'on obtient en faisant attaquer le cuivre par l'acide sulfurique bouillant. C'est un beau sel bleu, très soluble dans l'eau, **très vénéneux**. Sa formule chimique est SO^4Cu.

Qu'est-ce qu'un sel? — Un *sel* est le résultat de la substitution d'un métal à l'hydrogène d'un acide. Ainsi, dans l'acide sulfurique, SO^4H^2, si on remplace l'hydrogène (H^2) par du cuivre (Cu) on aura un sel SO^4Cu appelé *sulfate de cuivre*. Sous l'action du courant électrique SO^4Cu se décompose en Cu et en SO^4.

Qu'est-ce que le nickel? — Le *nickel* est un métal analogue au fer; seulement il ne se ternit pas à l'air, comme le fait le fer qui se rouille.

CHAPITRE PREMIER

PHÉNOMÈNES FONDAMENTAUX

SOMMAIRE

1. Tous les corps *s'électrisent* par le frottement, soit *positivement*, soit *négativement*.

2. Les corps *semblablement* électrisés *se repoussent*; les corps *différemment* électrisés *s'attirent*.

3. L'électricité réside à la surface des corps conducteurs; *les pointes laissent échapper l'électricité*.

4. Tout *conducteur*, placé dans le voisinage d'un corps électrisé, devient lui-même électrisé; on dit alors qu'il y a *électrisation par influence*.

5. Le conducteur influencé présente deux plages : la plage la plus voisine de l'influençant est électrisée contrairement à l'influençant; la plage opposée est électrisée comme l'influençant; les deux plages sont séparées par la *ligne neutre*.

6. Si l'on met le conducteur influencé en communication avec le sol, il reste électrisé contrairement à l'influençant.

7. **La bouteille de Leyde** se compose d'une bouteille en verre mince, à goulot étroit, dans laquelle sont placées des feuilles d'or ou de clinquant, formant l'*armature intérieure*; sur le fond et sur la face externe de la bouteille est collée une feuille d'étain formant l'*armature extérieure*. — On décharge la bouteille de Leyde en réunissant les deux armatures par un arc métallique.

8. Les effets de la décharge électrique sont les mêmes que ceux de la foudre.

9. **Un paratonnerre** est un appareil destiné à protéger les édifices de la foudre. Il se compose : 1° D'une tige métallique terminée en pointe et surmontant l'édifice; 2° d'une chaîne continue en cuivre reliant au sol la base de la tige.

10. Sous l'influence du nuage orageux, qui est électrisé *positivement*, le paratonnerre et le sol s'électrisent *négativement*. La

pointe du paratonnerre laisse échapper une certaine quantité d'électricité, qui *abaisse* le niveau électrique du nuage et rend ce nuage inoffensif.

146. Électrisation par frottement. — Tous les corps acquièrent, par le frottement, une énergie particulière qui les rend capables d'**attirer** les corps légers, comme de la sciure de bois, des barbes de plume, des fragments de papier : on dit alors que ces corps sont **électrisés**, et l'on donne le nom d'**électricité** à la cause inconnue de l'énergie qu'ils ont acquise.

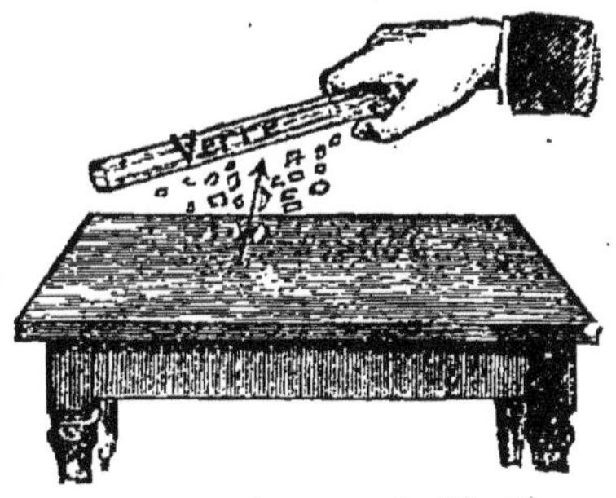

Fig. 131. — Le verre frotté attire les corps légers.

Certains corps, comme la *résine*, le *verre*, l'*ambre*, l'*ébonite* ou *caoutchouc durci*, etc., préalablement frottés, attirent les corps légers quand on les tient directement à la main (*fig.* 131). D'autres corps, comme les métaux, le bois, etc., ne semblent pas être électrisés après frottement quand on les tient directement à la main (*fig.* 132); ils ne manifestent

Fig. 132.— Un bâton de cuivre frotté et *tenu à la main* n'attire pas les corps légers.

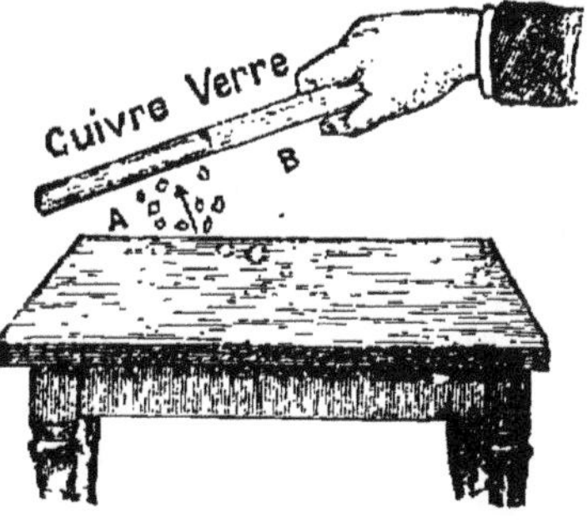

Fig. 133. — Un bâton de cuivre tenu à la main par un manche de verre attire les corps légers.

l'énergie électrique que s'ils sont tenus par l'intermédiaire d'un manche de verre, de résine ou d'ébonite (*fig.* 133).

Pour les corps de la première catégorie, verre, ambre, ébonite, l'énergie électrique est *localisée* aux points frottés;

pour les corps de la seconde catégorie, métaux, bois, etc., l'énergie électrique se communique à *toute l'étendue* du corps frotté; on dit alors que les corps de la seconde catégorie sont *bons conducteurs de l'électricité* et que les corps de la première catégorie sont *mauvais conducteurs de l'électricité.*

Le corps humain, les métaux et le sol sont *bons conducteurs* de l'électricité ; on comprend alors que, si l'on frotte une barre de métal (2e catégorie), tenue à la main, l'électricité développée se répand sur le corps de l'opérateur et sur le sol, et que l'énergie électrique en chaque point de la barre est devenue tellement faible qu'elle ne peut plus se manifester : l'interposition d'un corps *mauvais conducteur*, entre la barre de métal et la main (1re catégorie) limite l'étendue où l'électricité peut se répandre ; l'énergie électrique se communique seulement à tous les points de la surface de la barre métallique et celle-ci en possède assez en chacun de ses points pour attirer les corps légers.

147. Corps isolants. — On emploie alors les *corps mauvais conducteurs* pour **isoler** les autres.

Les **corps isolants** sont : la *soie*, le *verre*, la *résine*, la *gomme laque*, l'*ébonite*, la *cire*, l'*air sec ;* de là l'emploi des fils de soie et des pieds de verre pour isoler les conducteurs.

Tout conducteur électrisé, mis en communication avec le *sol* par l'intermédiaire d'une chaîne métallique ou de la main, **perd immédiatement** son électricité ; on dit alors que l'*électricité s'est perdue dans le sol.* De même, il est très difficile de maintenir électrisé un conducteur placé dans l'air humide : car l'humidité de l'atmosphère se dépose sur les supports isolants qui deviennent alors conducteurs.

148. Deux modes d'électrisation. — Prenons une petite balle de sureau A (*fig.* 134) suspendue par un fil de soie E à une potence en verre C ; nous aurons construit ainsi un *pendule électrique.* Présentons à la balle de sureau A un bâton de verre frotté D (*fig.* 135) ; aussitôt la balle de sureau est attirée et vient en contact avec le bâton de verre ; puis, elle est vivement repoussée (*fig.* 136). Or, par le contact avec le verre, la balle de sureau, qui est bonne conductrice, s'est électrisé comme le verre; une fois électrisée comme le verre, elle a été repoussée; donc, **les corps semblablement électrisés se repoussent.**

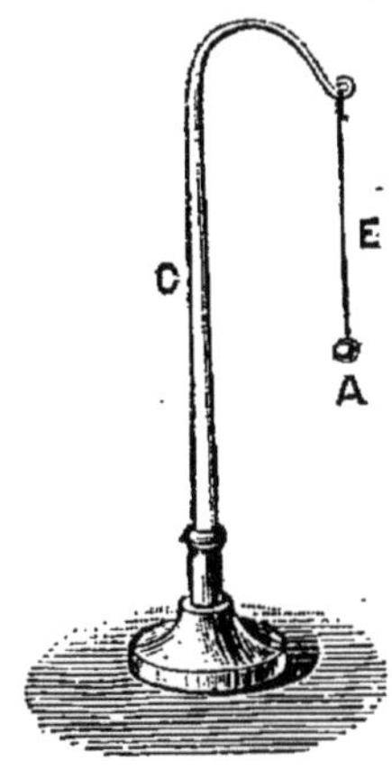

Fig. 134. — Pendule électrique. — A, balle de sureau; E, fil de soie; C, potence en verre pour isoler l'appareil.

Présentons au pendule électrisé, repoussé par le verre, un bâton de résine frotté : aussitôt le pendule est violemment attiré : donc, l'état électrique de la résine n'est pas le même que celui du verre; *la résine repousse les corps électrisés comme elle, et elle attire les corps électrisés comme le verre;* donc, l'électrisation de la résine est différente de celle du verre; donc **les corps différemment électrisés s'attirent.**

Tous les corps frottés s'électrisent soit comme la *résine*, soit comme le *verre*. Il n'y a donc que deux modes d'électrisation : celui du *verre* et celui de la *résine*. Les

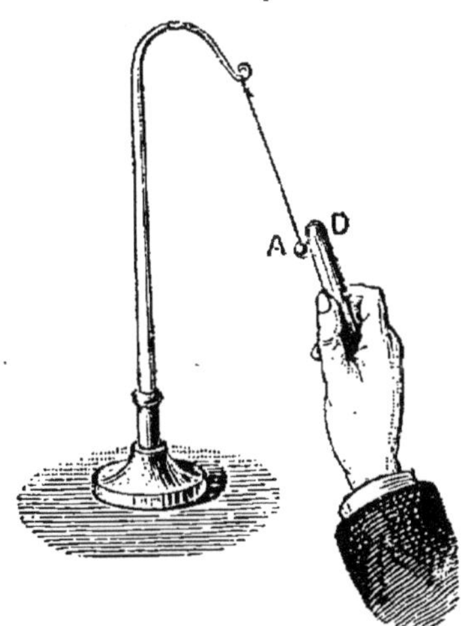

Fig. 135. — La balle de sureau A est attirée par un bâton de verre frotté D, avec lequel elle vient en contact.

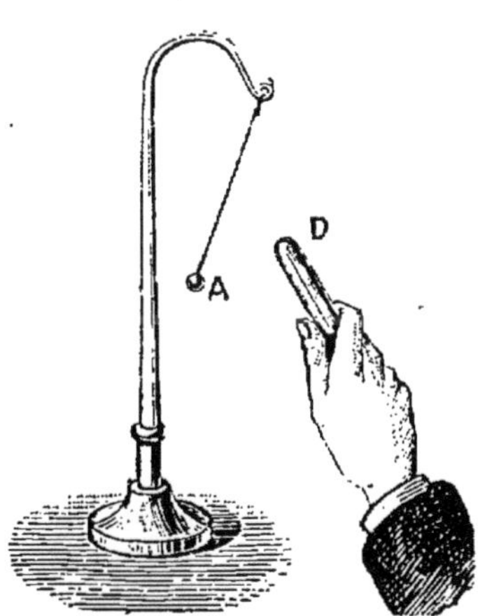

Fig. 136. — La balle de sureau A, par son contact avec le verre, s'électrise comme le verre : elle est aussitôt repoussée par le verre électrisé.

corps qui s'électrisent comme le verre sont dits électrisés

positivement; ceux qui s'électrisent comme la résine sont dits électrisés **négativement.**

Tout corps non électrisé est dit être à l'*état neutre.*

149. Principe fondamental. — *L'électricité réside* **à la surface** *des corps conducteurs.* — On vérifie ce principe par l'expérience suivante :

On prend une sphère de laiton A (*fig.* 137), isolée et électrisée; on la recouvre de deux hémisphères B, C, de plus grand diamètre, tenus par des manches isolants en verre, et on leur fait *toucher* la sphère. On enlève les hémisphères en évitant tout contact avec la sphère. On présente les hémisphères à un pendule et on *constate que le pendule est attiré*, ce qui prouve que les hémisphères sont électrisés. Au contraire, la sphère n'exerce plus *aucune action* sur le pendule. On en conclut qu'au moment du contact, l'électricité, qui était *sur la surface* de la sphère, est passée *sur la surface* des hémisphères.

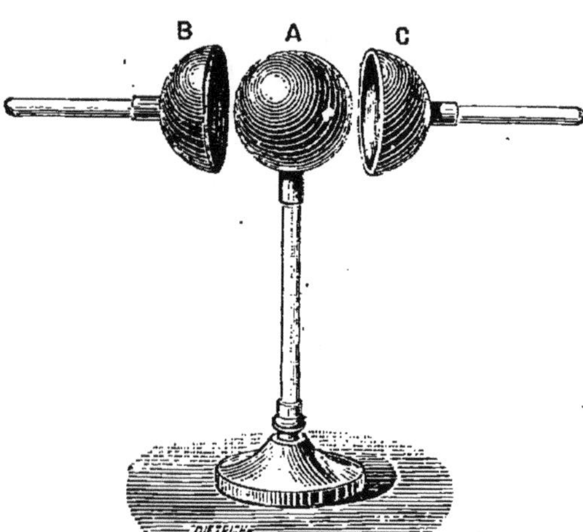

Fig. 137. — A, sphère isolée et électrisée. — B, C, hémisphères munis de manches isolants. Si l'on recouvre la sphère A avec les deux hémisphères, l'électricité de la sphère passe à la surface des hémisphères.

150. Pouvoir des pointes. — Sur une sphère, l'électricité se répartit *uniformément* à sa *surface.* Sur un corps *pointu*, la répartition n'est plus uniforme : l'électricité s'accumule à l'extrémité la plus pointue, et il arrive, lorsque le conducteur est terminé en pointe aiguë, que l'*électricité s'écoule par la pointe.*

On vérifie aisément ce pouvoir des pointes en présentant une bougie allumée à la pointe A (*fig.* 138) dont est armé un conducteur électrisé : l'électricité, en s'écoulant, produit un courant d'air qui infléchit la flamme de la bougie.

151. Électrisation par influence. — L'expérience montre que, tout corps conducteur placé dans le voisinage d'un corps électrisé, devient lui-même électrisé ; on dit alors qu'il y a eu *électrisation par influence.* Voici les expériences fondamentales qui ont conduit à démontrer l'existence de l'électrisation par influence.

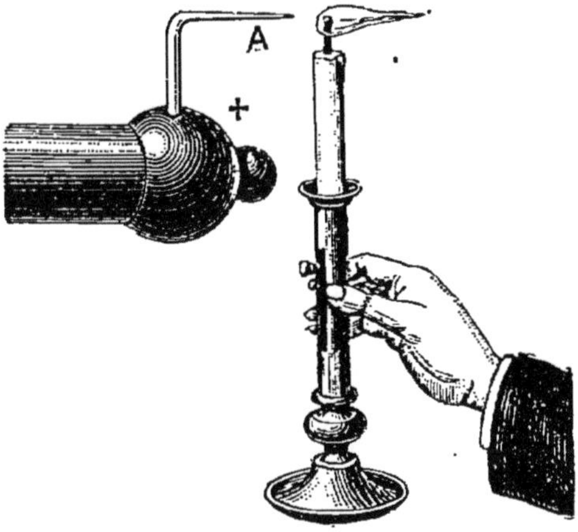

Fig. 138. — **Pouvoir des pointes.**— *Les pointes laissent échapper l'électricité.* En présentant la flamme d'une bougie à la pointe A, on voit la flamme s'incliner dans la direction de l'écoulement de l'électricité.

1re expérience.— Plaçons dans le voisinage d'une sphère isolée A (*fig.* 139), électrisée *positivement*, un conducteur cylindrique isolé BC à l'état neutre, en différents points

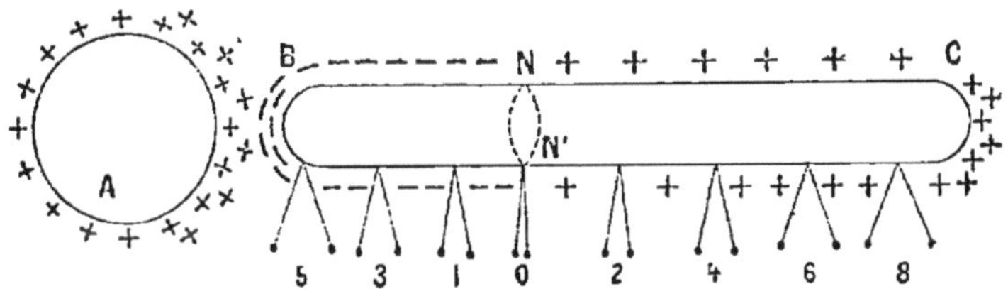

Fig. 139. — A, sphère *influençante* électrisée positivement. — BC, conducteur isolé *influencé.* — NN', ligne neutre. — NB, plage la plus rapprochée de la sphère, est électrisée en sens *contraire* de la sphère. — NC, plage la plus éloignée, est électrisée *comme* la sphère.

duquel on a suspendu des pendules doubles *à fil de lin*, c'est-à-dire bons conducteurs de l'électricité. Voici les phénomènes qui se manifesteront : 1° le pendule 0 ne diverge pas : donc la ligne correspondante NN' est à l'état *neutre;* — 2° les pendules impairs 1, 3, 5 *divergent;* il en est de même des pendules pairs 2, 4, 6, 8 ; donc la ligne neutre NN′ partage le cylindre BC en deux régions ou *plages électrisées* NB et NC ; — 3° si l'on présente un bâton de *résine* frotté, c'est-à-dire électrisé *négativement*, aux pendules impairs 1, 3, 5, le bâton de résine les *repousse* : donc la plage NB est électrisé *négativement* ; — 4° si l'on présente un bâton de *verre* frotté, c'est-à-dire électrisé *positivement*, aux pendules pairs 3, 4, 6, 8, le bâton de verre les *repousse* : donc la plage NC est électrisée *positivement* ; — 5° en outre, la *divergence* des pendules augmente de N en B, d'une part, et de N en C, d'autre part : donc la charge électrique en chaque point du conducteur va en augmentant de part et d'autre de la ligne neutre, car la divergence d'un pendule double est d'autant plus grande que la charge électrique est plus considérable au point où il est attaché.

2e expérience. — Rapprochons le conducteur de la sphère ; aussitôt la ligne neutre se rapproche de B et tous les pendules divergent davantage. Si on éloigne la sphère, la ligne neutre se rapproche de C et les pendules divergent moins. Nous en concluons que l'influence est d'autant plus grande que le corps influençant est plus rapproché du corps influencé.

3e expérience. — Si on met le conducteur BC en communication avec le *sol*, en touchant le conducteur avec la main en un point quelconque de sa surface, la ligne neutre a disparu ; tous les pendules divergent et tous sont repoussés par un bâton de *résine* frotté. Donc, le conducteur BC dans toute son étendue, est alors électrisé *négativement*, c'est-à-dire électrisé *contrairement* à la sphère influençante A.

152. Électroscope à feuilles d'or. — *L'électroscope à feuilles d'or* (*fig.* 140) se compose d'une tige de cuivre AB terminée à sa partie supérieure par un bouton sphérique B, et à sa partie inférieure par deux feuilles d'or très légères *m*, *n*. La tige AB est fixée dans le goulot d'une cloche *isolante* en verre C. La cloche repose sur un plateau métallique ; l'air intérieur de la cloche est desséché avec soin par des fragments de chaux vive placés dans une petite capsule D. L'électroscope sert à reconnaître si un corps est électrisé et de quelle manière il est électrisé.

1° Reconnaître si un corps est électrisé. — On approche le corps M du bouton B de l'électroscope, sans toucher l'instrument. Si le corps M n'est pas électrisé, les feuilles d'or *mn* restent verticales. Si le corps M est électrisé, les feuilles d'or divergent. En effet, le corps M détermine par influence l'électrisation de la tige AB; le bouton B s'électrise en sens contraire du corps M; les feuilles d'or s'électrisent comme le corps M et se repoussent. Si on enlève le corps M, les feuilles d'or retombent.

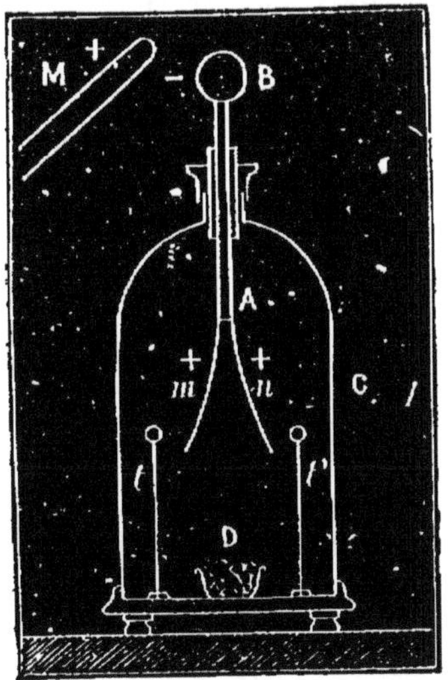

Fig. 140. — Électroscope à feuilles d'or. — Pour reconnaître si le corps M est électrisé, on approche le corps M du bouton B de l'électroscope. Si les feuilles d'or *mn* divergent, le corps M est électrisé.

2° Reconnaître si le corps M est électrisé positivement ou négativement. — L'électroscope étant à l'état neutre, frottons légèrement le bouton B de l'électroscope avec une peau de chat. La tige AB et les feuilles d'or *m*, *n* s'électriseront *positivement* et les feuilles d'or divergeront.

L'électroscope étant ainsi électrisé positivement, approchons de l'instrument, *lentement et à distance*, le corps M et observons si la divergence des feuilles d'or augmente ou diminue. Si la divergence des feuilles d'or *augmente*, le corps M est électrisé comme l'électroscope, c'est-à-dire *positivement*. Si la divergence des feuilles d'or *diminue*, le corps M est électrisé en sens contraire de l'électroscope, c'est-à-dire *négativement*.

Remarque. — L'appareil porte des tiges de décharge *t* et *t'*, qui arrêtent les feuilles d'or dans le cas où celles-ci divergeraient trop brusquement.

153. Machine électrique. — La **machine électrique** (*fig.* 141) se compose d'un plateau de verre PP' mobile autour d'un axe horizontal et frottant entre deux paires de coussins B, B' placés suivant un diamètre vertical. Les coussins sont en cuir rembourré. Les coussins sont reliés entre eux par une bande métallique dont une extrémité se termine par une chaîne M communiquant avec le sol. En avant du plateau sont placés deux conducteurs en cuivre CC′, portés par des pieds de verre. Les extrémités antérieures de ces conducteurs sont réunies par une traverse en cuivre T;

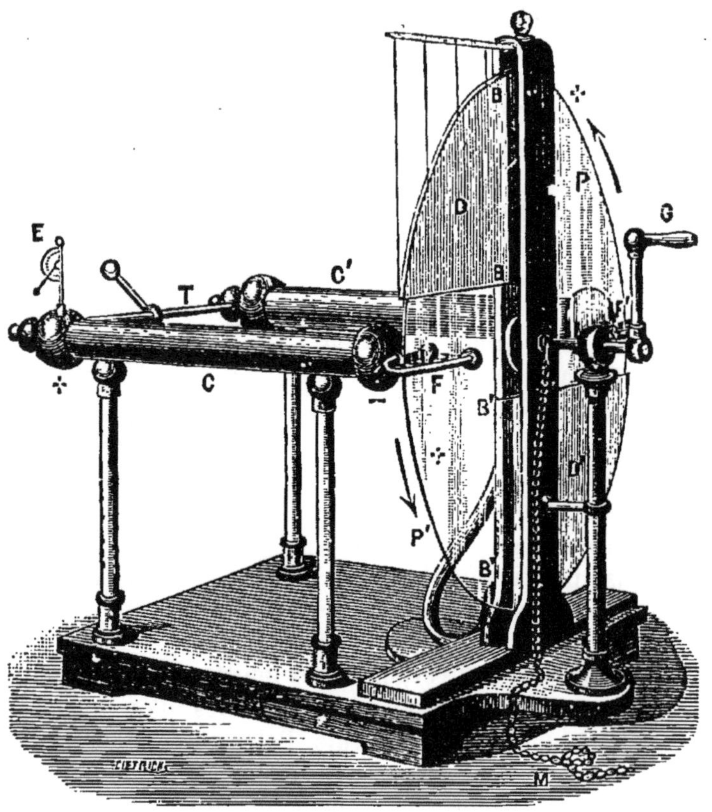

Fig. 141. — **Machine électrique.** — PP′, plateau de verre; — BB′, coussins; — CC′, conducteurs isolés; — FF′, mâchoires; — G, manivelle; — E, électromètre; — DD′, écrans isolateurs en soie.

les extrémités les plus rapprochées du plateau se terminent par des mâchoires F, F′ garnies de pointes à l'intérieur et embrassant le plateau suivant un diamètre horizontal.

On fait tourner le plateau de verre PP′, ce qui l'électrise *positivement*. Les coussins restent à l'état neutre, puisqu'ils communiquent avec le sol. L'électricité du plateau agit par influence sur les conducteurs C, C′; l'électrisation est positive dans la région des conducteurs *la plus éloignée* du plateau; en même temps, les pointes des mâchoires FF′ sont électrisées négativement. En vertu du pouvoir des pointes, les pointes des mâchoires laissent échapper l'électricité dont elles sont chargées, ce qui neutralise la tranche du plateau passant entre les mâchoires. De cette façon, le plateau continue à s'électriser positivement en tournant, et les conducteurs se maintiennent ainsi constamment chargés d'électricité positive dans la région la plus éloignée du plateau.

154. Bouteille de Leyde. — **La bouteille de Leyde** sert à produire des effets électriques *plus puissants* que ceux que produirait une machine électrique ordinaire.

La bouteille de Leyde (*fig.* 142) se compose d'une bouteille en verre mince, à goulot étroit. Dans l'intérieur de la bouteille on place des feuilles d'or ou de clinquant, au sein desquelles plonge une tige métallique A′ terminée en pointe à sa partie inférieure et portant un bouton sphérique à sa partie supérieure. L'ensemble des feuilles d'or et de la tige forme l'*armature intérieure* A de la bouteille. Sur le fond extérieur et sur la face externe de la bouteille on a collé une feuille d'étain B, s'élevant à peu près aux trois quarts de la hauteur. La feuille d'étain constitue l'*armature extérieure* B de la bouteille. On voit, par cette disposition, que le verre de la bouteille, verre qui est un corps isolant (§ 147), sépare l'une de l'autre les deux armatures A et B, qui, étant métalliques, sont des corps bons conducteurs.

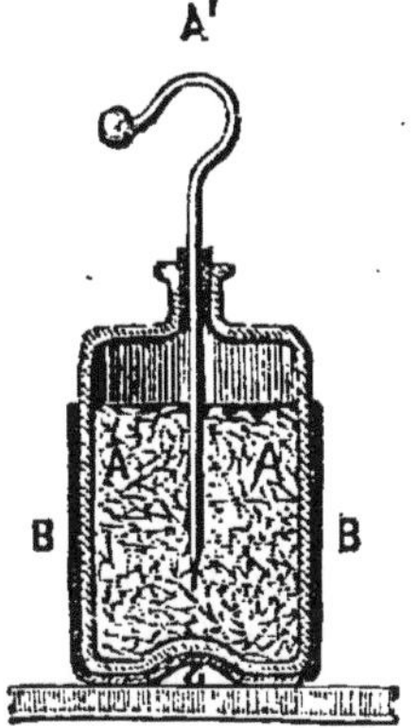

Fig. 142. — **Bouteille de Leyde.** — A, armature intérieure; B, armature extérieure.

Pour charger la bouteille de Leyde, on tient à la main l'armature extérieure B et on met le bouton A′ de l'armature intérieure en contact avec l'un des conducteurs d'une machine électrique.

Une semblable bouteille chargée avec une machine électrique donnée, prend une charge électrique plusieurs centaines de fois plus grande que si l'armature intérieure existait seule.

On dit alors qu'une bouteille de Leyde sert à *accumuler*, à *condenser* l'électricité.

La condensation est d'autant plus grande que l'épaisseur du verre de la bouteille est plus petite, et que les dimensions de la bouteille sont plus considérables.

Quand une bouteille de Leyde est chargée, il suffit, *pour la décharger* de réunir les deux armatures A et B (*fig.* 143)

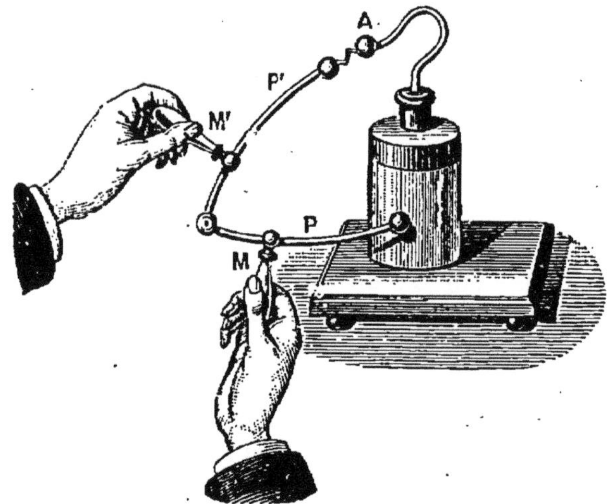

Fig. 143. — Décharge brusque d'une bouteille de Leyde. — PP', excitateur en cuivre à manche de verre MM'; on touche l'armature extérieure avec l'un des boutons de l'excitateur et on approche l'autre bouton de l'armature intérieure A ; une vive étincelle jaillit entre l'excitateur et l'armature A.

par un arc métallique PP' ; une étincelle très brillante jaillit entre l'arc métallique PP' et le bouton A de la bouteille.

Si on prend dans une main la panse de la bouteille de Leyde chargée, et qu'on approche l'autre main de l'extrémité A de la tige, on éprouve, au moment de la décharge, une commotion qui peut se faire sentir jusque dans les épaules et dans la poitrine. Si la bouteille de Leyde est puissante, il est dangereux de recevoir la décharge.

155. **Niveau électrique.** — Dans tous les appareils précédemment étudiés, l'électricité reste en équilibre sur la surface des corps qui en sont chargés, tant qu'on ne décharge pas les appareils. Si on décharge un de ces appa-

reils, l'électricité se met en mouvement pour produire les effets électriques appelés *étincelles*, *commotions*, etc. On peut donc assimiler l'électricité à un fluide qui tend toujours à s'*écouler*, c'est-à-dire à se mettre en mouvement, dès qu'il se trouve dans des conditions favorables. Examinons dans quelles conditions pourra avoir lieu l'écoulement de l'électricité, quelles en seront les conséquences et cherchons des analogies dans l'écoulement des liquides.

Tout le monde sait que si l'on met en communication deux réservoirs renfermant de l'eau au même niveau, aucun mouvement du liquide ne se produira d'un réservoir à l'autre. Au contraire, si les niveaux de l'eau dans les deux bassins sont différents, l'écoulement a lieu du réservoir au niveau le plus élevé vers le réservoir au niveau le moins élevé. L'écoulement s'arrêtera lorsque l'eau aura pris dans les deux réservoirs un même niveau, intermédiaire entre les niveaux primitifs.

Il en est de même pour l'électricité. Si on met en communication par un fil de cuivre deux conducteurs isolés et électrisés, l'expérience montre que, si les deux conducteurs sont au même niveau électrique, le fil ne sera parcouru par aucun écoulement d'électricité. Au contraire, si les deux conducteurs sont à des niveaux électriques *différents*, il y aura écoulement d'électricité à travers le fil, et le courant électrique ira du conducteur au niveau le plus élevé vers le conducteur au niveau le moins élevé.

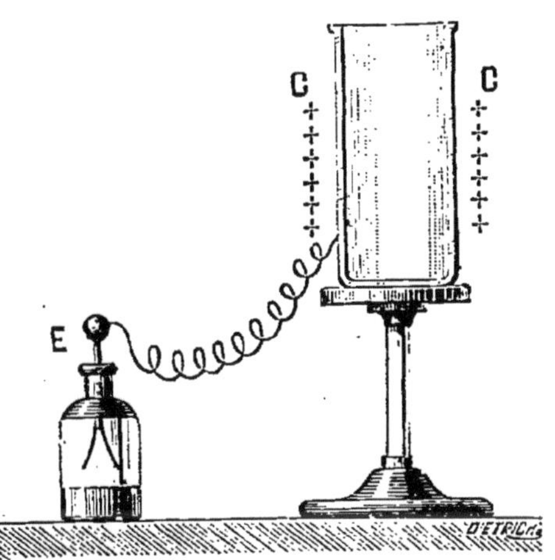

Fig. 144. — L'électroscope E est mis en communication avec le conducteur électrisé C : les feuilles d'or divergent.

On détermine le niveau électrique d'un conducteur à l'aide de l'*électroscope à feuilles d'or* (§ 152).

Si l'on met le bouton de l'électroscope E (*fig.* 144) en

communication avec un conducteur électrisé C, les feuilles d'or divergent aussitôt, et leur divergence plus ou moins grande détermine le niveau électrique du conducteur.

Si l'on met le bouton d'un électroscope en communication avec le sol, les feuilles d'or restent verticales ; on convient de dire alors que le sol est au niveau électrique *zéro*.

Si l'on met un conducteur en communication avec l'électroscope, et si l'on constate que les feuilles d'or restent verticales, on dit que le conducteur expérimenté est au même niveau électrique que le sol, c'est-à-dire au niveau électrique *zéro*, ou, comme l'on dit vulgairement, *à l'état neutre;* c'est le cas de tous les corps conducteurs non frottés ou non isolés.

Si un conducteur isolé par un pied de verre est mis en communication avec l'électroscope, et si les feuilles d'or *divergent*, on dit que ce conducteur est *électrisé* et que son niveau électrique est *différent* de celui du sol.

Or, nous savons qu'un conducteur peut être électrisé soit *positivement* soit *négativement*. Pour établir nettement la distinction entre les conducteurs électrisés *positivement* et les conducteurs électrisés *négativement*, on a fait les conventions suivantes :

1° Tout conducteur électrisé *positivement* est dit être à un niveau électrique *plus élevé* que celui du sol;

2° Tout conducteur électrisé *négativement* est dit être à un niveau électrique *moins élevé* que celui du sol.

La notion de *niveau électrique* permet de comparer l'électricité à la chaleur ; en effet, l'électroscope caractérise le niveau électrique d'un conducteur, comme le thermomètre fait connaître la température d'un corps. Il n'y a ni *chaud* ni *froid:* il n'y a que des corps à des températures plus ou moins élevées. De même, il n'y a ni *électricité positive* ni *électricité négative :* il n'y a que des conducteurs électrisés à des niveaux électriques plus ou moins élevés.

Pour déterminer les niveaux électriques des conducteurs, on a pris un point de *repère*, qui est le niveau électrique du *sol*, de même que pour déterminer les températures, on a pris comme point de *repère* la température de fusion de la glace. Le niveau électrique du sol est *zéro* par convention, de même que la température de la glace fondante est *zéro* par convention.

156. Courant électrique. — 1° On a vu dans l'étude de la chaleur, que, si un corps, dont la température est *plus élevée* que celle du sol, est mis en contact avec le sol, ce corps *prend la température du sol*, et qu'une certaine quantité de chaleur a passé du corps dans le sol. De même, si un conducteur est électrisé *positivement*, et si on le met en communication avec le sol par un fil ou par l'intermédiaire du corps humain, le fil de communication ou le corps humain est parcouru par une certaine quantité d'électricité qui forme un **courant électrique** dirigé du *conducteur vers le sol*. Le conducteur est alors ramené à *l'état neutre;* ou, comme l'on disait autrefois, le conducteur est *déchargé*.

2° On sait que tout corps dont la température est inférieure à celle du sol se réchauffe par son contact avec le sol et qu'une certaine quantité de chaleur a passé du sol sur le corps. De même, si un conducteur est électrisé *négativement* et si on le met en communication avec le sol, une certaine quantité d'électricité passera du sol sur le conducteur en produisant dans le fil de communication un courant électrique dirigé *du sol vers le conducteur*. Le conducteur est alors ramené à *l'état neutre* ou, comme l'on disait autrefois, *déchargé*.

3° Si l'on met en communication deux corps à la même température, il n'y aura aucune transmission de chaleur de l'un à l'autre. Au contraire, si l'on met en communication deux corps à des températures différentes, une certaine quantité de chaleur passera du corps qui a la plus haute température sur celui qui avait la température la plus basse; les deux corps prendront une température commune intermédiaire entre leurs températures primitives.

De même, si l'on met en communication par un fil de cuivre deux conducteurs au même niveau électrique, le fil n'est parcouru par aucun courant. Si l'on met, au contraire, en communication par un fil de cuivre deux conducteurs à des niveaux électriques différents, le fil est parcouru par un courant d'électricité allant du conducteur possédant le niveau électrique le plus élevé vers le conducteur possédant le niveau électrique le moins élevé. Les deux conducteurs sont ramenés à un même niveau électrique intermédiaire entre leurs niveaux électriques primitifs.

157. Effets de la décharge électrique. — Quand un courant électrique se produit entre un conducteur électrisé et le sol, ou entre deux conducteurs à des niveaux électriques différents, on dit vulgairement qu'une *décharge* électrique s'est produite. Pendant la décharge, l'électricité en mouvement travaille et manifeste son énergie par des effets divers.

1° *Effets calorifiques.* — Quand une décharge électrique se produit à travers un fil métallique, l'électricité qui traverse le fil échauffe celui-ci et le porte à une température d'autant plus élevée que le fil est plus fin, plus court, et plus mauvais conducteur de l'électricité.

2° *Effets lumineux.* — Si l'on place à une petite distance l'un de l'autre (*fig.* 145) deux conducteurs à des niveaux

Fig. 145. — Étincelle rectiligne.

différents, on voit un trait de feu ou une **étincelle électrique** jaillir entre les deux conducteurs.

L'étincelle est due à l'échauffement par la décharge électrique de la couche d'air interposée entre les deux conducteurs. L'étincelle apparaît comme un trait de feu très lumineux, d'autant plus épais que la quantité d'électricité qui traverse l'air est plus considérable. Au fur et à mesure que la couche d'air traversée augmente de longueur, le trait devient de plus en plus grêle, moins lumineux et prend une forme en **zigzag** (*fig.* 146). La production de l'*étincelle* est accompagnée d'un bruit sec dû à l'ébranlement de l'air. La longueur de l'étincelle dépend de la différence de niveau des deux conducteurs; sa durée est très petite.

3° *Effets mécaniques.* — Si l'on place sur le trajet de la décharge électrique une feuille de carton, une lame de verre mince et en général un corps *mauvais conducteur*, l'énergie de la décharge se dépense en *travail mécanique*. La feuille de carton est percée (*fig.* 147); une lame de verre mince est facilement brisée.

Fig. 146. — Étincelle en zigzag.

4° *Effets chimiques.* — L'étincelle électrique enflamme une allumette, un morceau de bois, le coton-poudre, l'alcool, etc. Elle provoque la combinaison chimique de l'hydrogène et de l'oxygène, du gaz d'éclairage et de l'oxygène de l'air, etc.

5° *Effets physiologiques.* — Si la décharge électrique se produit entre un conducteur électrisé et un animal, l'animal ressent une violente commotion et peut même être tué.

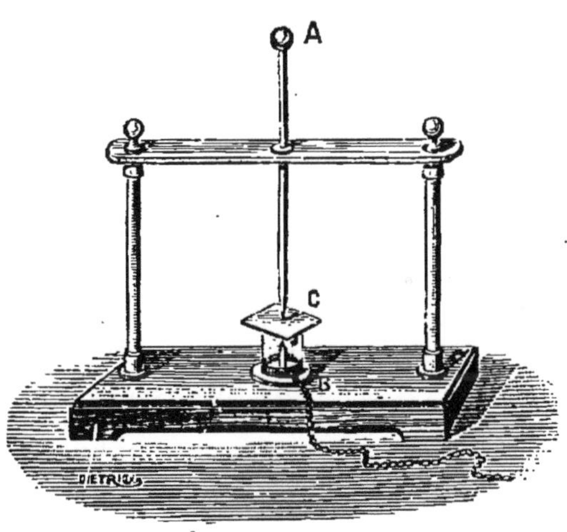

Fig. 147. — Si l'on fait passer une décharge électrique à travers deux tiges de cuivre A et B, séparées par une feuille de carton C, la feuille de carton est percée.

158. Électricité atmosphérique. — Les effets de la décharge électrique sont identiques aux effets de la *foudre*. De nombreuses expériences ont en effet montré qu'il existe toujours de l'électricité dans l'atmosphère et que cette électricité réside en grande partie dans les nuages, dont le niveau électrique est toujours très élevé.

Lorsqu'un nuage est assez rapproché du sol, une décharge électrique a lieu entre le nuage et le sol, parce que le nuage est à un niveau électrique supérieur au niveau électrique du sol. La décharge se fait du *nuage* au *sol* et constitue la *foudre; l'éclair* est la lueur qui accompagne la foudre et le *tonnerre* est le bruit qui accompagne la décharge. Les effets de la foudre sont les mêmes que ceux de la décharge d'une bouteille de Leyde; seulement ils sont beaucoup plus puissants. L'éclair, au lieu de jaillir entre le nuage et le sol, peut aussi jaillir *entre deux nuages*. La foudre produit, en tombant, des effets divers que nous allons étudier.

1° *Effets lumineux.* — L'*éclair* est une étincelle électrique, jaillissant du nuage électrisé vers le sol, ou entre deux nuages. L'éclair a l'apparence d'un trait de feu, de plusieurs kilomètres de longueur, traversant l'espace en zigzag. Lorsqu'un éclair jaillit entre un nuage orageux et la surface du sol, on dit, suivant une ancienne expression, que la *foudre tombe.*

Les points le plus souvent atteints sont les arbres, les édifices élevés, les masses métalliques. C'est pourquoi il est imprudent de se placer sous les arbres en temps d'orage, surtout si ces arbres, comme les chênes et les ormes, sont très bons conducteurs de l'électricité. Il convient aussi d'éviter de se placer près des masses métalliques.

2° *Effets calorifiques.* — La foudre rougit, fond ou volatilise les corps qu'elle traverse. Le 19 avril 1827, une chaîne de fer de 30 mètres de long, attachée par une de ses extrémités à un paquebot de New-York, et dont l'autre extrémité plongeait dans la mer, fut fondue presque entièrement par un coup de foudre. Le sable lui-même peut être fondu, ce qui permet d'expliquer la formation des *fulgurites*, sortes de tubes de sable vitrifié que l'on rencontre dans le sol et qui indiquent le passage de la foudre.

3° *Effets chimiques.* — Nombre d'incendies sont allumés par la foudre.

4° *Effets physiologiques.* — La foudre produit sur l'homme et les animaux des commotions très fortes qui les frappent de paralysie passagère ou, le plus souvent, déterminent instantanément la mort ; quelquefois cependant la commotion est accompagnée d'un simple évanouissement.

5° *Effets mécaniques.* — Tout le monde a entendu parler d'arbres tordus et brisés en morceaux ou renversés par la foudre, de toitures enlevées, de maisons écroulées en partie.

159. Paratonnerre. — Le *paratonnerre*, inventé par Franklin en 1752, est un appareil destiné à préserver les édifices de la foudre.

Un paratonnerre ordinaire (fig. 148) se compose de deux parties : **la tige** et le **conducteur.**

La *tige* est une barre de fer rectiligne TP', que l'on fixe verticalement sur le faîte des édifices qu'il s'agit de préserver. Elle a de 5 à 10 mètres de longueur et un diamètre de 5 à 6 centimètres à la base. A sa partie supérieure, la tige de fer se continue par un cylindre de cuivre rouge R, vissé et soudé, de 17 centimètres de hauteur et de 2 centimètres de diamètre, terminé lui-même par une pointe P en cuivre doré, de 3 centimètres de hauteur.

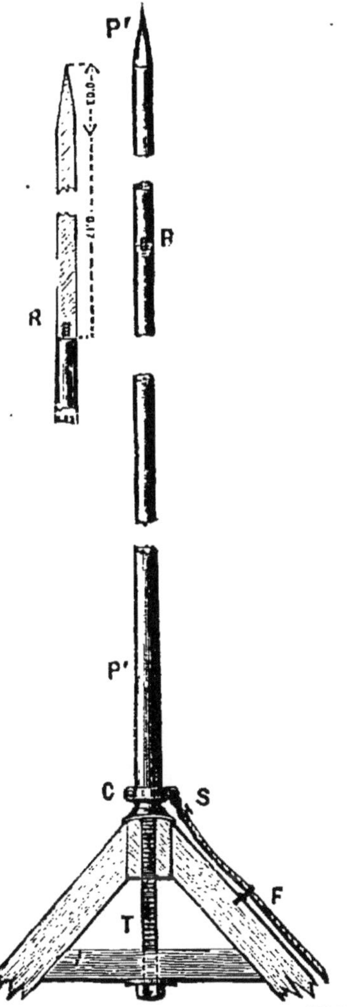

Fig. 148. — Paratonnerre. — TP', tige du paratonnerre ; R, cylindre en cuivre rouge ; P, pointe en cuivre doré ; C, collier du conducteur ; SF, conducteur ou chaîne en fils de cuivre rouge. Un paratonnerre protège autour de lui un cercle de rayon double de la hauteur du paratonnerre.

La base de la tige porte un collier C, d'où part le *conducteur* SF formé par un câble de fil de cuivre rouge qui longe le toit et les murs, et s'enfonce dans le sol à une certaine profondeur. Il est utile d'entourer de *braise de boulanger* la portion du conducteur qui s'enfonce dans le sol.

On peut considérer le paratonnerre et le sol comme ne formant qu'un seul conducteur. Lorsqu'un nuage électrisé *positivement* passe au-dessus de l'édifice, le paratonnerre entier s'électrise, par influence, contrairement au nuage, c'est-à-dire *négativement* (§ 151).

En vertu du pouvoir des pointes, l'électricité du paratonnerre s'écoulera dans l'atmosphère par la pointe P. Puisque le paratonnerre est électrisé négativement et que le nuage est électrisé positivement, l'électricité du paratonnerre aura pour effet d'*abaisser* le niveau électrique du nuage.

Le nuage n'aura plus alors un niveau électrique assez élevé pour que la foudre tombe sur l'édifice.

Si l'abaissement du niveau électrique du nuage est insuffisant, la foudre tombera sur le paratonnerre dont la pointe est plus élevée que le reste de l'édifice. La décharge est alors conduite au sol sans dommage pour l'édifice.

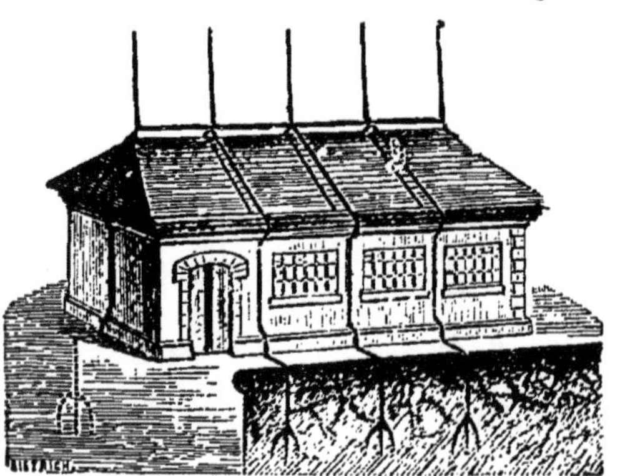

Fig. 149. — Édifice protégé par des paratonnerres.

On admet généralement que la limite de protection d'un paratonnerre est un cercle de rayon double de la hauteur de la tige; par suite, si un édifice est armé de plusieurs paratonnerres, ces paratonnerres ne devront jamais être distants sur un toit de plus du quadruple de leur hauteur au-dessus du toit.

Le conducteur du paratonnerre doit être mis en communication avec toutes les grosses pièces métalliques de l'édifice, afin que l'électricité développée par influence puisse se rendre à la tige et s'échapper par la pointe. Si l'édifice est muni de plusieurs paratonnerres, ceux-ci doivent être mis en communication entre eux par des tiges métalliques (*fig.* 149).

QUESTIONNAIRE. — **146.** Quels sont les corps bons conducteurs de l'électricité? — Quels sont les corps mauvais conducteurs de l'électricité? — **147.** Qu'appelle-t-on corps isolants? — **148.** Qu'appelle-t-on pendule électrique? — A quoi sert le pendule électrique? — Parler des deux modes d'électrisation des corps. — **149.** Où réside l'électricité dont est chargé un corps conducteur? — Comment démontre-t-on que l'électricité réside à la surface des conducteurs? — **150.** Qu'appelle-t-on pouvoir des pointes? — **151.** Décrire les phénomènes d'influence électrique. — **152.** Qu'appelle-t-on électroscope à feuilles d'or et quel est son emploi? — **153.** Décrire la machine électrique. — **154.** Décrire une bouteille de Leyde. — Comment charge-t-on et décharge-t-on une bouteille de Leyde. — **155.** Qu'appelez-vous niveau électrique d'un conducteur? — **156.** Quelles sont les conditions nécessaires à l'établissement d'un courant électrique? — **157.** Décrire les effets divers de la décharge électrique. — **158.** Qu'entend-on par la locution vulgaire : *la foudre tombe?* — Quels sont les effets de la foudre? — **159.** Décrire le paratonnerre et faire connaître ses usages.

SUJETS DE RÉDACTION

Phénomènes fondamentaux de l'électricité. — *Sommaire.* **1.** Corps bons et mauvais conducteurs. — **2.** Corps électrisés positivement et corps électrisés négativement. — **3.** L'électricité réside à la surface des corps conducteurs. — **4.** Phénomènes d'influence.

Électricité atmosphérique. — *Sommaire.* **1.** Foudre, éclair et tonnerre. — **2.** Effets de la foudre. — **3.** Paratonnerre.

CHAPITRE II

PILES ÉLECTRIQUES ET APPLICATIONS

SOMMAIRE

1. Une **pile** est destinée à produire un courant continu d'électricité circulant dans le fil qui réunit les deux pôles de la pile. Les principales piles sont celles de *Daniell* et de *Leclanché.*

2. Dans l'*électrolyse* d'un sel, le métal apparaît sur l'électrode *négative* et le radical du sel apparaît sur l'électrode *positive :* ce que l'on exprime en disant que le métal *descend* le courant, et que le métalloïde le *remonte.*

3. Un courant traversant un fil *mauvais conducteur* le porte à une température d'autant plus élevée que le fil est plus résistant.

4. L'unité de *résistance* est la résistance d'une colonne de mercure ayant 1 millimètre carré de section et 106 centimètres de longueur; elle a reçu le nom d'**ohm.**

5. L'unité de *force électromotrice* ou **volt** est la force électromotrice d'un élément de pile de Daniell.

6. L'unité d'*intensité* est l'**ampère,** c'est-à-dire l'intensité d'un courant produit par *un élément* de pile de Daniell (Volt) quand la résistance totale est égale à *un ohm.*

7. L'unité de *puissance* est le **watt,** correspondant à environ 0,1 de kilogrammètre par seconde.

160. Piles. — Lorsqu'un liquide exerce une **action chimique** sur un métal, cette action chimique détermine une production continue d'électricité, que l'on pourra utiliser sous forme de *courant électrique.*

On donne le nom de **pile** à tout appareil produisant de l'électricité par *action chimique.*

Une *pile* se compose d'une lame de cuivre C (fig. 150) et d'une lame de zinc Z. Ces deux lames métalliques plongent dans de l'acide sulfurique très étendu d'eau, contenu dans un vase de verre. Par suite de l'action chimique exercée par l'acide sulfurique sur le zinc, les deux lames C et Z sont à des niveaux électriques différents, comme on peut le constater à l'aide d'un électroscope à feuilles d'or : C est à un niveau électrique supérieur à celui de Z. Par conséquent, si on réunit les deux lames C et Z par un fil de cuivre C', ce fil sera parcouru par un *courant électrique continu* allant du cuivre au zinc. Ce courant persistera tant que durera l'action chimique, c'est-à-dire tant que tout l'acide ne sera pas consommé.

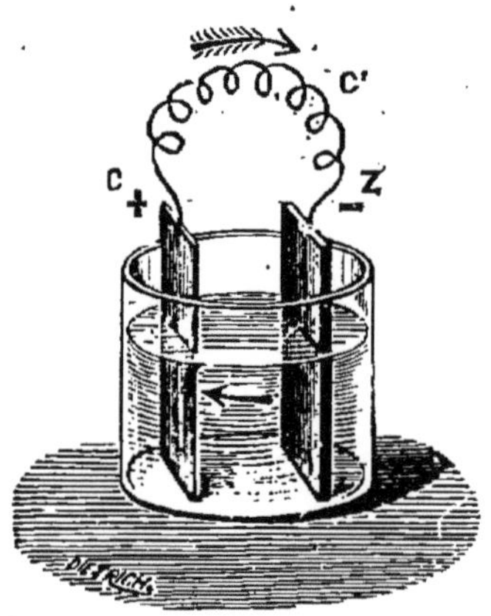

FIG. 150. — Pile. — C, pôle positif; Z, pôle négatif.

On donne le nom de **piles** à toutes les dispositions de conducteurs liquides et de métaux capables de donner naissance à un *courant continu* d'électricité ; **l'énergie** de la pile est due aux actions chimiques qui s'y produisent.

A chacune des extrémités d'une pile se trouve toujours une lame métallique, un cuivre à un bout, un zinc à l'autre; la lame de cuivre est toujours au niveau électrique le plus élevé : c'est le **pôle positif** de la pile; la lame de zinc en est le **pôle négatif.**

Dans le fil de cuivre qui réunit les deux pôles, le *courant va du pôle* **positif** *au pôle* **négatif**; dans l'intérieur de la pile, le courant circule du zinc au cuivre, de telle sorte que le *circuit* électrique soit complet.

Les piles usuelles sont la *pile de Daniell*, employée pour les lignes télégraphiques et téléphoniques, et la *pile Leclanché*, employée pour les usages domestiques.

161. Pile de Daniell. — **La pile de Daniell** se compose d'un vase de verre V (*fig.* 151) contenant de l'acide sulfurique étendu d'eau, et d'une lame de *zinc* Z, qu'on recourbe sur elle-même pour pouvoir lui donner une plus grande surface. Le fil de cuivre, attaché à cette lame de zinc, est le pôle **négatif** de l'élément de la pile. Dans le vase intérieur D, qui est en terre poreuse, se trouve une dissolution de sulfate de cuivre, dans laquelle plonge une lame de *cuivre* C également recourbée, et formant le pôle **positif** de l'élément.

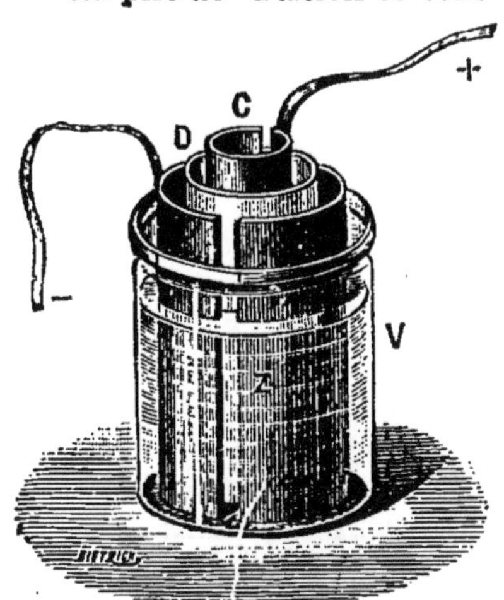

FIG. 151. — Pile de Daniell.

Il suffit de réunir les deux pôles de la pile par un fil de cuivre pour que la pile fonctionne. Comme la dissolution de sulfate de cuivre s'appauvrit rapidement, on jette de temps en temps quelques cristaux de sulfate de cuivre dans le vase poreux.

La pile de Daniell est remarquable par la *constance* du courant qu'elle produit : on l'emploie fréquemment dans l'administration des télégraphes.

Le zinc a été *amalgamé*, c'est-à-dire recouvert de mercure, pour empêcher toute attaque chimique du zinc, quand

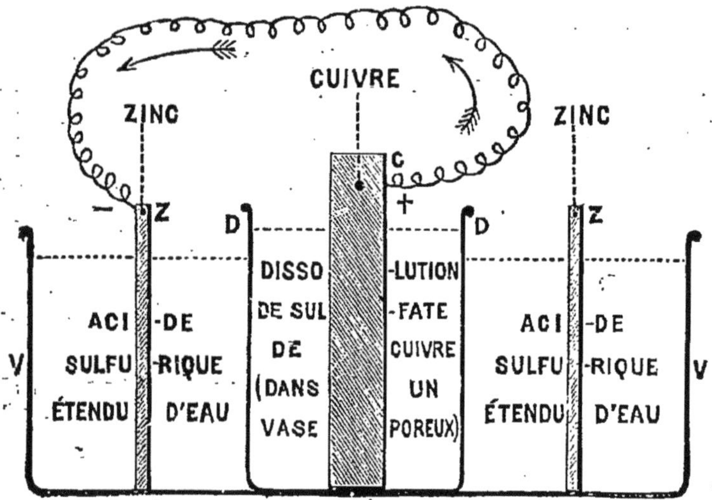

Fig. 152. — Coupe d'une pile de Daniell.

le circuit est interrompu. Il en résulte que la pile ne dépense que quand elle travaille.

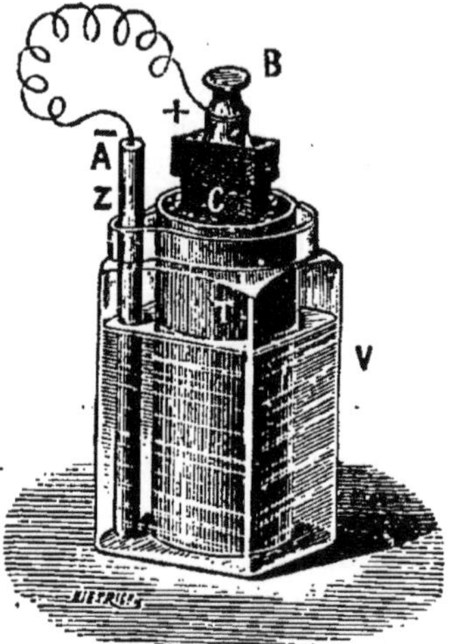

Fig. 153. — Pile Leclanché. — V, vase de verre renfermant une solution saturée de sel ammoniac; Z, cylindre de zinc amalgamé; T, vase poreux renfermant du bioxyde de manganèse (MnO^2); C, charbon de cornue.

162. Pile Leclanché. — Un élément de pile **Leclanché** (*fig.* 153), se compose : d'une part, d'un bâton de *zinc amalgamé* Z, plongeant dans un vase de verre V qui contient une solution concentrée de *sel ammoniac;* d'autre part, d'un prisme de charbon de cornue C, placé dans un vase poreux T, au milieu d'un mélange de fragments de coke et de bioxyde de manganèse.

Le bâton de zinc forme le pôle **négatif** de la pile; au charbon de cornue C est fixé un bouton de cuivre B formant le pôle **positif** de la pile.

On réunit les deux pôles par un fil de cuivre AB : le courant va de B vers A dans le fil extérieur.

Cette pile peut marcher pendant très longtemps, pourvu que l'on remplace l'eau qui s'évapore peu à peu.

163. Accouplement des éléments. — Une pile considérée isolément s'appelle un *élément*. Pour utiliser un certain nombre d'éléments, on les place à la file les uns des autres et on réunit le pôle négatif d'un élément au pôle positif de l'élément suivant (*fig.* 154); enfin, on

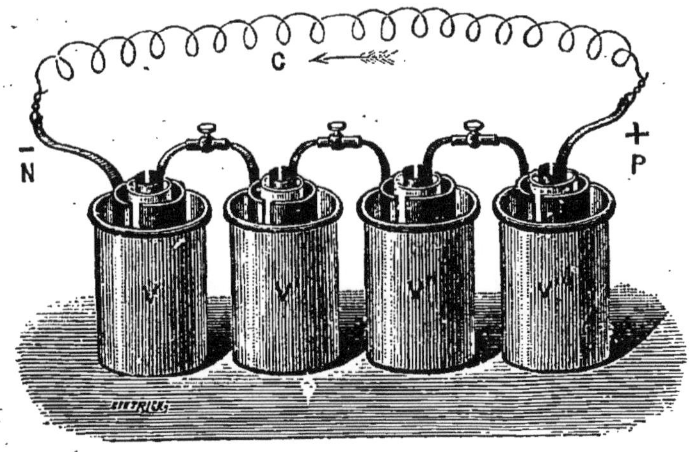

FIG. 154. — Accouplement des éléments. — On fait communiquer le pôle positif d'un élément avec le pôle négatif de l'élément suivant. P, pôle positif de la pile ; N, pôle négatif ; C, fil interpolaire.

fait communiquer le pôle positif du premier élément au pôle négatif du dernier élément par un fil C qui formera le circuit extérieur de la pile totale, dont les pôles seront les pôles libres des éléments extrêmes. L'intensité du courant produit est d'autant plus grande que le nombre des éléments est plus considérable.

APPLICATIONS DIVERSES DES COURANTS ÉLECTRIQUES.

164. Décomposition d'un sel par un courant électrique, ou électrolyse. — Si l'on plonge les deux fils d'une pile dans un liquide, deux cas se présentent : ou le liquide se comporte comme un *isolant parfait*, ou le liquide est *conducteur* du courant électrique. Dans le premier cas, c'est-à-dire si le liquide est un *isolant parfait*, le courant ne passe pas et le liquide ne présente **aucune trace de décomposition.** Dans le second cas, c'est-à-dire si le liquide est *conducteur* du courant électrique, le courant passe et le liquide est **décomposé.**

Les liquides de la première catégorie sont l'*eau pure*, l'*alcool*, l'*huile*, etc.; les liquides de la seconde catégorie sont les *acides* et les *sels en dissolution* ou *fondus.*

Les conducteurs qui servent à l'entrée et à la sortie du courant sont appelés **électrode** *positive* et **électrode** *négative.*

Un *sel* est toujours formé par la combinaison d'un métal avec un *radical* [1]. Sous l'action du courant, **le métal se sépare du radical qui lui est uni**; les corps séparés n'apparaissent jamais que sur les électrodes : le *métal* sur

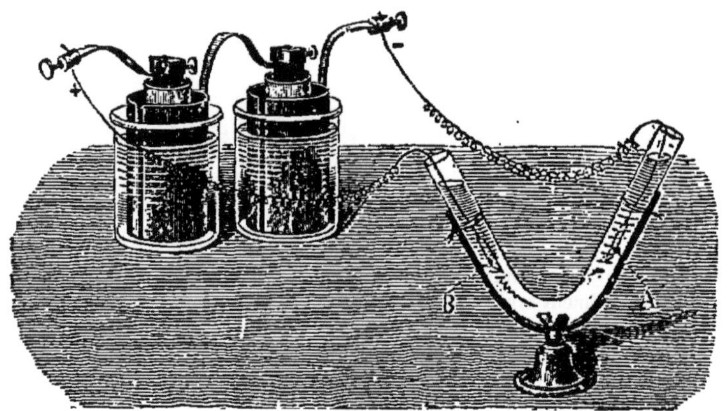

FIG. 155. — **Électrolyse du sulfate de cuivre.** — Le cuivre se dépose sur l'électrode négative A. — Sur l'électrode positive B se dégage de l'oxygène. Autour de cette même électrode se forme de l'acide sulfurique.

l'électrode *négative* et le *radical* sur l'électrode *positive*; c'est ce qu'on peut traduire en disant que le métal *descend* le courant et que le *radical* le remonte.

Prenons, par exemple, une dissolution de sulfate de cuivre placée dans un tube en forme de V (*fig.* 155) et plongeons une lame de platine A et B dans chacune des branches du tube. Si on fait communiquer ces deux lames de platine

1. Voir *Trois années de Chimie*, par M. DRINCOURT, pour l'Enseignement primaire supérieur.

avec les pôles d'une pile, l'expérience montre qu'un dépôt de cuivre s'effectue sur l'électrode négative A, tandis que l'oxygène se dégage autour de l'électrode positive B, avec formation d'acide sulfurique.

La décomposition d'un sel par un courant électrique trouve son application dans la *dorure*, l'*argenture*, le *nickelage* et la *galvanoplastie*.

165. Galvanoplastie. — Si l'on veut reproduire le relief d'un objet quelconque, médaille, page d'imprimerie, etc., il faut d'abord s'en procurer un *moule en creux* à l'aide de la *gutta-percha*, qui a la propriété de se ramollir à une douce chaleur et de reprendre sa dureté à la température ordinaire. Le moule en creux obtenu est rendu bon conducteur du courant par l'application d'une couche de

Fig. 156. — Cuve de galvanoplastie. — Dans une solution de sulfate de cuivre on fait plonger le moule *m* et une lame de cuivre C. Le moule, sur lequel doit se déposer le métal qui *descend* le courant, est relié au pôle négatif d'une pile, et le cuivre C au pôle positif : un dépôt de cuivre se fait sur le moule.

plombagine. On le porte ensuite dans la cuve de galvanoplastie formée d'une cuve remplie d'une dissolution saturée de sulfate de cuivre, sur les bords de laquelle on a posé deux baguettes de laiton B et D (*fig.* 156). La baguette B est reliée au pôle négatif d'une pile Q, et la baguette D au pôle positif. On suspend à la baguette B le moule *m*, qu'on vient de préparer, et à la baguette D une plaque de cuivre C. Le courant de la pile se rendra de la lame de cuivre C au moule *m*, en traversant la dissolution de sulfate de cuivre, qui est bonne conductrice du courant. Le courant se trouvant ainsi fermé, le sulfate de cuivre est décomposé : le cuivre apparaît sur le moule *m* faisant fonction d'électrode négative et s'y dépose ; en même temps, le radical du sulfate de cuivre attaque la lame de cuivre C et reforme du sulfate de cuivre, de sorte que la solution ne s'appauvrit pas.

Quand le dépôt de cuivre sur le moule est devenu assez épais, on le détache du moule, on le recuit[1] et on a une reproduction exacte de l'objet.

Par la **galvanoplastie**, on dépose une couche de *cuivre* sur un objet ; par le **nickelage**, on dépose une couche de *nickel* sur un objet.

Mais, au lieu d'employer une solution de sulfate de cuivre, on emploie une dissolution de *sulfate de nickel.*

On fait passer un courant électrique à travers la solution de sulfate de nickel en prenant pour électrode négative la pièce à nickeler, et pour électrode positive une lame de nickel.

166. Effets calorifiques du courant. — Quand un courant électrique traverse un fil qui est médiocrement conducteur, comme un fil de fer, de platine ou de charbon, on voit le fil devenir incandescent ; et, si le fil est suffisamment court ou suffisamment fin, il peut même être fondu. *La température à laquelle le fil peut être porté est d'autant plus grande que le fil est plus mauvais conducteur du courant ;* on a appliqué ces phénomènes dans les lampes à incandescence (voir plus loin page 209).

167. Éclairage électrique. — Nous venons de voir que quand un courant électrique traverse un fil médiocrement conducteur, comme un *filament de charbon*, le fil devient incandescent. Ce fil incandescent pourra alors servir de source lumineuse.

Aujourd'hui, l'éclairage électrique se pratique sur une grande échelle. Nous renvoyons nos lecteurs au chapitre particulier traité en 3e année sur ce sujet (§ 205 et suivants).

168. Résistance électrique. — L'*intensité du courant* est caractérisée par la quantité d'électricité qui traverse

1. *Recuire un métal*, c'est le porter au rouge et le laisser refroidir lentement.

par seconde une section quelconque du circuit. Cette quantité d'électricité dépend : 1° de la différence de niveau existant entre les deux pôles de la pile ou, comme l'on dit, de la *force électromotrice* de la pile; 2° du *nombre* des éléments de la pile ; 3° de la *nature* des liquides et des métaux qui constituent la pile elle-même ; 3° de la longueur, de la grosseur et de la nature du *fil* qui réunit les deux pôles de la pile et qu'on appelle *circuit interpolaire.*

L'intensité du courant sera nécessairement proportionnelle au nombre des éléments ; mais les appareils qui servent à mesurer l'intensité d'un courant montrent que, si on augmente la *longueur* ou la *finesse* du fil interpolaire, le courant *diminue* d'intensité. On considère alors le circuit interpolaire comme opposant au courant une certaine **résistance** ayant pour effet de diminuer l'intensité du courant.

L'expérience montre encore que la résistance d'un fil varie non seulement avec sa *longueur* et sa *finesse*, mais encore avec sa *nature*.

Les effets produits par la variation de longueur, de finesse et de nature du fil interpolaire sont soumis aux lois suivantes :

1° *La résistance d'un fil est proportionnelle à sa longueur*, c'est-à-dire que la résistance d'un fil de 2 mètres est deux fois plus grande que la résistance d'un fil de 1 mètre ; pour abréger, on peut dire que *plus un fil est long, plus il résiste.*

2° *La résistance d'un fil est inversement proportionnelle à sa surface de section*, c'est-à-dire que un fil de 4 millimètres carrés de section offrira une résistance qui sera *quatre* fois plus petite que la résistance opposée par un fil de 1 millimètre carré de section ; pour abréger, on peut dire que *plus un fil est gros, moins il résiste.*

3° *La résistance d'un fil est proportionnelle à un certain* **coefficient**, *variable avec la matière du fil, et que l'on a appelé la* **résistance spécifique** *du corps formant le fil.* En d'autres termes, sachant que le cuivre a pour coefficient 2 et que le charbon a pour coefficient 70 000, un fil de cuivre résistera 35 000 fois moins qu'un fil de charbon de même longueur et de même section.

Les liquides opposent au courant des résistances beaucoup plus grandes que les résistances opposées par les corps solides; ces résistances obéissent encore aux trois lois précédentes.

169. Unité pratique de résistance ou Ohm. — L'unité pratique de *résistance* est l'**ohm**, ou *la résistance à 0° d'une colonne de mercure d'un millimètre carré de section et de 106 centimètres de longueur*. L'ohm-étalon est équivalent à la résistance de 100 mètres de fil de fer télégraphique de 4 millimètres de diamètre ou de 48 mètres de fil de cuivre d'un millimètre de diamètre.

La résistance en **ohms** d'un fil de 1 centimètre de long et de 1 millimètre carré de section est appelée la *résistance spécifique* de la substance qui forme le fil.

Or, on peut, à l'aide d'instruments spéciaux, évaluer avec une grande précision, en *ohms*, la résistance d'un conducteur quelconque; on a donc pu déterminer, pour tous les conducteurs, la résistance spécifique:

CORPS SOLIDES

Argent.	0,00017
Cuivre.	0,0002
Or.	0,00023
Platine.	0,00100
Fer.	0,00107
Coke.	0,45
Charbon de cornue.	7,00

CORPS LIQUIDES

Mercure.	0,00944
Acide azotique ordinaire.	215,6
Solution saturée de sulfate de cuivre.	3723,0
Eau acidulée.	157000,0

On voit alors que l'argent est le meilleur conducteur de tous les corps et que les liquides, au contraire, sont très mauvais conducteurs de l'électricité.

170. Résistance d'une pile. — Les diverses substances qui constituent une pile opposent aussi au passage du courant une résistance, appelée **résistance intérieure**, par opposition avec celle du circuit interpolaire, ou *résistance extérieure*. La résistance d'une pile varie avec les dimensions et avec les dispositions de l'élément. La résistance de la pile est d'autant plus faible qu'elle présente une plus grande surface, et que ses différentes parties sont plus rapprochées.

Lorsque plusieurs éléments sont accouplés en série, la résistance de la pile est égale à la somme des résistances des éléments.

171. Lois d'Ohm. — 1° *L'intensité d'un courant électrique est inversement proportionnelle à la* **résistance totale** *du circuit.* La *résistance totale* est égale à la somme des résistances des diverses portions consécutives du circuit, en y comprenant la pile.

2° *L'intensité d'un courant est proportionnelle à la* **force électromotrice** *de la pile,* c'est-à-dire à la différence de niveau électrique des deux pôles.

172. Unité pratique de force électromotrice ou Volt. — L'unité pratique de *force électromotrice* est celle d'un élément Daniell, c'est-à-dire d'une pile unique de Daniell ; on a donné le nom de **Volt** à l'unité pratique de force électromotrice.

Voici la force électromotrice des principaux éléments usuels :

	Volt
Élément de Daniell ordinaire.	1,00
— de Bunsen	1,734
— de Léclanché.	1,61
— au bichromate de potasse. . .	1,9

173. Unité pratique d'intensité ou ampère. — Un courant a pour intensité **un** lorsqu'il est produit par une pile ayant **un volt** de *force électromotrice* et qu'en outre la *résistance totale* de la pile et du circuit interpolaire est égale à **un ohm.**

L'unité pratique d'intensité est donc l'intensité du courant produit par un élément de pile ayant une force électromotrice d'un **volt,** *quand la résistance totale est égale à un* **ohm.**

L'unité pratique d'*intensité*, ainsi définie, a reçu le nom d'ampère.

Un courant d'*un ampère* déposerait *par seconde* sur

un moule de galvanoplastie un poids de cuivre égal à 33 *millièmes* de milligramme.

La quantité d'électricité débitée **en une seconde** par une pile produisant un courant d'*un ampère* a reçu le nom de **Coulomb**[1].

174. Énergie du courant. — L'énergie d'une chute d'eau dépend à la fois de la *quantité d'eau* débitée par la chute en une seconde, et de la *hauteur de chute* de cette quantité d'eau.

De même, en électricité, l'*énergie d'un courant électrique* dépend de la *quantité* d'électricité débitée par la pile **en une seconde** et de la *force électromotrice* de cette pile.

L'énergie d'un courant est donc proportionnelle à la force électromotrice de la pile et à l'intensité du courant; l'énergie est exprimée avec une unité particulière à laquelle on a donné le nom de **Watt**, valant 1 *dixième* de kilogrammètre environ.

Le Watt est le travail fourni en une seconde par une pile de Daniell produisant un courant de un ampère.

Ainsi un courant de 10 ampères d'intensité, fourni par une pile ayant 8 volts comme force électromotrice, possède une énergie de $8 \times 10 = 80$ Watts, que l'on utilisera pour l'éclairage électrique ou pour produire des effets chimiques[2].

QUESTIONNAIRE. — **160.** Comment est constituée une pile? — Qu'appelle-t-on pôles d'une pile? — Quelle est l'origine de l'énergie d'une pile? — **161.** Décrire la pile de Daniell. — **163.** Comment dispose-t-on plusieurs éléments pour obtenir un courant très intense? — **164.** Quels sont les corps décomposables par le courant électrique? — Où se rend le métal d'un sel décomposé? — Où se rend le radical du sel? — **165.** Décrire la galvanoplastie et le nickelage. — **168.** Qu'appelle-t-on résistance d'un fil? Comment varie la résistance d'un fil avec la longueur, la finesse et la nature du fil? — **169.** Quelle est l'unité pratique de résistance? — Quel nom a-t-on donné à cette unité? — **170.** Une pile possède-t-elle une résistance propre? — **171.** Énoncer les lois d'Ohm. — **172.** Quelle est l'unité de force électromotrice? Quel nom lui a-t-on donné? — **173.** Quelle est l'unité d'intensité? — Quel est son nom? — **174.** Qu'est-ce qu'un *watt*? — Combien le watt vaut-il de kilogrammètres par seconde?

1. Pour perpétuer la mémoire des plus illustres savants, on a donné à chacune des unités pratiques le nom d'un grand électricien. — **Ohm**, professeur à Munich; **Volta**, professeur à Pavie; **Ampère**, savant français; **Coulomb**, capitaine du génie français.

2. Voir *Traité de Physique pour les écoles normales primaires*, page 657.

SUJETS DE RÉDACTION

Piles électriques. — *Sommaire.* 1. Production de l'électricité par action chimique. — 2. Parties essentielles d'une pile. — 3. Pôles d'une pile. — 4. Piles usuelles. — 5. Accouplement des éléments.

Décomposition d'un sel par un courant électrique. — *Sommaire.* 1. Description du phénomène. — 2. L'épuration du métal donne le radical du sel. — 3. Galvanoplastie et nickelage.

Unités électriques pratiques. — *Sommaire.* 1. Unité de résistance. — 2. Unité de force électromotrice. — 3. Unité d'intensité. — 4. Unité de puissance.

CHAPITRE III

GALVANOMÈTRES. — ÉLECTRO-AIMANT PRINCIPE DU TÉLÉGRAPHE

SOMMAIRE

1. *Le pôle nord d'un aimant est toujours dévié à la gauche du courant.* — La gauche du courant est la gauche d'un observateur couché dans le courant et regardant l'aimant.

2. Un **galvanomètre** est un appareil de laboratoire destiné à mesurer l'intensité d'un courant électrique.

3. Un barreau d'acier *s'aimante* sous l'action d'un *courant;* un pôle *nord* prend naissance **à la gauche** du courant.

4. **Un électro-aimant** est formé d'un noyau de *fer doux*, entouré d'une bobine portant un fil de cuivre enroulé en hélices superposées et isolées. Le fer doux s'aimante quand le courant traverse le fil; il perd son aimantation, quand le courant est interrompu.

5. **L'électro-aimant** est la pièce indispensable des sonneries électriques et des appareils télégraphiques.

6. Dans ces appareils, une *armature* de fer doux, placée devant un électro-aimant, est animée d'un mouvement de va-et-vient qui fait fonctionner la sonnerie ou le télégraphe.

175. Action d'un courant sur un aimant. — En 1819, *Œrsted* remarqua le premier que, si l'on fait passer un courant électrique dans le voisinage d'une aiguille aimantée, c'est-à-dire d'un *aimant*, l'aiguille aimantée est déviée de sa position d'équilibre et tend à se mettre *en croix* avec le courant. Le **sens** de la déviation est donné dans tous les cas par la **règle d'Ampère** suivante :

Le pôle nord de l'aiguille aimantée est toujours dévié à la gauche du courant.

Pour définir la gauche du courant, on suppose un observateur couché dans le courant, de manière que le courant lui entre par les pieds et lui sorte par la tête; *de plus, l'observateur doit regarder* l'aiguille; la gauche de l'observateur sera la gauche du courant.

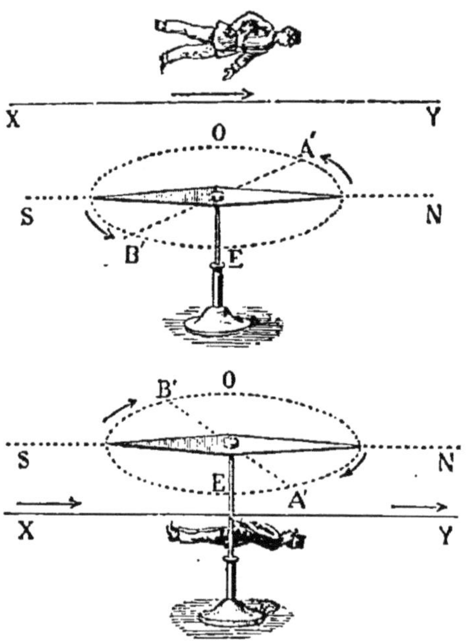

Fig. 157-158. — Expériences d'Œrsted. — Le pôle nord de l'aimant est toujours dévié *à la gauche* du courant XY. — La gauche du courant est la gauche d'un observateur couché dans le sens du courant et regardant l'aimant.

Ainsi, un courant XY (*fig.* 157) est placé *au-dessus* d'une aiguille aimantée NS, orientée du Nord au Sud et mobile autour du support E. Dès que le courant passe, l'aiguille tend à se mettre en croix avec le courant. L'observateur est supposé couché dans le courant et regarde l'aiguille par en dessus. Le courant lui entre par les pieds et lui sort par la tête, comme l'indique la flèche. Le pôle nord de l'aiguille reviendra en A', à la gauche de l'observateur, qui est la gauche du courant.

Plaçons maintenant le courant XY *au-dessous* de l'aiguille (*fig.* 158); l'observateur couché dans le courant regarde l'aiguille par en dessous. La gauche du courant sera encore déterminée par la gauche de l'observateur. Le pôle nord de l'aiguille viendra donc en A'.

Sans l'action de la terre, l'aiguille aimantée se mettrait rigoureusement *en croix* avec le courant, quelle que soit l'intensité de celui-ci ; mais la terre tend à ramener l'aiguille aimantée suivant la ligne NS (nord-sud). L'action de la terre et celle du courant sont remplacées par une action unique qui a pour effet de donner à l'aiguille une position finale A'B' faisant avec NS un angle d'autant plus grand que l'intensité du courant est plus grande. Cet angle s'appelle la *déviation* de l'aiguille.

176. Galvanomètre. — On a fondé sur l'expérience d'Œrsted des appareils destinés à mesurer l'intensité d'un courant électrique, et appelés **galvanomètres.** — Nous décrirons seulement le galvanomètre à une seule aiguille. Il se compose d'un cadre de bois DEFG (*fig.* 159)

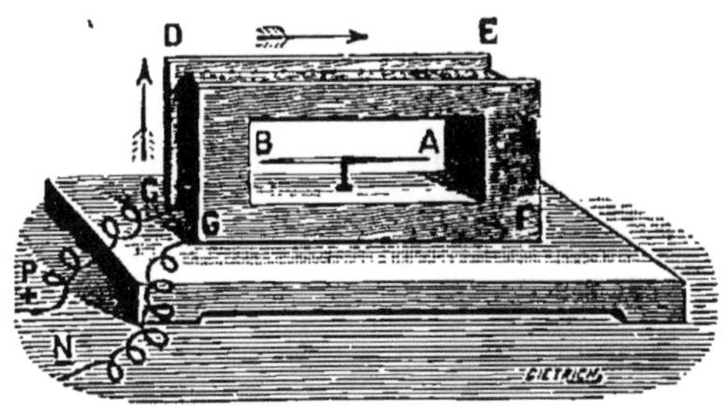

FIG. 159. — **Galvanomètre.** — DEFG, cadre de bois sur lequel est enroulé, un grand nombre de fois, un fil de cuivre recouvert de soie ; AB, aiguille aimantée placée au centre du cadre ; P, N, extrémités du fil enroulé sur le cadre. — On attache les extrémités P et N aux deux pôles d'une pile. De l'angle de déviation éprouvée par l'aiguille on déduit le sens et l'intensité du courant.

sur lequel on enroule un grand nombre de fois, et toujours dans le même sens, un fil de cuivre recouvert de soie pour isoler les tours de spire les uns des autres. Au centre du cadre est placée une aiguille aimantée AB, mobile autour d'un axe vertical.

Pour s'en servir, on commence par laisser l'aiguille s'orienter suivant la ligne Nord-Sud ; puis, on place le cadre de manière que les tours de spire du fil soient parallèles à l'aiguille aimantée. Alors on attache les fils P et N aux deux pôles d'une pile, et on lance le courant dans l'appareil. L'aiguille, après quelques oscillations, prend une certaine position d'équilibre, et on mesure la déviation qu'elle a subie. Du sens de la déviation on déduit le sens du courant d'après la règle d'Ampère (§ 175); de la grandeur de la déviation, on déduit l'intensité du courant à l'aide d'une table spéciale à l'instrument et graduée en *ampères*.

Dans les *ampères-mètres,* qui sont des galvanomètres industriels, l'aiguille se meut devant un cadran gradué en ampères; une simple lecture suffit alors pour indiquer l'intensité du courant.

Le **Volt-mètres** est un galvanomètre particulier faisant connaître en *volts* la différence de niveau électrique entre deux points d'un circuit parcouru par un courant.

177. Aimantation par les courants. — Si l'on enroule en hélice sur un tube de verre ou de bois (*fig.* 160)

Fig. 160. — **Aimantation par un courant.** — Un barreau d'acier NS est placé dans l'axe d un tube de verre sur lequel est enroulé un fil de cuivre traversé par un courant électrique. Le barreau NS s'aimante instantanément.

un fil de cuivre recouvert de soie, il suffit de faire passer un courant dans ce fil pour aimanter instantanément un barreau d'*acier* AB disposé suivant l'axe du tube.

Le barreau d'acier ainsi aimanté présente un pôle nord N, à la *gauche* du courant, et un pôle sud S, à la droite du courant. Nous rappellerons que la gauche et la droite d'un courant sont la gauche et la droite d'un observateur couché dans le sens du courant et regardant le barreau d'acier (§ 175).

Le barreau d'*acier*, une fois aimanté, *conservera indéfiniment* son aimantation. Si, au contraire, dans l'intérieur du tube, on place un barreau de *fer doux,* dès qu'un courant parcourt le fil, le barreau s'aimante fortement et reste aimanté tout le temps que le courant passe; mais *toute aimantation disparaît* aussitôt que le courant est interrompu.

Cette différence entre l'acier et le fer doux relativement à la *durée* de leur aimantation par un courant électrique explique la différence de leurs applications pratiques. En effet, l'aimantation de l'acier par un courant électrique est exclusivement employée pour obtenir des aimants *permanents* puissants. Au contraire, l'aimantation du fer doux par un courant électrique est exclusivement employée pour obtenir des aimants *temporaires* comme dans les *électro-aimants*, les *sonneries électriques*, les *télégraphes* et les *téléphones*.

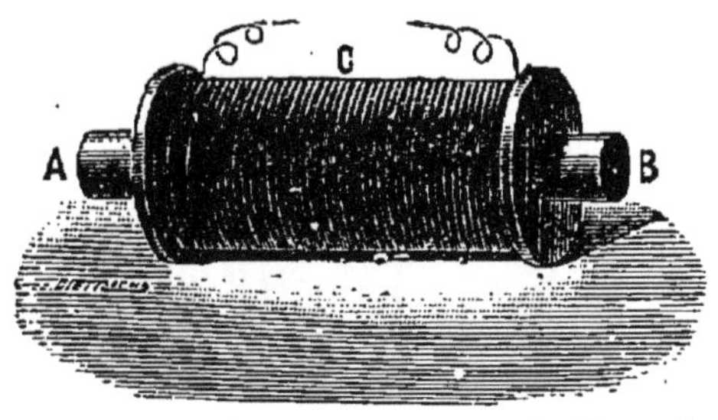

Fig. 161. — Électro-aimant. — AB, *Noyau* de fer doux; C, bobine de l'électro-aimant.

178. Électro-aimant.—Un électro-aimant est formé, comme dans l'exemple précédent, d'un barreau de *fer doux* ou *noyau* AB (*fig.* 161), entouré d'une bobine de bois ou de verre C portant un fil de cuivre, recouvert de soie, enroulé en hélices de même sens, superposées et isolées les unes des autres. Si on lance un courant dans les hélices, le fer doux prend instantanément son maximum d'aimantation, et revient à l'état neutre dès que le courant est interrompu.

Si l'électro-aimant est destiné à attirer une autre pièce de fer doux F (*fig.* 162), appelé *contact* ou *armature*, on augmente la puissance de l'électro-aimant en contournant le noyau en fer à cheval. En effet, dans la forme en fer à cheval, les *deux pôles* de l'électro-aimant exerceront leur action sur l'armature F, tandis que, si l'électro-aimant était rectiligne, l'armature F ne serait attirée que par *un seul* pôle.

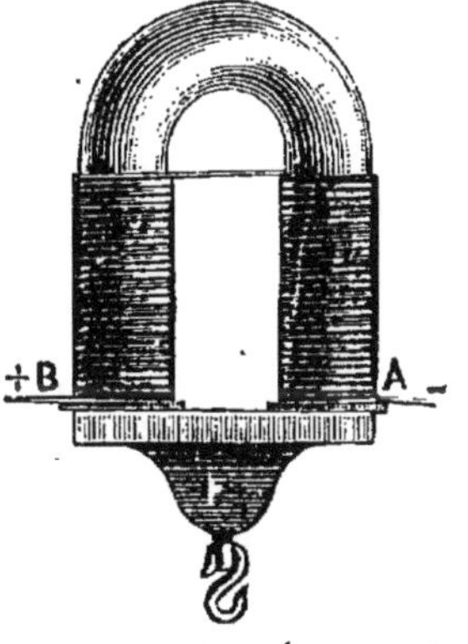

Fig. 162. — Électro-aimant en fer à cheval. — AB, électro-aimant; F, armature de fer doux.

179. Sonnerie électrique. — Une *sonnerie électrique* (*fig.* 163) se compose d'une planchette disposée verticalement, sur laquelle est fixé un électro-aimant E, dans lequel arrive, par une borne M, le courant d'une pile. De l'électro-aimant, le courant gagne une lame élastique d'acier C, qui porte l'armature A de l'électro-aimant. Le courant passe ensuite dans un butoir de laiton B, en contact avec l'armature A, et revient enfin à la pile par la borne N.

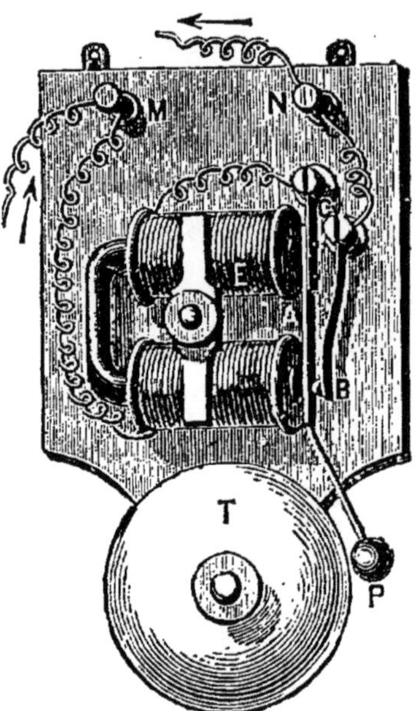

Fig. 163. — Sonnerie électrique. — E, électro-aimant ; A, Armature de fer doux ; B, butoir en cuivre ; M, N, bornes de communication avec la pile ; P, marteau ; T, timbre ; C, lame d'acier formant report.

Chaque fois que le courant passe dans l'électro-aimant, l'armature A est attirée et entraîne avec elle un marteau P, qui frappe un timbre T et le fait résonner. Or, au moment où l'armature est attirée par l'électro-aimant, le contact cesse entre l'armature A et le butoir B, ce qui interrompt le courant. Le circuit étant ainsi ouvert, l'électro-aimant devient inactif. Au même instant, la lame d'acier C ramenant, en vertu de son élasticité, l'armature en contact avec le butoir B, le courant passe de nouveau : l'armature, avec son marteau, est attirée par l'électro-aimant, et ainsi de suite.

Pour faire fonctionner la sonnerie à distance, on ménage dans l'un des points du circuit une interruption ; en ce point est placé un petit bouton, sur lequel on appuie avec le doigt quand on veut fermer le circuit et mettre la sonnerie en jeu.

180. Principe du télégraphe électrique. — Considérons un électro-aimant E (*fig.* 164) et une armature de fer doux A, maintenue par un ressort antagoniste R à une petite distance des pôles de l'électro-aimant. Relions l'une des extrémités F du fil de l'électro-aimant au pôle positif P d'une pile M et faisons communiquer l'autre fil F' avec le pôle négatif N de la même pile : plaçons un interrupteur I entre la pile et l'électro-aimant.

Lorsque le courant passe, l'armature A est attirée et s'avance malgré le ressort antagoniste. Si l'on vient à

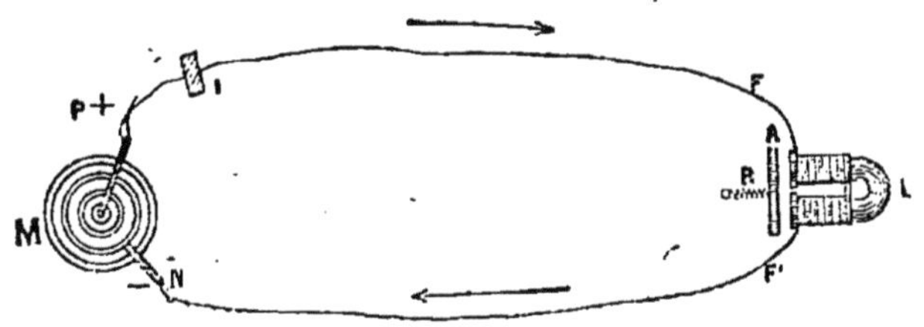

FIG. 164. — Télégraphe électrique. — E, électro-aimant ; A, armature en fer doux ; R, ressort antagoniste ; P,N, pôles de la pile M ; I, interrupteur.

rompre le courant en tournant l'interrupteur I, l'aimantation cesse et l'armature A, sollicitée par le ressort antagoniste, s'écarte de l'électro-aimant. Un nouveau passage du courant et une nouvelle interruption reproduiront les deux mêmes mouvements de l'armature A, à la volonté de l'opérateur. Il est donc facile d'imprimer un va-et-vient continu à une armature de fer doux placée à distance; et ces mouvements alternatifs, convenablement combinés en durée et en nombre, donneront naissance à une série de signaux conventionnels à l'aide desquels on pourra transmettre la pensée.

Supposons la pile M et l'interrupteur I placés à Paris et l'électro-aimant E situé à Marseille par exemple : le fil PF est le *fil de ligne;* le fil F'N est le *fil de retour.*

L'expérience montre que l'on peut supprimer le fil de retour en mettant en communication avec le sol, d'une part l'extrémité F' du fil de l'électro-aimant et d'autre part le pôle négatif N de la pile : *la terre sert alors de fil de retour;* il en résulte une économie et une diminution de résistance.

181. Organes divers d'un télégraphe électrique. — Les parties essentielles de tout télégraphe électrique sont :

1° La **pile**, qui engendre le courant;

2° Le **fil de ligne,** qui transmet le courant d'une station à l'autre;

3° Le **manipulateur,** qui règle les intermittences du courant à la station de départ;

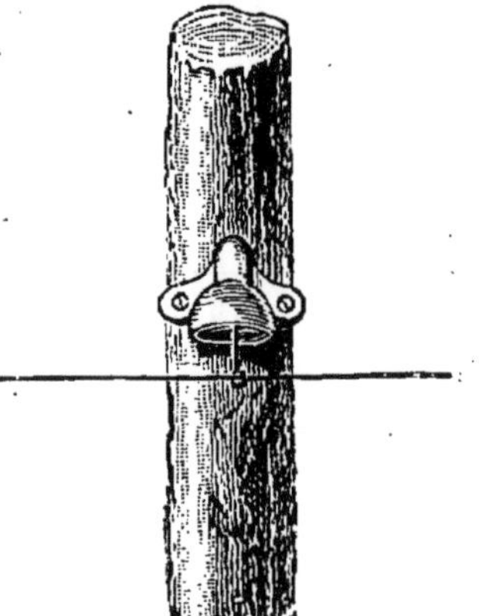

Fig. 165. — Poteau télégraphique. — Le fil est supporté par un support isolateur en porcelaine.

4° Le **récepteur,** qui enregistre les dépêches à la station d'arrivée.

Les *piles* employées dans la télégraphie sont principalement des piles à courant faible, mais constant, comme la pile Daniell. Quant au *manipulateur* et au *récepteur,* ils varient dans chaque système de télégraphe.

Le *fil de ligne* (*fig.* 165) est en fer galvanisé de 4 millimètres de diamètre; il est isolé sur des supports en porcelaine fixés sur des poteaux en sapin injecté.

Quand les fils doivent traverser une grande ville, on les entoure d'une couche de gutta-percha, et on les applique le long des voûtes des égouts, où il est facile de pénétrer pour visiter et réparer les fils. Lorsqu'on est obligé de placer

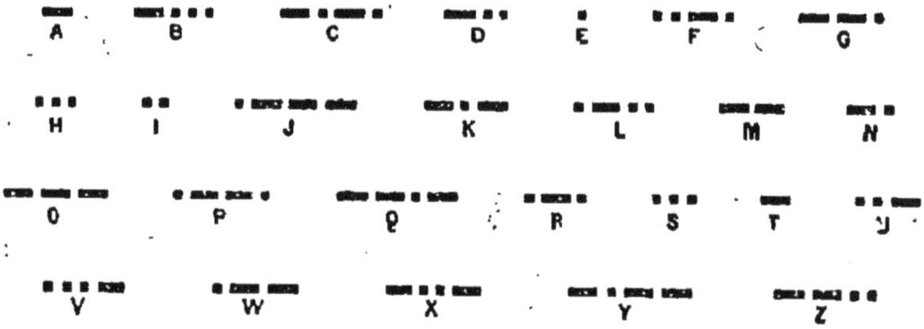

A B C D E F G
H I J K L M N
O P Q R S T U
V W X Y Z

Fig. 166. — Alphabet du télégraphe Morse.

es fils dans le sol même, on les protège en outre par une enveloppe métallique.

Le télégraphe le plus employé est le **télégraphe Morse** qui écrit lui-même la dépêche en signes conventionnels à l'aide de points et de traits (*fig.* 166).

Le **télégraphe Hughes** imprime la dépêche en caractères connus.

QUESTIONNAIRE. — **175.** Décrire l'expérience d'Œrsted. — Quelle est la règle d'Ampère? — Qu'appelle-t-on *gauche* du courant? — **176.** Décrire le galvanomètre et en faire connaître les usages. — Qu'est-ce qu'un ampère-mètres? — **177.** Comment, à l'aide d'un courant électrique, peut-on aimanter un barreau d'acier. — Quelle différence y a-t-il entre l'acier et le fer doux? — **178.** Qu'est-ce qu'un électro-aimant? — **180.** Faire connaître le principe du télégraphe électrique.

SUJETS DE RÉDACTION

Télégraphe électrique. — *Sommaire.* **1.** Aimantation par le courant. — **2**: Différence entre l'acier et le fer doux. — **3.** Électro-aimant. — **4.** Principe du télégraphe.

TROISIÈME ANNÉE

LIVRE X

NOTIONS SUR LES FORCES, LE TRAVAIL LES MACHINES SIMPLES ET LES PRINCIPAUX INSTRUMENTS D'OPTIQUE

Explications préparatoires.

Quelle idée vous faites-vous du travail? — Voyez un ouvrier maçon transportant des briques et montant sur une échelle pour apporter les briques à son compagnon occupé à édifier un mur. Évidemment, l'ouvrier aura d'autant plus de peine qu'il lui faudra porter les briques à une plus grande hauteur. On dit alors que le *travail* de l'ouvrier est d'autant plus grand qu'il doit élever les briques à une plus grande hauteur; de plus, si l'ouvrier monte les briques à 4 mètres de hauteur, il effectuera un travail quatre fois plus grand qui si les briques avaient été élevées à 1 mètre seulement. Le *travail* de l'ouvrier est donc *proportionnel* à la hauteur à laquelle il a élevé les briques.

D'autre part, si l'ouvrier monte 16 briques à 4 mètres de hauteur, son travail est évidemment deux fois plus grand que si l'ouvrier avait transporté 8 briques seulement. Donc *le travail* de l'ouvrier est *proportionnel* aussi au nombre de briques transportées et par suite au poids du fardeau qu'il élève.

Donc, le travail de l'ouvrier est proportionnel à la fois au *poids* du fardeau qu'il élève et à la *hauteur* à laquelle le fardeau est élevé.

Avez-vous quelques notions sur la transformation du travail en chaleur? — Nous avons lu, dans des relations de voyage, que les sauvages frottent deux morceaux de bois l'un contre l'autre pour faire du feu. Nous savons que la roue d'une voiture s'échauffe en frottant contre son essieu, si celui-ci est mal graissé. Quand on descend trop rapidement le long d'une corde de gymnastique, les mains s'échauffent et deviennent brûlantes. Dans ces différents cas, il y a transformation de travail en chaleur.

Qu'est-ce qu'un objectif? Qu'est-ce qu'un oculaire? — Vous avez tous eu entre les mains une longue-vue. Au gros bout de la longue-vue il y a une lentille; cette lentille, que l'on dirige vers l'*objet* à examiner, s'appelle l'*objectif*. Au petit bout de la longue-vue il y a aussi une lentille derrière laquelle vous mettez votre *œil;* cette lentille s'appelle un *oculaire*.

Quel est l'avantage présenté par une lunette astronomique? — Regardez la lune à l'œil nu; cet astre vous paraîtra à peu près grand comme le fond d'un chapeau. Observez le même astre avec une lunette astronomique, la lune vous semblera grande comme un grand plat rond. Vous pourrez alors apercevoir sur cette image de la lune des détails que vous n'y aperceviez pas à l'œil nu. On dit vulgairement que la lunette a rapproché la lune. *C'est anti-scientifique de parler ainsi;* la lune, vue à travers la lunette, est toujours à la même distance que quand elle est vue à l'œil nu; seulement comme à travers la lunette la lune nous apparaît avec plus de détails qu'à l'œil nu, il *nous semble* que la lune s'est rapprochée de nous.

CHAPITRE PREMIER

NOTIONS SUR LES FORCES, LE TRAVAIL, LES MACHINES SIMPLES ET LA TRANSFORMATION DE LA CHALEUR EN TRAVAIL

SOMMAIRE

1. On appelle **force** toute cause de mouvement ou de modification de mouvement.

2. *L'unité de force* est le **kilogramme.**

3. Les **machines simples** sont le *levier*, la *poulie* et le *treuil.*

4. Un **levier** est une barre rigide pouvant tourner autour d'un *point d'appui.* Au levier sont appliquées deux forces appelées, l'une, la *puissance*, et l'autre, la *résistance.*

5. Dans tout levier, la puissance et la résistance sont *inversement proportionnelles* aux bras de levier de chacune d'elles.

6. Dans la **poulie fixe,** la *puissance est égale à la résistance.*

7. Dans la **poulie mobile,** la puissance est la *moitié* de la résistance; en d'autres termes, pour la même résistance, la poulie mobile exige un effort qui est la moitié de l'effort exigé par une poulie fixe. Dans le *palan à six brins* pour faire équilibre à une résistance de 60 kilos, il suffira d'une puissance égale à 10 kilogrammes.

8. Dans le **treuil,** si le rayon de la manivelle est six fois plus grand que le rayon du cylindre, une résistance quelconque n'exigera qu'une puissance six fois moindre.

9. *L'unité de travail* est le **kilogrammètre,** correspondant à l'élévation de 1 kilo à 1 mètre de hauteur.

10. *L'unité de puissance* est le **cheval-vapeur,** valant 75 kilogrammètres *par seconde.*

11. Le travail est dit *moteur* quand la force est dirigée dans le sens du déplacement. Il est dit *résistant* quand la force est dirigée en sens contraire du mouvement de son point d'application.

12. Dans toute machine à marche uniforme *le travail moteur est égal au travail résistant.*

13. Le *travail résistant* se compose *du travail utile* et du *travail passif* ou *perdu.*

14. Le travail *utile* est toujours *inférieur* au travail *moteur.*

182. Mouvement et force. — Nous savons déjà (§ 9) que, pour mettre un corps en mouvement, il faut exercer sur ce corps une action extérieure que l'on appelle une **force motrice**; de même, si l'on veut s'opposer au mouvement d'un corps, il faut exercer sur ce corps une action extérieure que l'on appelle une **force résistante.**

Généralement un corps est soumis à un ensemble de forces, les unes motrices, les autres résistantes. Lorsque le corps reste en repos sous l'action de ces forces, on dit que ces forces *se font équilibre* ou que le corps *est en équilibre.* Comme exemple de ce cas, nous pouvons citer les différentes machines simples, qui sont les *leviers,* la *poulie* et le *treuil.*

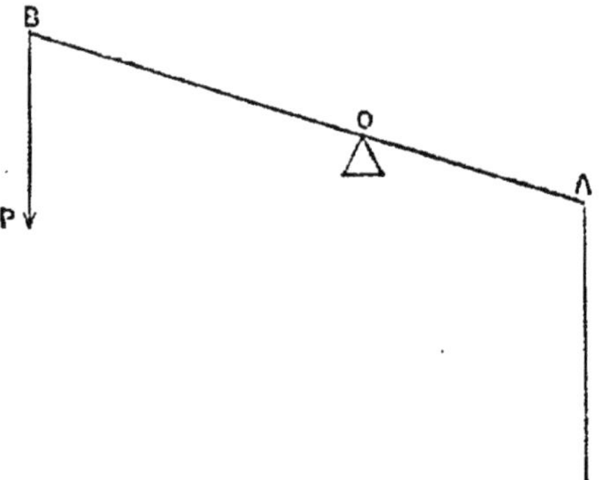

FIG. 167. — **Levier.** — BA, barre rigide pouvant tourner autour du point O ; P, *puissance* appliquée en B ; R, *résistance* appliquée en A ; OB, bras de levier de la puissance ; OA, bras de levier de la résistance.

183. Levier. — Un **levier** est une barre rigide BA (*fig.* 167), mobile autour d'un point fixe O appelé *point d'appui,* et sollicitée par deux forces P et R, tendant à le faire mouvoir en sens contraire.

L'une des deux forces s'appelle la *puissance* et l'autre la *résistance.*

Supposons que l'on veuille tenir en équilibre une pierre M (*fig.* 168). On introduira une barre de fer sous la pierre en A ; on fera reposer cette barre sur un caillou C qui servira de point d'appui, et on exercera avec la main une pesée sur l'extrémité B de la barre.

La barre AB est un levier; le point d'appui est C; la *résistance* appliquée en A est le poids de la pierre; la *puissance* est l'effort musculaire appliqué en B.

Dans ce levier, le point d'appui C est situé *entre* le point d'application B de la puissance et le point d'application A de la résistance : c'est *un levier du premier genre.*

Fig. 168. — **Levier du premier genre.** — Un ouvrier soulève une grosse pierre à l'aide de ce levier, en ne dépensant qu'un effort musculaire relativement faible.

La puissance et la résistance sont deux forces parallèles et de même sens appliquées aux extrémités de la droite AB (*fig.* 167). Il y a *équilibre* lorsque

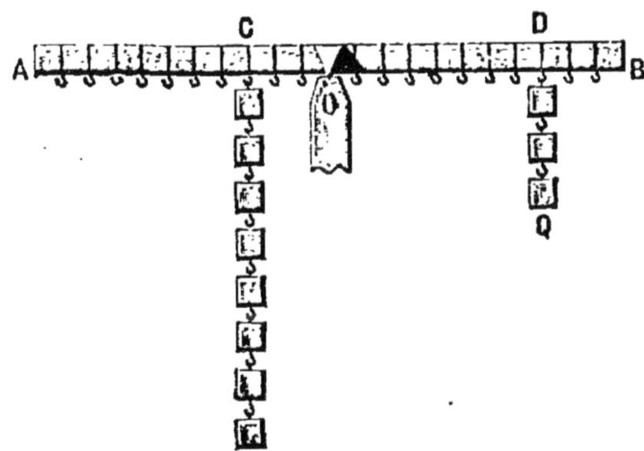

Fig. 169. — **Levier arithmétique.**

la puissance et la résistance sont inversement proportionnelles à leurs bras de levier OB et OA.

$$\frac{P}{R} = \frac{OA}{OB}.$$

184. Vérification expérimentale. — On se sert du levier arithmétique (*fig.* 169). Une barre rigide rectiligne AB est mobile autour d'un axe horizontal, formé par l'arête O d'un couteau triangulaire en acier passant par le centre de gravité de la barre.

Les deux moitiés de la barre AB sont divisées à partir du point de suspension O en un même nombre de parties égales, et on peut, en chaque point, accrocher un poids.

Si du côté de AO, au troisième point de division C, on suspend huit poids égaux, et que, du côté de OB, au huitième point de division D, on suspende trois poids égaux aux précédents, on voit *qu'il y a équilibre.*

185. Application du levier du premier genre. — Un ouvrier veut maintenir en équilibre une lourde pierre

Fig. 170. — Romaine. — La romaine est une application du levier du *premier genre.* Le corps à peser est placé en Q. On fait glisser le poids P jusqu'à ce que le levier AB soit horizontal. La division à laquelle s'arrête l'anneau M donne le poids du corps.

avec un levier. Il suffira que le bras de levier de la puissance soit 10 fois plus grand que celui de la résistance, pour qu'un effort musculaire de 10 kilogr. fasse équilibre à une pierre de 100 kilogr. Nous trouvons une application du levier du premier genre dans la balance ordinaire (§ 81) et dans la romaine.

186. Romaine. — La **romaine** se compose d'un levier en fer AB (*fig.* 170), dont les bras OA et OB sont inégaux. Un couteau O repose par son arête inférieure sur une chape munie d'un anneau que l'on tient à la main. Le levier est mobile autour de l'arête du couteau. En A est suspendu un plateau Q, destiné à recevoir les corps à peser; un poids constant P est porté par un anneau M qui peut glisser le long du bras du levier OB.

Le bras de levier OB est gradué de la manière suivante :

Le plateau étant vide, on place le poids P dans une position telle que le levier soit horizontal : on marque zéro en ce point. On place ensuite dans le plateau des poids marqués 1 kil., 2 kil., 3 kil., etc., et on détermine les positions correspondantes du poids P pour lesquelles le levier est encore horizontal; on marque 1, 2, 3..... en ces points; puis, on divise les intervalles successifs en dix parties égales.

Pour peser un corps, on le place dans le plateau Q; puis, on fait glisser le poids P jusqu'à ce que le levier soit horizontal. La division sur laquelle est placé l'anneau M fait connaître le poids du corps.

187. Leviers du second et du troisième genre. — Dans le *levier du second genre* (*fig.* 171), le *point d'appui* B est à l'une des extrémités du levier, la *puissance* P est à l'autre extrémité A, et la *résistance* R est au point C, entre A et B.

La puissance et la résistance sont ici deux forces parallèles et de *sens contraires*.

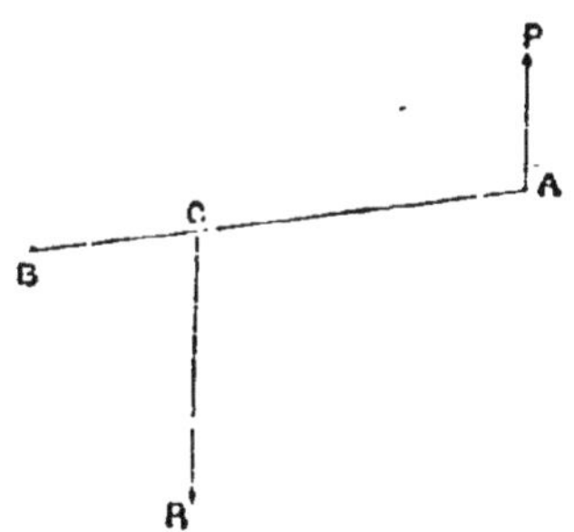

FIG. 171. — **Levier du second genre.** — B, point d'appui; P, puissance; R, résistance. — Avec une puissance faible on fait équilibre à une grande résistance.

Comme le bras de levier BA de la puissance est plus grand que le bras de levier BC de la résistance, on pourra, avec une puissance faible, faire équilibre à une résistance considérable.

La **brouette** est un exemple de levier du second genre (*fig.* 172); le casse-noisette en est un autre. Les avirons d'un bateau sont aussi des leviers du second genre.

Dans le *levier du troisième genre* (*fig.* 173), la résistance R est en A, la puissance P est en C, et le point d'appui est en B.

Ce levier favorise la résistance; il ne paraît pas avanta-

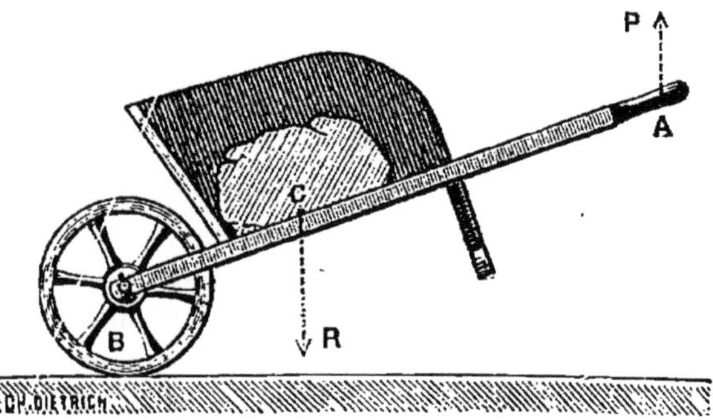

Fig. 172. — **Brouette** (levier du *second genre*). — Le point d'appui est l'axe B de la roue; la résistance R est le poids du fardeau à transporter; la puissance P est l'effort musculaire exercé à l'extrémité des bras de la brouette. Si B est le *tiers* de BA, il faudra développer un effort musculaire égal au tiers du fardeau.

geux, parce que la puissance doit être plus grande que la résistance; nous verrons plus tard (§ 191) quelle peut être son utilité.

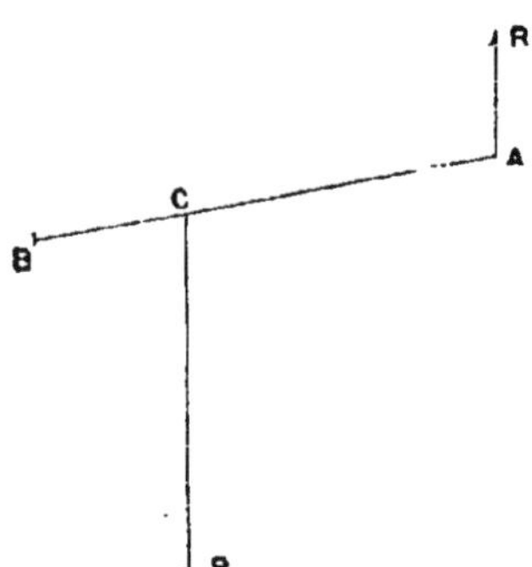

Fig. 173. — **Levier du troisième genre.** — B, point d'appui; P, puissance; R, résistance. — Pour faire équilibre à une faible résistance, il faut exercer une puissance considérable.

On trouve un exemple du levier du troisième genre dans la pédale du rémouleur (*fig.* 174) et dans les mouvements de l'avant-bras.

188. Poulie. — Une poulie (*fig.* 175) est formée d'un disque de bois ou de métal, présentant sur sa tranche une rainure G appelée *gorge*, sur laquelle passe une corde ou une chaîne. La poulie est traversée en son centre par un axe AB en métal, dont les extrémités A et B sont appelées **tourillons**.

1° *Poulie fixe.* — La **poulie fixe** (*fig.* 176) est supportée par une ferrure C, appelée *chape*, que l'on suspend à un support fixe D. Sur la poulie passe une corde dont les brins A et B sont parallèles. Au brin A est attaché un poids, qui représentera la résistance R; au brin B sera appliquée la traction de la main, représentant la puissance P.

FIG. 174. — **Pédale du rémouleur** (levier du *troisième genre*). A, point d'appui; la puissance est appliquée en C et la résistance en B.

La poulie fixe est adoptée pour tirer de l'eau d'un puits, pour élever un fardeau à un étage supérieur.

Dans la poulie fixe, l'effort à exercer est *égal* au poids de l'objet à soulever. Il semble alors qu'il n'y a aucun avantage à se servir d'une poulie : il y en a un cependant qui consiste à tirer sur l'objet de haut en bas, ce qui est moins fatigant que de soulever directement l'objet avec la main de bas en haut.

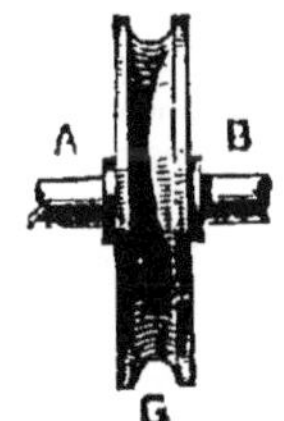

FIG. 175. — **Poulie.** — G, gorge de la poulie; A, B, tourillons.

2° *Poulie mobile.* — La **poulie mobile** (*fig.* 177) repose sur une corde passant sous sa gorge; la chape pend en dessous et supporte le poids à soulever. Une des extrémités de la corde est attachée à un point fixe C; à l'autre extrémité de la corde est appliquée l'action musculaire du bras. Les deux brins de la corde sont *parallèles*.

Dans ces conditions, l'effort à exercer est égal à la *moitié* du poids du corps à soulever.

3° *Moufle.* — On appelle **moufle** la réunion de plusieurs poulies montées sur une même chape. Deux moufles reliées par une corde forment un **palan**; la figure 178 représente un palan à 6 *brins;* dans ce cas, l'effort de traction sera égal au *sixième* du poids du fardeau. Si le palan n'avait que 4 brins, l'effort de traction serait le *quart* du poids du fardeau.

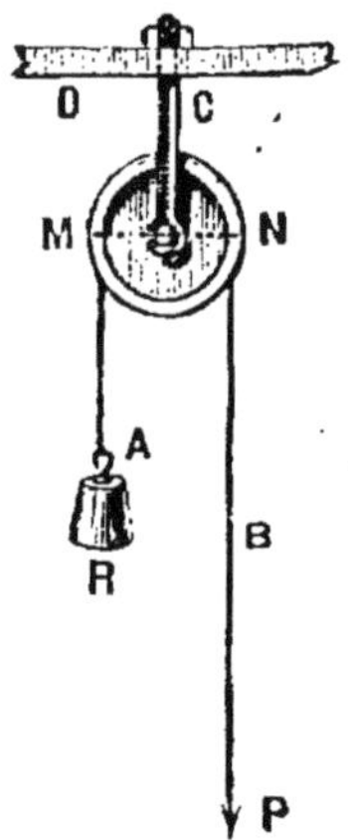

Fig. 176.— **Poulie fixe.** — C, chape; D, support; R, résistance; P, puissance. Dans la poulie fixe, la puissance est égale à la résistance.

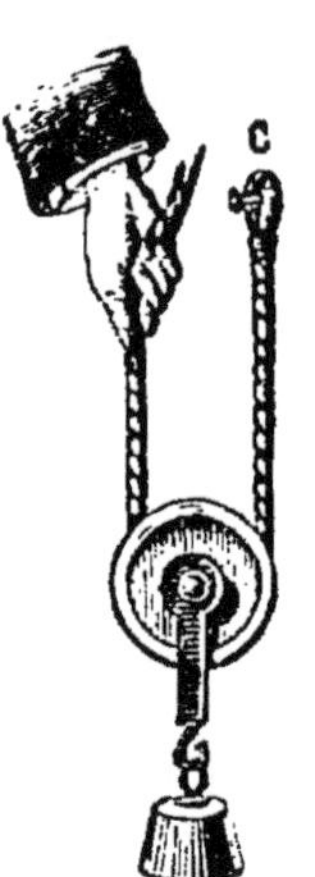

Fig. 177.— **Poulie mobile.** — La puissance, c'est-à-dire l'effort à exercer, est égale à la moitié du poids du corps résistant; l'autre moitié du poids est supportée par le point fixe C.

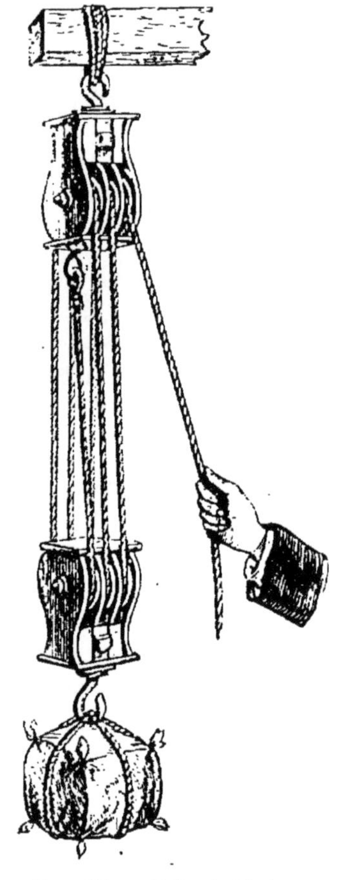

Fig. 178. — **Palan à 6 brins.** — La puissance, c'est-à-dire l'effort à exercer, est le *sixième* du poids du fardeau.

189. Treuil. — Un *treuil* (*fig.* 179) se compose d'un cylindre en bois C, sur lequel est enroulée une corde B. A cette corde est appliqué le poids Q que l'on veut soulever. Le cylindre C repose par deux *tourillons tt* sur deux supports concaves AA, appelés *coussinets*. Le cylindre porte une grande manivelle M en bois ou en fer, à laquelle est appliquée la *puissance*. Pour l'équilibre, il faut que *la puissance soit au poids à soulever comme le rayon du cylindre est au rayon de la manivelle*. Donc, avec une manivelle dont le rayon est égal à 10 fois celui du cylindre, on pourra faire équilibre à un poids de 100 kilogrammes, en appliquant à la manivelle une puissance égale à 10 kilogrammes seulement.

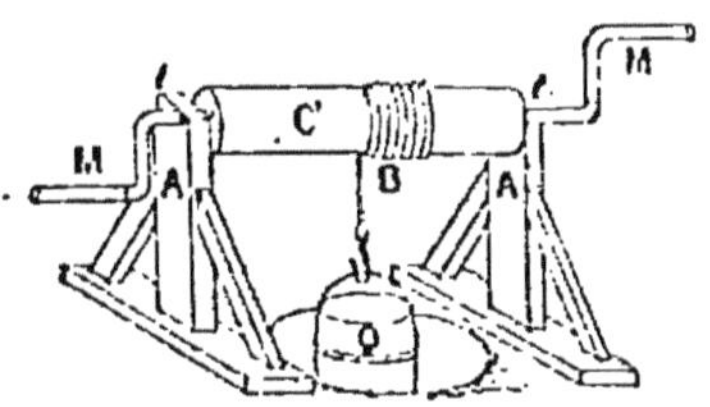

Fig. 179. — **Treuil.** — C' cylindre sur lequel est enroulée une corde B; Q, poids à soulever; M, manivelle. — Si le rayon de la manivelle est le double du rayon du cylindre, l'effort à exercer est la moitié du poids à soulever.

Prenons comme exemple le *treuil des carriers* (*fig.* 180). La manivelle du treuil ordinaire est remplacée par une grande roue munie d'échelons horizontaux. Un homme gravit ces échelons et, par son poids, met la roue en mouvement. Si le rayon de la roue est vingt fois plus grand que le rayon du cylindre, un homme pesant 70 kilogrammes fera monter une pierre de taille pesant 70 × 20 ou 1400 kilogrammes.

Fig. 180. — **Treuil des carriers.** — Un homme gravit les échelons de la roue et, par son poids, fait monter une pierre de taille.

190. Travail d'une force constante. — Toute machine en repos ne produit rien. Pour qu'une force ait un effet utile, il faut qu'elle fasse éprouver au corps auquel elle est appliquée un certain déplacement: on dit alors que la force *travaille*. Le travail d'une force dépend évidemment de l'intensité de la force et du déplacement subi par le corps. Supposons que l'on veuille élever verticalement un fardeau; l'ouvrier chargé de le transporter aura d'autant plus de peine que le fardeau sera plus pesant et que la hauteur à laquelle le fardeau est élevé sera plus grande; aussi l'ouvrier sera-t-il d'autant plus rémunéré que le fardeau sera plus lourd et qu'il faudra l'élever plus haut. Si on élève un poids de 1 kilogramme à 1 mètre de hauteur, on effectuera un certain travail; si on élève un poids de 2, 3, 4 kilogrammes à 1 mètre de hauteur, on effectuera un travail double, triple, quadruple du travail précédent. De même, si on élève un poids de 1 kilogramme à 2, 3, 4 mètres de hauteur, le travail effectué sera double, triple, quadruple du travail primitif.

En un mot, le travail de l'ouvrier sera proportionnel au poids du fardeau et à la hauteur à laquelle celui-ci a été élevé.

Prenons pour *unité de travail* le travail nécessaire pour élever à 1 mètre de hauteur un poids de 1 kilogramme, et donnons à cette unité de travail le nom de **kilogrammètre.** Pour élever un poids de 5 kilogrammes à 6 mètres de hauteur, il faut effectuer un travail de 5×6 ou 30 kilogrammètres.

Or, quand une force constante agit sur un corps, elle le déplace, et au déplacement du corps correspond un travail accompli par la force. Si le corps se déplace dans la direction de la force, comme un wagon traîné par une locomotive, par exemple, le travail de la force s'obtient, par définition, en multipliant le nombre des kilos représentant la force par le nombre des mètres représentant le déplacement du corps.

Si la force est perpendiculaire à la direction du déplacement, le travail correspondant à l'action de la force est nul.

Exemple. — Supposons qu'on veuille faire mouvoir un wagon à l'aide d'un cheval, et qu'au lieu d'atteler le cheval dans le sens de la voie, on attelle le cheval *perpendiculairement* à la voie, le wagon restera immobile malgré les efforts du cheval. On dit alors que le travail effectué par le cheval est nul.

On voit que le travail est complètement indépendant du *temps* employé par le corps pour effectuer son déplacement;

c'est exactement comme quand un ouvrier travaille à ses **pièces**; le salaire de l'ouvrier dépend du travail effectué, quel que soit le temps qu'a duré le travail.

Dans l'industrie, pour les machines, il faut tenir compte du temps. On prend alors pour unité de *puissance* le **cheval-vapeur**, correspondant à un travail de 75 kilogrammètres effectué en **une seconde** (ou à un travail nécessaire pour élever 75 kilogrammes à la hauteur d'**un** mètre en **une** seconde); il équivaut à peu près à la puissance de 3 chevaux de trait ou de 7 hommes.

191. Travail dans les machines simples. — Parmi les forces qui agissent sur une machine, les unes, appelées **forces motrices**, mettent la machine en mouvement; les autres, appelées **forces résistantes**, s'opposent au mouvement de la machine. Le travail effectué par les forces motrices est appelé **travail moteur**; le travail effectué par les forces résistantes est appelé **travail résistant**.

1er Exemple. — On veut arrêter un train de chemin de fer en marche : à cet effet, on serre le frein. Le travail de la locomotive est un *travail moteur;* le travail du frein est un *travail résistant*.

Principe. — **Le travail moteur** ***est égal*** **au travail résistant.** — Vérifions ce principe dans les machines simples.

1° Travail dans la poulie fixe. — Dans la poulie fixe, si le fardeau à soulever s'élève à 2 mètres, la puissance, c'est-à-dire la main qui tire sur la corde, s'est aussi abaissée de 2 mètres; et, comme la puissance est égale à la résistance, **le travail moteur est égal au travail résistant.**

2° Travail dans la poulie mobile. — Dans la poulie mobile, la puissance est la moitié de la résistance, si les brins sont parallèles. Le déplacement de la puissance, c'est-à-dire de la main qui tire la corde, est égal au double du déplacement de la résistance, qui est le poids à soulever; **le travail moteur est égal au travail résistant.**

Dans le palan à 6 brins, si le fardeau monte de 10 centimètres, il a fallu tirer 10×6 ou 60 centimètres de corde; d'autre part, grâce au palan, la puissance n'a besoin d'être que le $\frac{1}{6}$ de la résistance; ici encore, **le travail moteur est égal au travail résistant.**

3° Travail dans les leviers. — Prenons pour exemple le levier du troisième genre (*fig.* 181), qui correspond à la pédale du rémouleur. Le point d'appui est en B; la puissance P, qui correspond à l'action du pied du rémouleur, a son point d'application en C; la résistance R, qui correspond à la meule, a son point d'application en A.

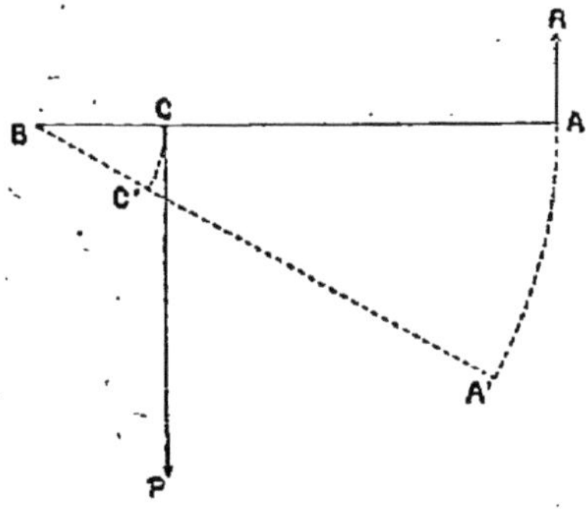

Fig. 181. — **Travail dans le levier du troisième genre.** — Le travail moteur est égal au travail résistant.

Supposons que le bras du levier BC de la puissance P soit le *quart* du bras de levier BA de la résistance R. Si la puissance se déplace de C en C′ de 1 centimètre, par exemple, la résistance se déplacera de A en A′, de 4 centimètres. Mais, d'autre part, la puissance sera quatre fois plus grande que la résistance. Donc **le travail moteur est encore égal au travail résistant.**

L'avantage du levier du troisième genre est de donner à la résistance un *grand* déplacement pour un *faible* déplacement de la puissance.

En résumé, dans toute machine simple, **le travail moteur est égal au travail résistant.** La considération des machines précédentes montre que : **ce qu'on gagne en force, on le perd en déplacement, et réciproquement.**

Avec une quantité de travail donnée, on pourra vaincre une résistance considérable en donnant à cette résistance un très petit déplacement; au contraire, on pourra encore faire parcourir un chemin très long à une résistance faible.

192. Travail passif et travail utile. — Supposons qu'il s'agisse de déplacer de 20 mètres une pierre de taille et que le travail correspondant à ce déplacement soit égal à 1200 kilogrammètres, sur un plan de marbre parfaitement poli. Si, au contraire, la pierre de taille est placée sur un sol rugueux, nous constaterons expérimentalement que le travail moteur doit être *supérieur* à 1200 kilogrammètres. Pourquoi cette différence? C'est qu'il faut tenir compte du frottement de la pierre sur le sol ; ce frottement doit compter comme force résistante, on dit que c'est une **résistance passive,** et le travail correspondant est appelé **travail passif** ou **travail perdu,** tandis que le travail correspondant au déplacement de la pierre est appelé **travail utile.**

Le *travail résistant* se compose donc du *travail utile* et du *travail passif.*

On aura donc : **Travail moteur = travail utile + travail passif.**

Il en sera ainsi dans toute machine quelconque.

On appelle *rendement d'une machine* le rapport entre le travail utile et le travail moteur; le rendement d'une machine ne dépasse guère 0,7 ; il est presque toujours inférieur à cette limite. Par exemple, une machine à battre le grain.

Il résulte de là que le *mouvement perpétuel est impossible,* car, si perfectionnée que soit une machine, son travail *utile* est toujours inférieur au travail *moteur* à cause du travail passif ou perdu occasionné par les résistances passives de la machine.

Pour que le rendement d'une machine soit le plus grand possible, il faut utiliser au mieux le travail des moteurs en évitant les chocs, les changements brusques de vitesse et en diminuant le plus possible les résistances passives. On arrive à ce dernier résultat en graissant les différentes pièces de la machine pour diminuer le frottement.

193. Principales sources de chaleur. — Pendant de longues années, on n'a eu que des notions très vagues sur les circonstances dans lesquelles la chaleur prend naissance.

On savait que la chaleur nous vient directement du soleil, que les combustions opérées dans nos foyers produisaient de la chaleur et que, par le frottement, les corps deviennent chauds.

Un projectile arrêté brusquement dans sa course s'échauffe beaucoup; d'où vient cette chaleur? Elle provient d'une perte brusque de travail déterminée par l'arrêt du projectile : ce travail perdu se transforme en chaleur.

Une roue de voiture qui frotte contre son essieu mal graissé, échauffe l'essieu au point de le faire devenir brûlant. Le travail *perdu* correspondant au frottement se transforme en chaleur.

Dans chacune de ces circonstances, *le travail mécanique a été transformé en chaleur.*

Inversement, *à toute dépense de chaleur correspond la production d'une certaine quantité de travail.*

194. Transformation de la chaleur en travail. — *Toute création apparente de travail est accompagnée d'une dépense de chaleur.* Nous en avons trouvé un exemple dans la machine à vapeur.

Réciproquement, *toute disparition d'énergie est accompagnée d'une production de chaleur.*

Joule a montré que la dépense de **1 calorie** produit **425 kilogrammètres** de travail. Le nombre 425 est appelé **l'équivalent mécanique de la chaleur.**

On appelle *coefficient économique réel* ou *rendement* d'une machine, le rapport entre le travail utile de la machine et le travail total correspondant à la chaleur dégagée par la combustion du combustible employé.

Dans les meilleures machines, le rendement ne dépasse guère 0,125.

Le rendement est d'autant plus grand que la machine fonctionne à une température plus élevée; mais alors, comme la force élastique de la vapeur croît très rapidement avec la température, il ne faut pas dépasser certaines limites, si l'on veut éviter de construire une machine dangereuse pour la sécurité [1].

QUESTIONNAIRE. — **182**. Qu'appelle-t-on machine simple? — **183**. Donner la théorie du levier. — Quelle est la condition d'équilibre d'un levier? — **187**. A quel genre de levier appartient la brouette? — Donner un exemple d'un levier du troisième genre. — **188**. Décrire la poulie fixe. — Décrire la poulie mobile et le palan. — **189**. Qu'est-ce qu'un treuil? — Quelle est la condition d'équilibre du treuil? — **190**. Quelle est l'unité de travail adoptée en mécanique? — Qu'est-ce qu'un kilogrammètre? — Qu'est-ce qu'un cheval-vapeur? — **191**. Dans toute machine, le travail moteur est égal au travail résistant : comment vérifie-t-on ce principe pour les machines simples? — **192**. Qu'appelle-t-on travail utile d'une machine? — Qu'appelle-t-on travail passif? — Qu'appelle-t-on rendement d'une machine? — **193**. Parler du travail comme forme de chaleur et de la chaleur comme production de travail. — **194**. Quel est l'équivalent mécanique de la chaleur?

1. Voir *Traité de Physique pour les Écoles normales primaires*, page 500.

SUJETS DE RÉDACTION

Leviers. — *Sommaire.* **1.** Levier en général. — **2.** Puissance et résistance. — **3.** Bras de levier. — **4.** Condition d'équilibre d'un levier. — **5.** Leviers des différents genres.

Poulies et treuil. — *Sommaire.* **1.** Poulie fixe. — **2.** Condition d'équilibre de la poulie fixe. — **3.** Poulie mobile. — **4.** Équilibre de la poulie mobile. — **5.** Treuil. — **6.** Équilibre du treuil.

CHAPITRE II

PRINCIPAUX INSTRUMENTS D'OPTIQUE

SOMMAIRE

1. Les **besicles** ou **lunettes ordinaires** servent à corriger les défauts de la vue.

2. La **loupe** et le **microscope** servent à grossir les petits objets.

3. La **lunette astronomique** sert à apercevoir les détails des astres ou à augmenter la clarté des étoiles.

195. Besicles ou **lunettes ordinaires.** — Les **besicles** sont des lentilles que l'on place devant l'œil pour porter remède aux défauts de la vue.

Un œil est *normal* lorsqu'il voit distinctement tous les objets situés à une distance de lui supérieure à 15 centimètres.

Un œil *myope* est celui qui ne peut apercevoir les objets *éloignés :* en plaçant une *lentille divergente* devant un œil myope, la lentille remplace l'objet B par son image B′ (*fig.* 46, page 52), qui est alors assez rapprochée de l'œil pour être vue.

Chez les vieillards, l'œil est *presbyte*, c'est-à-dire qu'il ne voit pas nettement les objets *rapprochés :* en plaçant devant l'œil une *lentille convergente* (*fig.* 44, page 51), on remplacera l'objet rapproché B par son image B′ assez éloignée de l'œil pour être vue distinctement.

196. Loupe. — Si nous plaçons notre œil contre une lentille convergente (*fig.* 44) et si nous plaçons un petit objet B entre la lentille et son foyer F, l'œil croira apercevoir B′ et non pas B; par conséquent, comme B′ est plus grand que B, il nous semblera que le petit objet B a augmenté de dimensions. On dit alors que la lentille a *grossi* le petit objet; dans ces conditions, la lentille convergente prend le nom de **loupe.**

197. Microscope. — **Le microscope** est un instrument destiné à grossir les petits objets.

Le microscope est formé de deux lentilles convergentes LL′ et MM′ (*fig.* 182) ayant même axe principal OO′. La lentille LL′ est appelée l'*objectif* de l'instrument; l'autre MM′ est appelée l'*oculaire*. On place devant l'objectif LL′ l'objet AB à examiner, de manière que l'on obtienne une image A′B′ réelle, renversée et plus grande que l'objet. L'oculaire MM′ est placé de manière à remplir l'office de loupe par rapport à A′B′, c'est-à-dire que A′B′ doit se former entre l'oculaire MM′ et son foyer *f;* on obtient alors une image finale A″B″, virtuelle, plus grande que A′B′ et renversée par rapport à AB. L'œil, placé contre l'oculaire MM′, verra A″B″, au lieu de voir AB; et, comme A″B″ est plus grand que AB, il y a eu grossissement du petit objet. Il y a eu deux grossissements consécutifs; si A′B′ est 6 fois plus grand que AB et si A″B″ est 12 fois plus grand que

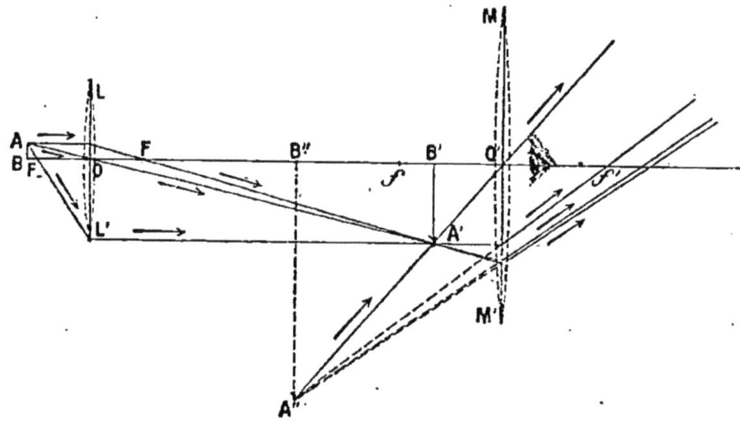

Fig. 182. — L'œil, placé contre l'oculaire MM′ croit apercevoir l'image renversée A′B′ au lieu du petit objet AB.

A'B', on voit que A''B'' sera 3 × 12 ou 36 fois plus grand que AB.

La figure 183 montre un microscope qui va fonctionner; l'objet est placé sur le porte-objet P et éclairé fortement par un miroir concave M, recevant la lumière d'une lampe ou du ciel. On met l'instrument au point à l'aide de la vis V qui éloigne plus ou moins le tube NN' du porte-objet.

198. Lunette astronomique. — La **lunette astronomique** est destinée à l'observation des astres. Elle permet

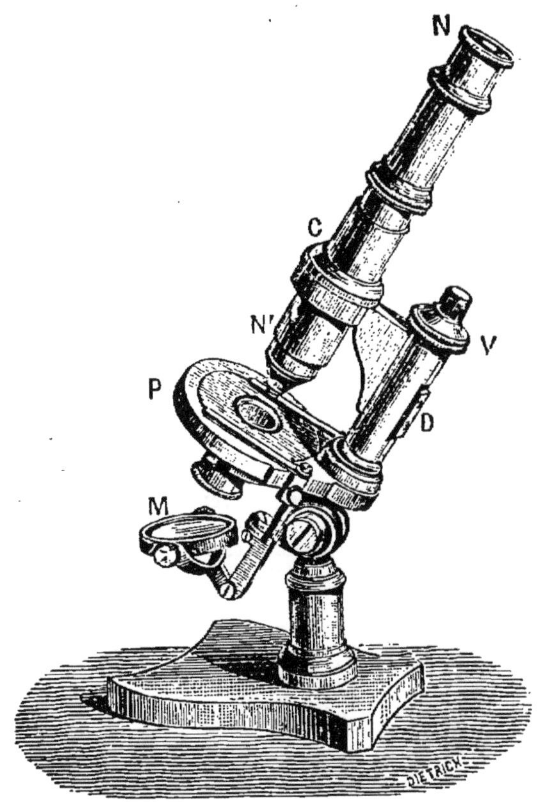

FIG. 183. — **Microscope.** — N', objectif; N, oculaire; P, porte-objet; M miroir concave pour éclairer fortement l'objet; V, vis de mise au point.

d'apercevoir sur le soleil, la lune et les planètes, des détails qu'on n'apercevrait pas à l'œil nu. Pour les étoiles, la lunette ne fait qu'augmenter leur éclat.

La **lunette astronomique** se compose d'un *objectif convergent* LL′ (*fig.* 184) à large surface, et d'un *oculaire convergent* MM′, ayant même axe principal OO′, et montés aux deux extrémités d'un tube de métal AB (*fig.* 185) disposé de manière que l'on puisse, à volonté, faire varier la distance des deux lentilles.

Soit LL′ l'objectif (*fig.* 184); supposons que son axe principal OO′, indéfiniment prolongé, passe par l'un des bords du soleil; l'image du soleil se formera réelle et renversée en A′B′. L'oculaire MM′ sera placé de manière

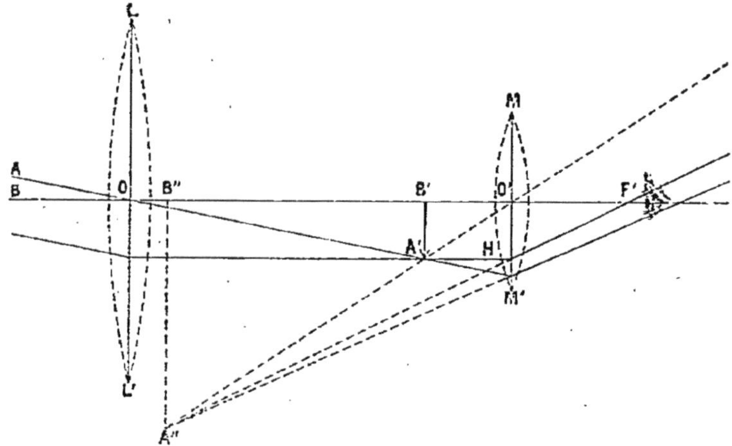

Fig. 184. — **Lunette astronomique.** — L'objectif LL′ donne de l'astre une image renversée A′B′, située au foyer de l'objectif. L'oculaire MM′ donne de A′B′ une image virtuelle A″B″ observée par l'œil de l'observateur placé en F′.

à jouer le rôle de *loupe* par rapport à A′B′. L'œil, placé au foyer F′ de l'oculaire, croira apercevoir une image virtuelle A″B″ du soleil, droite par rapport à A′B′ et renversée par rapport à l'astre; l'astre sera donc vu sous l'angle A″F′B″, tandis qu'à l'œil nu on le verrait sous l'angle AOB. La figure montre que l'angle A″F′B″ est plus grand que l'angle AOB; on pourra alors apercevoir, à l'aide de la lunette, des détails que l'on n'apercevait pas à l'œil nu.

Les deux lentilles sont fixées aux deux extrémités d'un même tube AB (*fig.* 185); un tube à coulisse E permet, à l'aide d'une crémaillère r, d'éloigner ou d'approcher l'oculaire de l'objectif, pour mettre la lunette au point, suivant la vue de l'observateur. Pour un œil normal ou presbyte, on donne au tube E son plus grand tirage ; pour un œil myope, il faut enfoncer plus ou moins l'oculaire suivant la vue de l'observateur.

Pour l'observation des objets terrestres, on interpose entre l'objectif et l'oculaire un système de lentilles destiné à redresser les images.

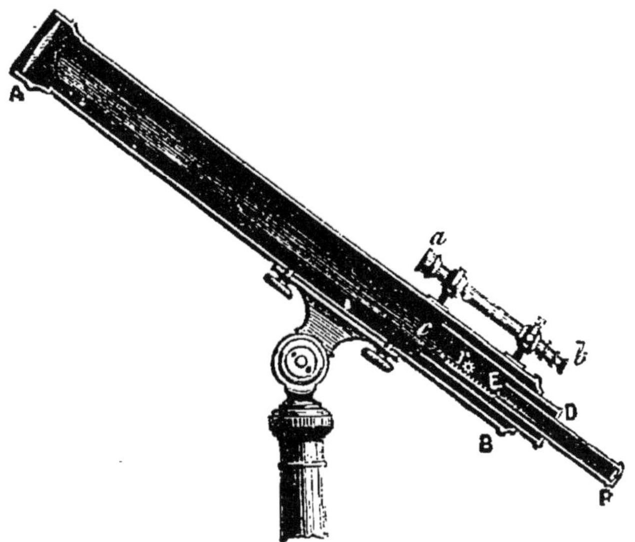

FIG. 185. — Lunette astronomique. — A, objectif; P, oculaire. — Les tubes E et D sont destinés à mettre la lunette au point; a, b, chercheur.

199. Lunette de Galilée ou lorgnette. — La lunette de Galilée, ou lorgnette, est destinée à l'observation des objets terrestres. Elle diffère de la lunette astronomique en ce que l'oculaire est *divergent* au lieu d'être convergent. Il résulte de cette différence que l'image observée par l'œil est *droite* au lieu d'être renversée[1].

1. Pour plus de détails et pour les télescopes, voir le *Traité de Physique pour les Écoles normales primaires* par MM. DRINCOURT et DUPAYS, 1 vol. in-18 jésus, 7 fr. 50.

QUESTIONNAIRE. — **195.** Qu'est-ce qu'un œil normal, myope, presbyte? — **196.** Qu'est-ce qu'une loupe? — **197.** Décrire un microscope et indiquer comment on s'en sert. — **198.** Qu'est-ce qu'une lunette astronomique?

SUJETS DE RÉDACTION

Instruments d'optique. — *Sommaire.* **1.** Loupe. — **2.** Microscope. — **3.** Lunette astronomique.

LIVRE XI

ÉLECTRICITÉ

MACHINES ÉLECTRIQUES MODERNES. — ÉCLAIRAGE ÉLECTRIQUE
TÉLÉPHONE. — MICROPHONE.

SOMMAIRE

1. On transforme du travail mécanique en électricité en provoquant dans un circuit fermé des courants d'induction; il suffit pour cela de déplacer un aimant dans le voisinage d'une bobine recouverte d'un fil de cuivre très fin formant un circuit fermé.

2. La machine Gramme est fondée sur l'induction magnétique; elle produit un courant continu très puissant.

3. **L'éclairage électrique** s'obtient à l'aide de lampes à arc ou de lampes à incandescence.

4. Le **téléphone** sert à transmettre la parole à grande distance.

200. Transformation de travail en électricité. — La *machine électrique ordinaire* (page 148) est une machine de laboratoire, sans aucune application pratique.

Les *piles* n'ont qu'une *faible* puissance et ne peuvent être employées que pour les sonneries électriques, les télégraphes et le téléphone.

On a donc eu besoin, pour produire des *effets puissants*, dépensant beaucoup de travail, comme **l'éclairage électrique**, d'inventer des machines nouvelles, appelées *machines d'induction*, et n'ayant rien de commun avec la machine à plateau des laboratoires. La plus employée est la **machine de Gramme.** Dans la machine électrique ordinaire (page 148), le **travail mécanique** dépensé par la mise en rotation du plateau de verre était transformé en **électricité**. Dans les piles, le **travail** correspondant à l'action chimique de l'acide sulfurique sur le zinc était aussi transformé en **électricité**. Dans les machines électriques modernes, appelées *machines d'induction*, on transforme directement du **travail mécanique** produit par une machine à vapeur en **énergie électrique** sous forme d'un courant d'autant plus intense que la machine à vapeur aura une puissance plus grande.

Nous allons essayer de faire comprendre sur quel principe est fondée la construction des machines d'induction.

201. Principes des machines d'induction. — *Première expérience.* — Prenons une bobine B (*fig.* 186) sur

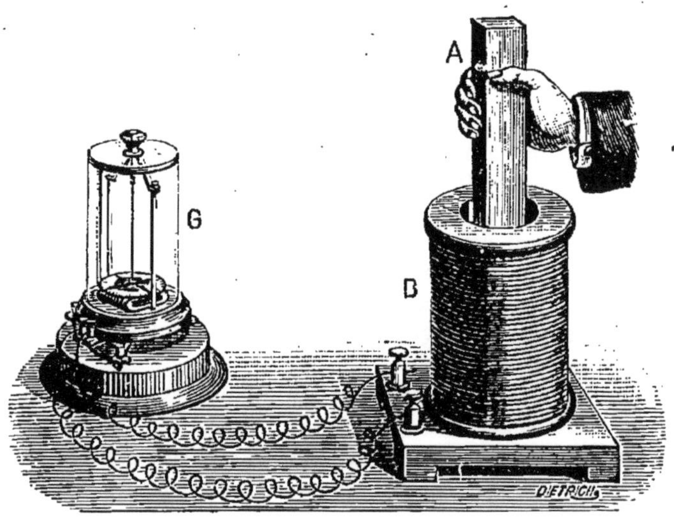

Fig. 186. — **Induction par un aimant.**— B, bobine sur laquelle est enroulé un fil de cuivre recouvert de soie; G, galvanomètre; A, aimant que l'on enfonce dans la bobine. Tout déplacement de l'aimant développe dans la bobine B un courant d'induction.

laquelle est enroulé, un très grand nombre de fois, un fil de cuivre fin recouvert de soie et dont les extrémités sont reliées à un galvanomètre G. Enfonçons progressivement dans l'intérieur de la bobine B un aimant puissant A; aussitôt le galvanomètre indique que, pendant toute la durée de l'enfoncement de l'aimant, le fil de la bobine B est parcouru par un courant électrique de direction constante et d'une certaine intensité.

Si au lieu d'enfoncer l'aimant A *lentement* dans la bobine, on l'enfonce *brusquement*, le courant produit sera **très intense.**

On voit donc que l'intensité du courant produit est d'autant plus grande que le déplacement de l'aimant A par rapport à la bobine B aura été plus rapide.

Donc, l'un des principes des machines d'induction est la **rapidité** du déplacement de l'aimant par rapport à la bobine, à telles enseignes que dans la machine Gramme, l'aimant se déplace 600 à 700 fois par minute, par rapport à la bobine.

Dès que l'aimant A **s'arrête,** le fil de la bobine **cesse** d'être parcouru par un courant électrique.

Deuxième expérience. — Si on **retire** l'aimant de la bobine, le fil de celle-ci est parcouru par un courant de **sens contraire** au précédent, et dont l'intensité est d'autant plus grande que l'aimant aura été retiré plus rapidement.

Conclusion. — On dit alors qu'il y a eu *induction* par l'aimant et que l'aimant joue le rôle d'*inducteur;* le courant développé par l'aimant, en pénétrant dans la bobine et en en sortant, s'appelle un **courant induit.** Le travail correspondant au déplacement de l'aimant a donc été transformé en énergie électrique que le courant induit pourra transformer à son tour en chaleur, en lumière, etc.

Il est évident que si, au lieu de déplacer l'aimant par rapport à la bobine, on avait déplacé la bobine par rapport à l'aimant, les phénomènes eussent été les mêmes.

En résumé, tout *déplacement* d'une bobine conductrice dans le voisinage d'un aimant, développe dans le fil de cette bobine des courants d'induction d'autant plus intenses que le déplacement aura lui-même été effectué plus rapidement [1].

202. Machine de Gramme. — La machine de **Gramme** est une machine d'induction. Elle se compose d'un aimant fixe AMB en fer à cheval (*fig.* 187). Entre les pôles A et B de cet aimant peut tourner un *anneau de Gramme* C, formé par un certain nombre de bobines consécutives, dans lesquelles prend naissance un courant induit déterminé par le déplacement des bobines, par rapport à l'aimant AMB. Le courant induit est recueilli à l'aide de deux

1. Pour l'étude complète de l'induction, voir le *Traité de Physique pour les Écoles normales primaires*, par MM. Drincourt et Dupays; 1 vol. in-18 jésus, 7 fr. 50.

balais aboutissant aux bornes P et P' auxquels on attache les fils de cuivre extérieurs.

La machine est disposée de telle sorte que, en tournant, elle produit un courant continu, exactement comme le

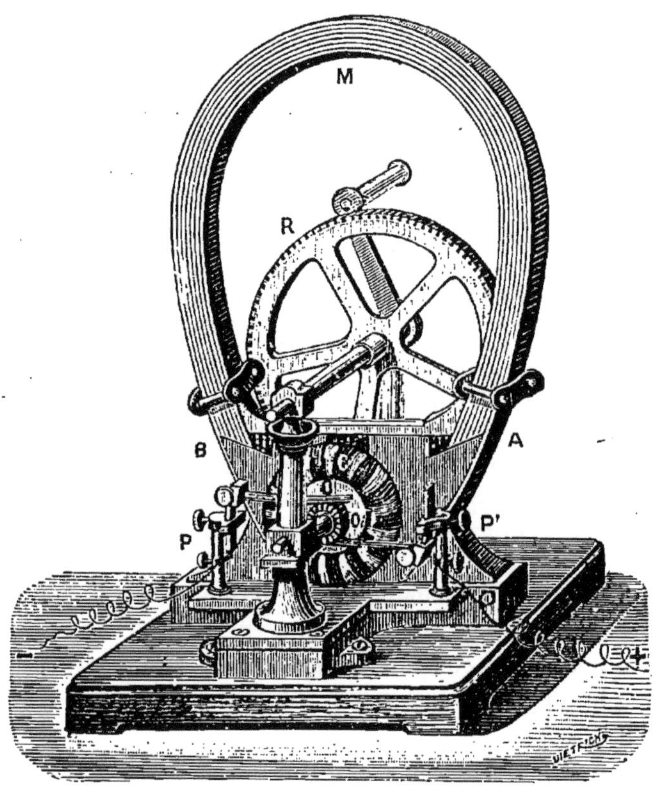

FIG. 187. — **Machine Gramme.** — A et B, aimant inducteur; C, anneau induit tournant à l'aide du pignon R; P, P', bornes en cuivre isolées portant les balais. Le fil extérieur est parcouru par un courant allant de P' vers P.

ferait une pile puissante. L'intensité du courant produit est d'autant plus grande que l'anneau de Gramme tourne plus vite. Pour obtenir cette rotation, on dispose l'anneau de Gramme sur une pièce de bois O que met en mouvement une roue dentée R.

Avec 600 tours par minute, la différence de niveau électrique aux bornes P et P′, qui sont les pôles de la machine, est sensiblement égale à la force électromotrice de 15 éléments Daniell. Avec une vitesse de 1 500 tours, la machine équivaudrait à 25 éléments Daniell environ; le courant produit peut fondre un fil de fer de 10 centimètres de longueur et de 1 millimètre de diamètre.

La machine de Gramme décrite ci-dessus est une machine de laboratoire; pour l'éclairage électrique, on fait usage de machines beaucoup plus puissantes, appelées machines *dynamo-électriques*. Nous allons en décrire une.

203. Machine dynamo-électrique de Gramme. — On vient de voir que la machine de Gramme, même avec sa plus grande vitesse, équivaut au plus à 25 éléments Daniell. Cela vient de ce qu'un barreau aimanté n'est pas un inducteur assez puissant. Or on a vu (§ 178) qu'un *électro-aimant* est un aimant dont la puissance est beaucoup plus grande que celle d'un aimant ordinaire. Si donc nous voulons avoir une machine de Gramme très puissante, nous remplacerons l'*aimant* inducteur de la machine précédente par un *électro-aimant* inducteur.

Les machines, ayant pour inducteur un électro-aimant, s'appellent des **dynamos**.

Une *dynamo* se compose: d'un électro-aimant vertical ADB (*fig.* 188) en fer à cheval, dont les pôles magnétiques A et B sont à la partie supérieure.

Les bobines EE′ de l'électro-aimant entourent les deux branches M et N du noyau, qui est en *fonte douce*.

Un anneau de Gramme ordinaire tourne entre les deux pôles A et B de l'électro-aimant avec une vitesse d'au moins 600 tours à la minute.

Le courant induit développé par la rotation de l'anneau de Gramme est recueilli à l'aide des balais P et P′, qui seront les deux *pôles électriques* de la dynamo.

La théorie est la même que celle de la machine de laboratoire. Le circuit extérieur, qui communique avec les deux balais, est disposé de manière qu'il comprenne les deux bobines de l'électro-aimant, de sorte que le courant produit par la rotation de l'anneau passe d'abord dans les bobines de l'électro-aimant, puis dans le circuit extérieur. L'axe de l'anneau se termine par une poulie qui, au moyen d'une courroie de transmission, est mise en mouvement par une machine à vapeur ou un moteur quelconque (manège à cheval, cours d'eau, chute d'eau, torrent, vent, marée, etc.).

Quand le circuit est fermé et qu'on commence à faire tourner l'anneau, le magnétisme que développe l'action de

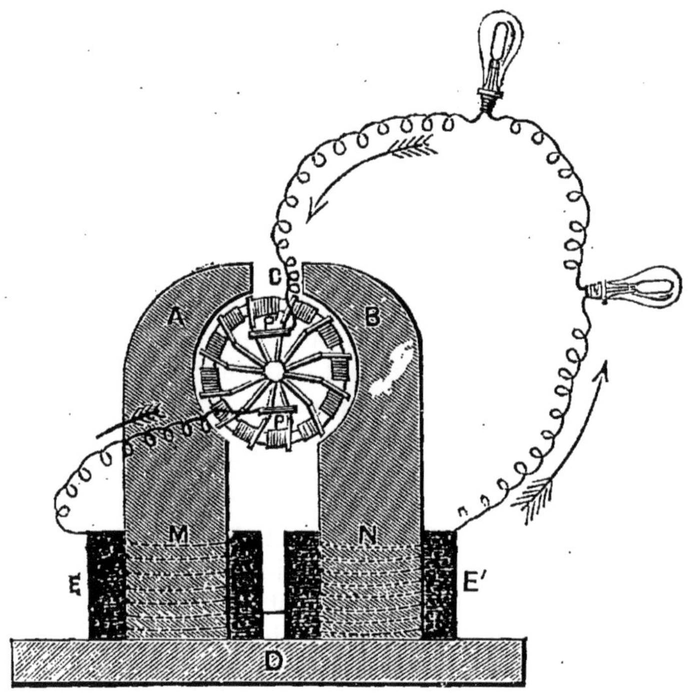

Fig. 188. — **Machine dynamo-électrique.** — E. électro-aimant inducteur. — A B, pôles de l'électro-aimant. — P P', Pôles de la machine Gramme.

la terre suffit pour induire un premier courant dans les bobines de l'anneau. Ce courant, passant dans l'électro-aimant, renforce l'aimantation du fer doux. Il en résulte une augmentation progressive dans l'intensité. On arrive ainsi à une intensité très grande qui dépend de la vitesse de rotation de l'anneau.

La *dynamo de Gramme* se comporte comme une pile puissante dont les pôles seraient les *balais* de la dynamo. La force électromotrice de la dynamo est représentée par la différence de niveau électrique des balais; elle est égale, par exemple, à 50, 60, 100, etc., *volts*, suivant la puissance de la machine à vapeur; on la mesure à l'aide d'un *voltmètre*.

204. Travail d'une machine électrique. — Le travail d'une machine dynamo dépend de l'intensité du courant qu'elle produit et de sa force électromotrice, exactement comme le travail d'une chute d'eau dépend de la quantité d'eau qu'elle débite et de la hauteur de chute de cette eau. Si une chute d'eau débite par seconde 1000 kilos d'eau tombant de 3 mètres de hauteur, la puissance de cette chute d'eau sera de 1000×3 ou 3000 kilogrammètres par seconde, ou bien encore de $\frac{3000}{75}$ ou 40 chevaux-vapeur.

De même, une dynamo, produisant un courant de 30 ampères avec une force électromotrice de 70 volts, produira, par seconde, un travail représenté par 70×30 ou 2100 **Watts**. Le *Watt* est l'unité de puissance d'une dynamo; il équivaut environ à $\frac{1}{10}$ de kilogrammètre par seconde ou à $\frac{1}{750}$ de cheval-vapeur. Cette énergie sera utilisée pour produire de la lumière électrique, par exemple.

205. Éclairage électrique. — Le *travail* produit par une machine électrique est généralement transformé en *lumière;* les lampes électriques nouvelles sont les **lampes à arc** et les **lampes à incandescence.**

206. Lampes à arc. — Si l'on met en contact bout à bout les extrémités des fils qui forment les électrodes d'une dynamo, et *si on les sépare ensuite*, on observe une *vive étincelle;* et si l'on maintient les deux bouts de fil à une petite distance l'un de l'autre, l'étincelle est continue et affecte la forme d'un arc lumineux appelé **arc électrique** ou **arc voltaïque.**

Dans les laboratoires, pour obtenir l'*arc électrique*, on prend deux cônes de charbon de cornue A et B (*fig.* 189), encastrés dans deux montures métalliques isolées C, D, communiquant avec les deux pôles d'une dynamo. On amène les deux cônes A, B, au contact à l'aide de deux manches isolants en verre V, V', puis on sépare les deux cônes, et on les maintient à une petite distance l'un de l'autre.

On observe alors que les deux charbons sont portés à une vive incandescence et que leurs pointes semblent réunies par une lueur violacée ayant généralement la forme d'un *arc*. On constate, en outre, que le charbon positif se creuse

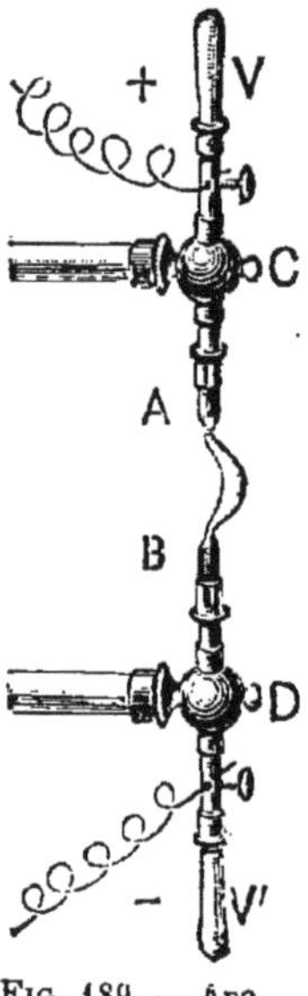

FIG. 189. — Arc électrique.

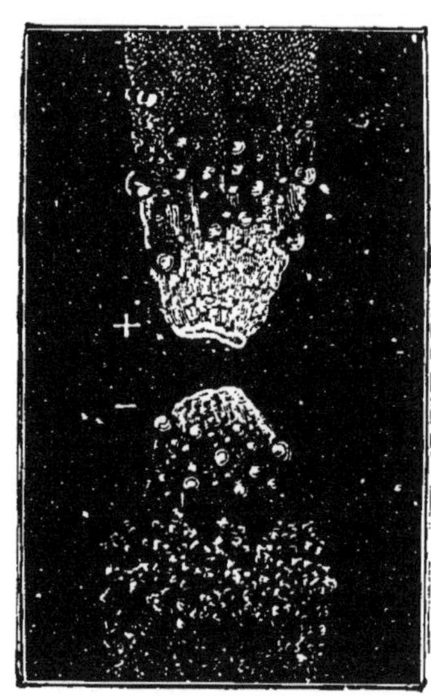

FIG. 190. — Le charbon positif se creuse peu à peu; le charbon négatif s'accroît et bourgeonne.

progressivement (*fig.* 190), tandis que le charbon négatif s'accroît et bourgeonne. Cela provient de ce que des particules de charbon sont transportées du pôle positif au pôle négatif formant ainsi une chaîne continue, suffisante pour fermer le circuit et présentant en outre une résistance considérable.

Dès que la distance des charbons dépasse une certaine limite, l'arc électrique s'éteint.

La température de l'arc est extrêmement élevée : le platine, dont le point de fusion est 2000 degrés, y fond instantanément; le charbon y est fondu et vaporisé, ce qui exige une température de 2500 degrés.

L'incandescence des charbons entraîne leur combustion au contact de l'air, et leur transformation en gaz acide carbonique : on remédie à cet inconvénient en déposant galvaniquement sur la surface des charbons une mince couche métallique de cuivre ou de nickel qui, sans modifier l'intensité de l'arc, ralentit considérablement la combustion du charbon.

La lumière électrique a une couleur bleue, violacée, due à l'abondance des rayons violets et ultra-violets : elle est souvent employée pour la photographie.

Pour obtenir un arc électrique continu, il faut maintenir les deux charbons à une distance inférieure à celle pour laquelle a lieu la rupture du circuit et, par suite, la disparition de l'arc : on emploie à cet effet les **régulateurs électriques,** dont le mécanisme est trop compliqué pour être décrit ici.

Voici quelles sont les conditions de fonctionnement d'une lampe à arc ordinaire.

Intensité du courant..........	De 8 à 9 ampères.
Différence de niveau...........	42 volts.
Pouvoir éclairant moyen......	41 carcels.

207. Lampes à incandescence. — Une **lampe à incandescence** *se compose d'un fil de charbon placé dans le vide et rendu incandescent par le passage du courant.* Dans la **lampe Edison,** le fil de charbon DCE (*fig.* 191) est obtenu à l'aide d'un filament découpé dans une tige de *bambou* et carbonisé par des procédés spéciaux. Ce filament est recourbé et fixé à deux fils de platine $p\,q$, auxquels il est soudé au moyen d'un dépôt galvanique de cuivre. Les fils de platine traversent une masse de plâtre fermant la lampe par le bas. La lampe a la forme d'une ampoule de verre A, dans laquelle on fait le vide et dont on ferme ensuite l'extrémité supérieure à la lampe d'émailleur[1]. Il suffit de faire passer dans le fil de charbon un courant suffisamment intense pour porter ce filament à l'incandescence. Le fil de char-

1. On remarquera que la lumière électrique se produit parfaitement *dans le vide*, ce qui étonne au premier abord.

bon est placé dans le *vide*, il n'est le siège d'aucune combustion et peut servir pendant très longtemps.

La *lampe entière* d'Edison a la forme et la grosseur d'une poire contenant un fil DCE de 12 centimètres de longueur, de $0^{mm},35$ de largeur et de $0^{mm},2$ d'épaisseur, dont la résistance à chaud est égale à 125 ohms et dont l'incandescence donne une intensité de 2 carcels environ. La *demi-lampe* n'a qu'une intensité de 1 carcel avec 70 ohms de résistance à chaud[1].

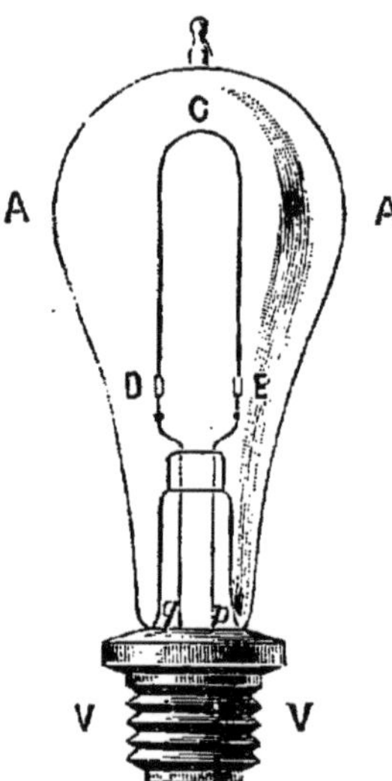

Fig. 191. — **Lampe Edison.** — A, ampoule de verre ; DCE, filament de charbon soudé aux fils de platine *p* et *q* ; V, pied de la lampe.

Chaque lampe entière exige un courant de 0,65 ampères avec une différence de niveau aux bornes égales à 90 volts : l'énergie nécessaire à son incandescence est égale à 58,5 watts. On peut compter 10 carcels environ par cheval-vapeur[2].

Pour les demi-lampes, ces quantités sont réduites de moitié.

Les courants nécessaires à l'alimentation des lampes à incandescence sont produits par une machine Gramme.

Les lampes **Fox, Maxime, Swan,** etc., ne diffèrent de la précédente que par la forme du filament de charbon ou par la matière qui sert à fabriquer le charbon.

Les lampes **Edison** peuvent être employées soit séparément, soit groupées en lustre ; elles se prêtent à toutes les dispositions usitées avec les becs de gaz ou les lampes à l'huile.

Dans la plupart des villes, les dynamos servant à l'éclairage électrique sont actionnées par des machines à vapeur ; mais dans quelques villes, les dynamos sont actionnées par une chute d'eau ou par un cours d'eau.

1. Pour l'*ohm*, voir p. 168.
2. Pour l'*ampère*, voir p. 169 ; pour le *volt*, p. 169 ; pour le *Watt*, p. 170. Un *carcel* est l'éclat lumineux d'une lampe à huile brûlant 48 grammes d'huile par heure.

208. Réversibilité d'une dynamo. — On vient de voir que, dans la machine de Gramme, le *travail* dépensé par la machine à vapeur pour faire tourner l'anneau de Gramme se transforme en *énergie électrique*, sous forme de courant, démontrant ainsi la transformation de l'*énergie mécanique* en *énergie électrique*. Réciproquement, supprimons toute communication entre la machine Gramme et la machine à vapeur, et lançons dans l'anneau de Gramme un courant puissant, aussitôt l'anneau se *mettra en mouvement*, démontrant ainsi que l'*énergie électrique* s'est transformée en *énergie mécanique*.

La transformation de l'énergie mécanique en énergie électrique et la transformation *inverse* de l'énergie électrique en énergie mécanique, à l'aide d'une machine Gramme, a fait dire de ces machines qu'elles sont *réversibles*.

Pour vérifier qu'une machine Gramme est réversible, on réunit par un fil métallique deux dynamos A et B, situées en des lieux différents. La dynamo A est actionnée par une puissance quelconque; aussitôt l'anneau de Gramme de la dynamo B tourne autour de son axe. Si donc sur l'axe de l'anneau de Gramme de la dynamo B, on installe une poulie de transmission, on pourra actionner une machine-outil quelconque.

209. Transport de la force à distance. — Supposons que l'on veuille utiliser une puissance naturelle comme celle d'un cours d'eau et transporter cette puissance à une certaine distance, comme on l'a fait entre Creil et Paris (55 kilomètres). On voulait utiliser à Paris la puissance du cours de l'Oise. On installa à Creil une dynamo qui était mise en mouvement par le courant de la rivière. L'énergie électrique produite par la machine Gramme était transmise à Paris par la ligne télégraphique. Arrivée à Paris, cette énergie électrique, distribuée dans l'anneau de Gramme d'une seconde dynamo mettait en mouvement cet anneau de Gramme. L'énergie mécanique ainsi obtenue servait à actionner des machines-outils, placées à Paris.

On peut ainsi transporter à distance la *force*, ou mieux l'*énergie*, par l'intermédiaire de l'électricité. Malheureusement les essais faits jusqu'à ce jour ont donné un rendement trop petit pour que le transport de la force à distance soit entré dans le domaine de la pratique.

TÉLÉPHONE

210. Téléphone. — On donne le nom de *téléphone* à tout appareil qui permet de transmettre la parole *à distance* par l'intermédiaire de **l'électricité.**

Un téléphone se compose d'un étui de bois C (*fig.* 192) muni d'une embouchure E devant laquelle est fixée une plaque mince de fer doux M, placée à une petite distance d'une bobine B sur laquelle est enroulé un fil de cuivre recouvert de soie ; la bobine est traversée par une tige d'acier aimantée A faisant légèrement saillie devant la plaque de fer doux M sans la toucher. Les deux extrémités du fil de la bobine aboutissent à deux bornes V et V' auxquelles on assujettit des fils conducteurs reliant le téléphone à un appareil identique qui servira de *récepteur*, tandis que le téléphone décrit servira de *parleur*.

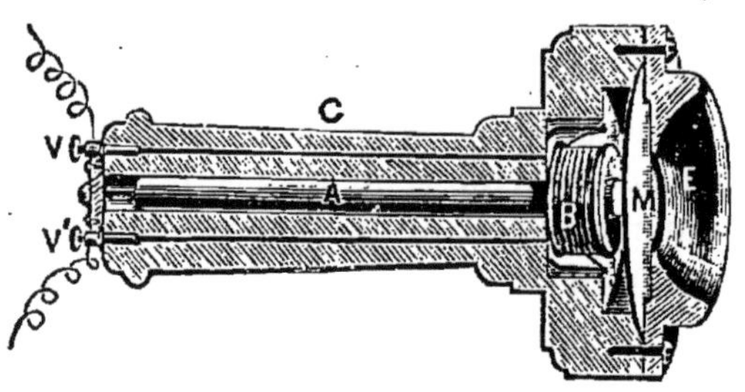

Fig. 192. — **Téléphone Bell.** — E, embouchure ; M, plaque vibrante en fer doux ; A, aimant ; B, bobine ; V, V', bornes pour attacher le fil de ligne.

Si l'on parle devant l'embouchure E, la plaque M vibre à l'unisson de la voix et exécute des vibrations grâce auxquelles la plaque M s'éloignera et se rapprochera successivement de l'aimant. La plaque de fer doux M s'aimante par suite de son voisinage avec l'aimant A. Les *déplacements* de la plaque M produiront dans la bobine B des courants induits (§ 201). Ces courants induits passeront de la bobine du parleur dans la bobine du *récepteur* située à une station éloignée et détermineront des rapprochements et des éloignements de la plaque de fer doux du récepteur, qui vibrera à l'unisson de la plaque du parleur. En appliquant l'oreille contre l'embouchure du récepteur, on entendra donc les paroles prononcées à l'autre station par l'interlocuteur placé devant le parleur.

211. Microphone. — Cet appareil, inventé par Hughes, se compose de deux petites pièces de charbon de cornue C et C′ (*fig.* 193) qui sont fixées sur une planche de bois MN. Entre les deux pièces de charbon C et C′ est placée une sorte de crayon A, également en charbon de cornue, dont les deux pointes sont reçues par de petites cavités, de manière que le crayon appuie légèrement sur chaque cavité. On fait passer dans l'appareil CAC′ (*fig.* 194) le *courant d'une pile* P dont le circuit est mis en communication avec la bobine d'un téléphone T placé à une grande distance.

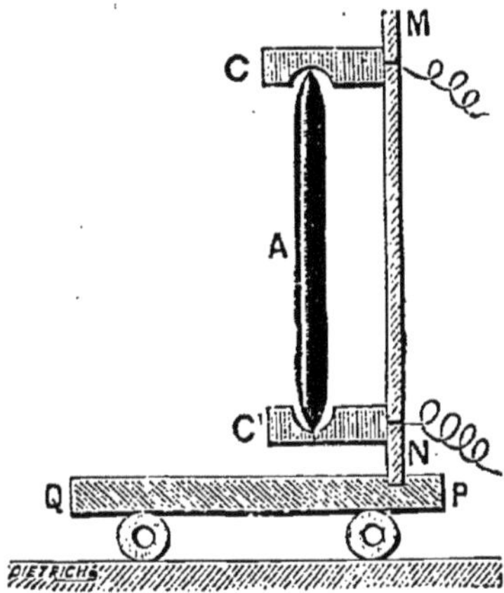

Fig. 193. — **Microphone Hughes.**— MN, planchette sur laquelle sont fixées deux pièces de charbon de cornue C et C′. — A, crayon de charbon appuyant légèrement sur chacune des pièces C et C′. — Les pièces C et C′ sont placées dans le circuit d'une pile.

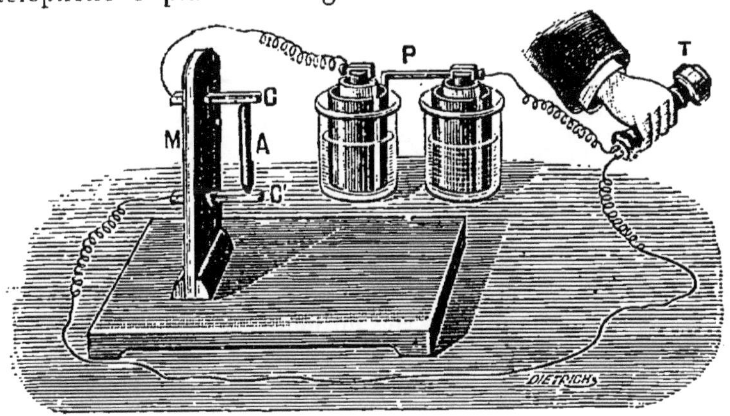

Fig. 194. — Microphone. — M, planchette du microphone; CAC′, microphone ; P, pile ; T, téléphone.

Si l'on parle devant la planchette MN du microphone, le crayon du microphone vibre à l'unisson de la voix. Les *déplacements* du crayon modifient la résistance du circuit et font subir au courant de la pile des variations d'intensité qui modifient le magnétisme de l'aimant du téléphone T et déterminent le mouvement vibratoire de la plaque de fer doux de ce téléphone (plaque M de la *fig.* 192). En appliquant l'oreille contre l'embouchure du téléphone T, on percevra nettement les sons proférés devant le microphone MN.

Les téléphones aujourd'hui en usage ont tous pour *parleur* un **microphone** et pour *récepteur* un **téléphone.** Supposons que l'on veuille correspondre entre Paris et Marseille, il y aura, à Paris comme à Marseille, un poste téléphonique muni d'une pile, d'un *microphone parleur*, d'un *téléphone*

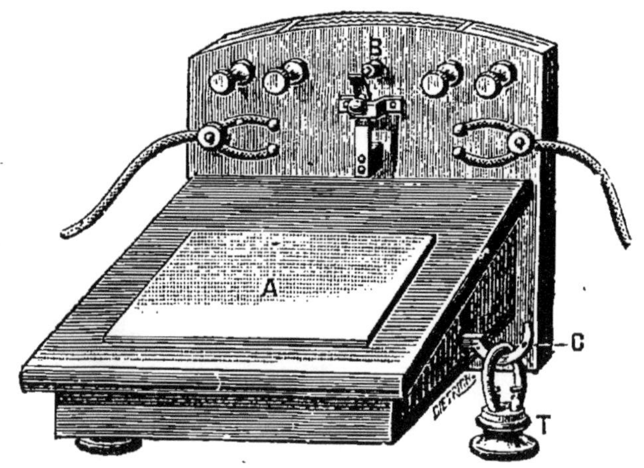

Fig. 195. — **Microphone parleur.** — A, planchette de sapin au-dessous de laquelle est fixé un microphone.

récepteur, et d'une *sonnerie* avertisseur. Dans le langage courant, on donne à cet ensemble le nom général de **téléphone.**

212. Détail d'un poste téléphonique. — 1° *Microphone parleur.* — On parle au-dessus d'une planchette en sapin A (*fig.* 195), au-dessous de laquelle est fixé un microphone. Ce microphone est formé de plusieurs crayons en charbon de cornue C (*fig.* 196) supportés par les pièces D et D' également en charbon de cornue. Le pôle positif de la pile du poste est relié à la pièce D par un fil de cuivre.

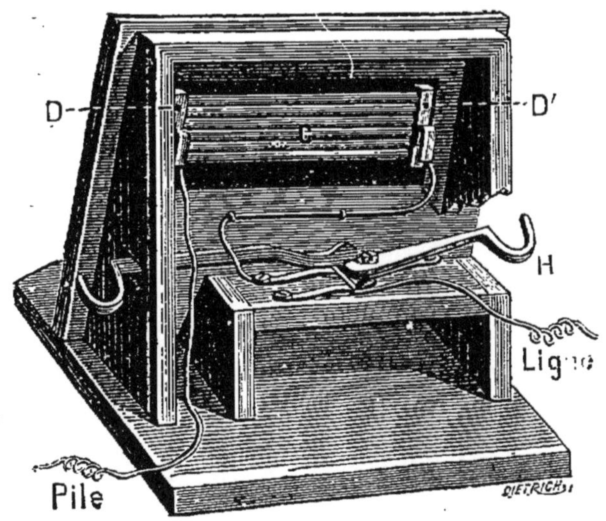

FIG. 196. — **Détail du microphone.** — D et D', pièces en charbon de cornue ; C, charbons de cornue formant microphone ; H, crochet servant d'interrupteur.

La pièce D' est en communication avec le fil de ligne.

Le fil de ligne, à son autre extrémité (Marseille), communique avec le téléphone récepteur du poste opposé. Du téléphone du poste opposé, le courant se rend dans le sol par un fil de cuivre. Comme, d'autre part, le pôle négatif de la pile du poste parleur est aussi en communication avec le sol, le circuit se trouve fermé par la terre elle-même.

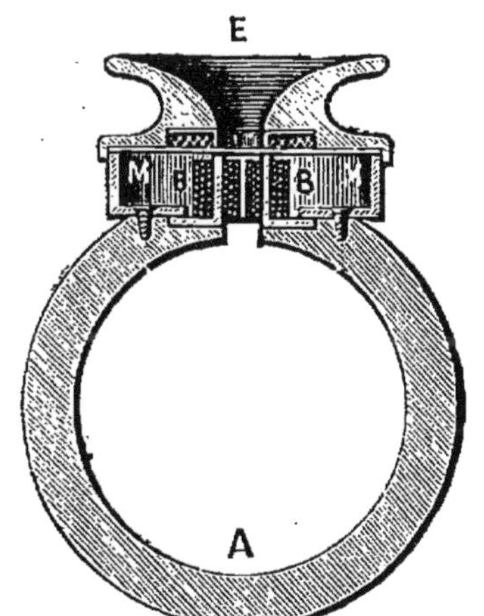

FIG. 197. — **Téléphone Ader.** — A, aimant en fer à cheval ; B, bobine ; E, ouverture contre laquelle on applique l'oreille.

Un crochet H sert à fermer et à ouvrir le circuit à volonté. Quand le crochet H est abaissé, le circuit est ouvert, c'est-à-dire interrompu. Quand le crochet est relevé, le circuit est fermé.

2° *Téléphone récepteur.* — Le téléphone Bell, précédemment décrit (page 212) est remplacé aujourd'hui par

Fig. 198. — 1. Paris parle dans le *microphone* parleur.

4. Paris écoute à l'aide du *téléphone* récepteur.

le téléphone Ader, dont la puissance est plus grande. Le téléphone Ader diffère du téléphone Bell en ce que l'aimant A (*fig.* 197) a été recourbé en fer à cheval pour en utiliser les deux pôles. La bobine B embrasse chacun des pôles de l'aimant.

2. Marseille écoute à l'aide du *téléphone* récepteur.

3. Marseille répond par le *microphone* parleur.

213. Ensemble d'une correspondance téléphonique. — La figure 198 représente une correspondance téléphonique entre Paris et Marseille. On parle devant le microphone parleur de Paris et le correspondant écoute à Marseille à l'aide d'un téléphone récepteur.

La seconde partie de la figure représente Marseille répondant à Paris, à l'aide d'appareils semblables.

QUESTIONNAIRE. — **200.** Comment peut-on transformer du travail mécanique en électricité ? — **201.** Décrire l'expérience fondamentale de l'induction par un aimant. — **202.** Qu'est-ce qu'une machine Gramme ? — **203.** Qu'est-ce qu'une dynamo ? — **204.** Quelle est l'unité de puissance employée pour déterminer la puissance des dynamos. — **206.** Qu'est-ce que l'arc électrique ? — Comment le produit-on ? — **207.** Décrire une lampe à incandescence. — **208.** La machine Gramme est-elle réversible ? — **209.** Qu'appelle-t-on transport de la force à distance. — **210.** **211.** **212.** Décrire un téléphone. — Décrire un microphone. — Décrire le téléphone moderne.

SUJETS DE RÉDACTION

Éclairage électrique. — *Sommaire.* **1.** Machines modernes employées pour produire l'électricité. — **2.** Nécessité d'un courant puissant. — **3.** Lampes à arc. — **4.** Lampes à incandescence. — **5.** Énergie nécessaire pour produire l'éclairage.

Téléphone. — *Sommaire.* **1.** Téléphone Bell. — **2.** Microphone. — **3.** Téléphone moderne composé d'un microphone parleur et d'un téléphone récepteur. — **4.** Postes téléphoniques.

LIVRE XII

NOTIONS SOMMAIRES DE PHOTOGRAPHIE

[Les notions qui suivent, sur la *Photographie* et sur l'*Acoustique*, sont inscrites au programme des Écoles supérieures de filles. Nous estimons qu'elles seraient aussi utilement enseignées dans les Écoles de garçons].

Explications préparatoires.

Qu'est-ce qu'un sel d'argent? — Un *sel d'argent* est un sel dont le métal est l'*argent*. Les principaux sels d'argent, sont l'*azotate d'argent* AzO^3Ag ou pierre infernale, employée pour cautériser légèrement les plaies; le *chlorure d'argent* AgCl, et le *bromure d'argent* AgBr, employés en photographie.

Qu'est-ce que la réduction d'un sel d'argent? — Quand un sel d'argent est décomposé par la lumière, on dit qu'il y a eu *réduction* de ce sel ou que ce sel a été *réduit*. Ainsi, quand la lumière agit sur le *bromure d'argent*, elle décompose ce sel en *brome*, qui disparaît dans l'air et en *argent* métallique opaque, qui reste sous la forme d'un dépôt brun. Il en est de même pour le *chlorure d'argent*, que la lumière décompose en *chlore* qui se dégage et en *argent* qui reste comme dépôt. On dit alors que ces sels ont été *réduits* par la lumière.

Qu'est-ce que développer une épreuve négative en photographie? — Au sortir de la chambre noire, on ne voit rien sur la plaque de verre recouverte de bromure d'argent. Sous l'action de liquides chimiques convenables, on voit l'image apparaître peu à peu et se « développer » progressivement. L'action des liquides chimiques sur la plaque a reçu le nom de *développement* de l'image.

SOMMAIRE

1. La *chambre noire* de photographie se compose d'une caisse rectangulaire à soufflet montée sur un pied. Sur l'un des côtés se trouve un *objectif* et sur le côté opposé au précédent un verre dépoli que l'on remplace, après la mise au point, par le châssis contenant la plaque sensible.

2. La pose du modèle étant terminée, on *développe* la plaque, on fixe l'image par l'hyposulfite de sodium et enfin on lave la plaque à grande eau.

3. L'épreuve sur papier s'obtient en plaçant le cliché dans un châssis-presse, de façon que la face où se trouve l'image soit au-

dessus, puis, par-dessus, le côté préparé d'une feuille de papier sensibilisé, le tout maintenu par une presse. On expose à la lumière, puis on lave l'épreuve à grande eau, on procède ensuite au virage, fixage, lavage et enfin au collage sur carton.

214. Définition. — La **photographie** est l'art de fixer sur certaines substances chimiques convenablement choisies l'image d'un objet extérieur formé par une lentille convergente.

La photographie est fondée sur les faits suivants :

1° Une lentille convergente donne, d'un objet extérieur assez éloigné, une image *réelle*, *renversée*, et *plus petite* que l'objet (page 50).

2° **Les sels d'argent sont décomposés par la lumière solaire.** Ainsi le bromure d'argent, **AgBr**, est décomposé par la lumière en *brome*, qui s'échappe dans l'air à l'état de vapeur, et en *argent métallique*, formant un dépôt brunâtre **opaque.**

3° Certains agents chimiques ont la propriété d'exercer sur les sels d'argent, déjà impressionnés par la lumière, une action identique à celle de la lumière. Tels sont : le sulfate de fer, l'acide pyrogallique, l'hydroquinone, etc. Ces corps, dissous dans l'eau, constituent ce qu'on appelle en photographie des *révélateurs.*

4° L'hyposulfite de soude, en solution dans l'eau, est *sans action* sur l'argent métallique, et *dissout*, au contraire, les sels d'argent qui n'ont pas reçu l'action de la lumière.

5° Une plaque de verre recouverte d'une couche de bromure d'argent, et qui a reçu l'image d'un objet extérieur donné par une lentille convergente (voir 1°), présentera les caractères suivants : après avoir subi l'action d'un révélateur : aux parties éclairées de l'objet (blanches ou claires) correspondra un dépôt d'argent **épais** et **opaque**; aux demi-teintes de l'objet (grises) correspondra un dépôt d'argent *moins épais* et par conséquent **moins opaque**; aux parties non éclairées de l'objet (noires ou sombres) correspondra un dépôt d'argent **nul.**

6° La plaque de verre, après avoir été traitée par *l'hyposulfite de soude*, présentera une **opacité complète** dans les régions correspondant aux parties éclairées; une

demi-opacité dans les demi-teintes; et une **transparence complète** dans les régions correspondant aux parties noires ou sombres. — Dans cet état, la plaque s'appelle un *cliché*. Les *blancs* de l'objet y paraissent *noirs* et les *noirs* de l'objet y paraissent *blancs*. C'est donc l'objet présenté au rebours.

7° Tout *cliché* est posé sur une feuille de papier imprégnée de chlorure d'argent et sensible à la lumière.

8° La lumière, en traversant le cliché, agit sur le chlorure d'argent du papier comme elle avait agi sur le bromure d'argent de la plaque de verre. Le *cliché* représentait l'objet éclairé *au rebours*; le *papier* représentera l'objet tel qu'il est *réellement*.

(La connaissance de ces faits permettera de suivre aisément la partie opératoire que nous allons exposer).

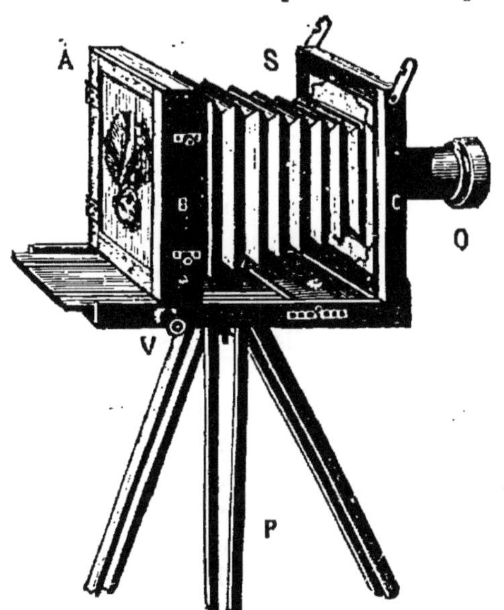

Fig. 199. — Chambre noire de photographie — A B C, chambre noire; O, objectif; S, soufflet; V, vis de rappel; P, pied supportant la chambre noire. — La lentille de l'objectif donne, d'un objet extérieur, une image réelle et renversée qui vient se peindre sur le verre dépoli de la chambre noire.

215. Obtention de l'image. — Nous avons vu (p. 50) que, si on place un objet lumineux devant une lentille convergente, la lentille convergente donne de l'objet une image réelle et renversée, d'autant plus petite que la distance de l'objet lumineux à la lentille est plus grande. Construisons, d'après ce principe, une caisse en bois A B C (fig. 199), appelée **chambre noire**, portant à sa partie antérieure un tube O muni d'une *lentille convergente* qu'on appelle **objectif**. La caisse porte, à sa partie postérieure A B, un verre dépoli.

Si un objet lumineux, tel que la figure d'une personne,

est placé devant l'objectif O, l'image réelle de cet objet viendra se former, renversée et plus petite que l'objet, sur la lame de verre dépoli.

Au moyen d'un soufflet S, l'opérateur fait avancer ou reculer A B en agissant sur la vis V, de façon que l'image de l'objet extérieur vienne se peindre exactement sur le verre dépoli. Cette opération constitue la *mise au point.*

216. Fixation de l'image. — L'image donnée par l'objectif O doit maintenant être fixée d'une façon inaltérable sur une substance chimique convenablement choisie. Or la chimie nous apprend que les **sels d'argent sont décomposés par la lumière solaire** en laissant un dépôt **opaque** d'argent métallique inaltérable. La pratique a montré que les sels d'argent les plus sensibles à l'action de la lumière solaire sont le *bromure d'argent* **AgBr** et le *chlorure d'argent* **AgCl.**

Donc, si on substitue au verre dépoli de la chambre noire une plaque de verre recouverte d'une pellicule de gélatine imprégnée de bromure d'argent, le bromure d'argent sera réduit dans toutes les parties éclairées de l'image, tandis qu'il restera intact dans tous les noirs de l'image.

217. Développement de l'image. — La plaque de gélatine imprégnée de bromure d'argent ne reste exposée, dans la chambre noire, à l'action de la lumière envoyée par l'objet, que pendant quelques secondes. L'action de la lumière ne s'est fait sentir *qu'à la surface* de la gélatine ; il faut alors, à l'aide de réactifs chimiques convenables, appelés *révélateurs,* continuer la réduction du sel d'argent jusque dans la profondeur de la couche de gélatine.

Quand cette réduction est terminée, il faut se débarrasser du bromure d'argent non réduit ; à cet effet, on plonge la plaque de verre dans une dissolution faible d'*hyposulfite de soude ;* l'hyposulfite dissout, dans les noirs de l'image, le bromure d'argent non réduit et laisse intact le dépôt d'argent métallique que la lumière et le révélateur ont déterminé dans les parties lumineuses de l'image. Ces diverses opérations s'effectuent dans un laboratoire éclairé par de la lumière **rouge** qui n'agit pas sur les sels d'argent.

Quand la plaque sort de la chambre noire, on ne voit

rien à sa surface. Au cours de l'action du révélateur, l'image apparaît *peu à peu* : les photographes disent alors que l'image « **se développe** ».

218. Cliché. — La plaque de verre, après ces diverses manipulations, est lavée à grande eau pendant plusieurs heures, puis séchée ; on a ainsi obtenu ce qu'on appelle un **cliché** ou une *épreuve négative* ; à l'aide du cliché, on pourra obtenir un nombre illimité d'épreuves définitives ou *positives*, comme l'on dit vulgairement.

Fig. 200. — **Cliché photographique.** — Dans les parties noires du cliché, il y a un dépôt *opaque* d'argent métallique correspondant aux parties lumineuses du modèle. Dans les parties transparentes du cliché, il n'y a absolument rien ; ces parties transparentes correspondent aux parties sombres du modèle.

Quand on regarde un cliché par transparence (fig. 200), on est au premier abord étonné d'apercevoir le contraire de l'objet. Toutes les parties éclairées du modèle paraissent noires et toutes les parties obscures du modèle paraissent au contraire transparentes. Cela n'est pas étonnant, puisque les parties du cliché correspondant aux parties éclairées du modèle sont empâtées d'un dépôt d'argent qui arrête la lumière, tandis que, dans les parties du cliché correspondant aux parties obscures du modèle, la gélatine ne contient absolument rien et est transparente.

219. Épreuve positive sur papier. — Prenons une feuille de papier préparée spécialement dans le commerce et appelée *papier photographique*. Ce papier est imprégné de chlorure d'argent ; si on l'expose à la lumière, le chlorure d'argent se décompose et laisse dans la pâte un dépôt d'argent métallique d'un noir brunâtre.

Plaçons une feuille de papier photographique sur la face du cliché recouverte de gélatine ; à l'aide d'un *châssis-presse* spécial (fig. 201) assurons un contact parfait entre le papier et le cliché ; puis exposons le tout à la lumière du jour. La lumière, passant à travers les parties transparentes du cliché, attaquera, en ces endroits, le chlorure d'argent du papier, tandis que, arrêtée dans les parties opaques du cliché, la lumière ne pourra pas altérer le chlorure d'argent du papier placé en dessous.

Après une exposition suffisamment longue, on obtiendra sur le papier une épreuve inverse du cliché, ou **épreuve positive** (fig. 202), qui reproduira exactement les clairs et les ombres du modèle.

Fig. 201. — **Châssis-presse.** — Ce châssis est destiné à assurer un contact intime entre le cliché et une feuille de papier imprégnée de chlorure d'argent.

220. Virage et fixage de l'épreuve positive. — Au sortir du châssis-presse, l'épreuve positive a une teinte rouge désagréable ; de plus, si on la laissait exposée à la lumière du jour, elle deviendrait noire dans toutes ses parties.

Fig. 202. — **Épreuve positive sur papier.** — Chaque épreuve photographique exige un tirage spécial et une manipulation particulière

1° **Virage.** — Aussi doit-on d'abord laver l'épreuve positive sous un filet d'eau, puis la plonger dans un bain qui lui fera perdre sa couleur rouge. Ce bain est appelé un *bain de virage;* il est composé de :

Eau distillée.........	1 litre.
Acétate de sodium...	30 grammes.
Chlorure d'or.......	1 gramme.

On laisse l'immersion se continuer jusqu'à ce que les noirs prennent une teinte brune, noire, bleue ou violacée, suivant le ton qui plait le mieux.

2° **Fixage.** — Au sortir du bain de virage, on lave l'épreuve à l'eau froide et on la rend inaltérable en la plongeant pendant 10 minutes dans une dissolution faible d'hyposulfite de soude, qui dissout le chlorure d'argent non décomposé.

Une fois les épreuves fixées, il faut les laver abondamment et les laisser au moins 12 heures dans l'eau courante : il ne reste plus qu'à les sécher et à les coller sur carton.

QUESTIONNAIRE. — **215.** Qu'est-ce qu'une chambre noire ? — Qu'est-ce qu'un objectif ? — **216.** Quelle est l'action de la lumière sur les sels d'argent ? — **217.** Qu'appelle-t-on un cliché ? — **219.** Comment obtient-on les épreuves positives sur papier ?

SUJET DE RÉDACTION

On résumera, dans leur ordre, les différentes parties de ce chapitre.

LIVRE XIII

ACOUSTIQUE

Explications préparatoires.

Quelle idée vous faites-vous des intervalles musicaux? — Vous avez tous étudié la musique. Après avoir chanté la gamme, vous avez chanté des notes qui ne se suivaient plus d'après l'ordre de la gamme, comme par exemple *do, fa*, et votre professeur vous a dit que, de *fa* à *do*, il y a l'intervalle d'une *quarte;* de même, entre *sol* et *do*, il y a l'intervalle d'une *quinte*, etc.

Quelle idée vous faites-vous du timbre d'un son? — Vous avez entendu jouer du violon, ou jouer du cornet à piston, ou sonner du cor de chasse et vous savez très bien, en entendant résonner chacun de ces instruments de musique, dire si cet instrument est le violon, le cornet à piston ou le cor de chasse. Pour exprimer cette *différence* entre ces divers instruments, on dit que chacun d'eux possède un *timbre* particulier.

CHAPITRE PREMIER

QUALITÉS DU SON. — INTERVALLES MUSICAUX

SOMMAIRE

1. On appelle *hauteur* d'un son, le nombre des vibrations exécutées en une seconde par le corps sonore qui produit le son.

2. On appelle *intensité* d'un son, l'ébranlement plus ou moins violent que le son produit sur l'oreille qui le perçoit.

3. On appelle *intervalle* de deux sons, le rapport de leurs hauteurs.

4. On appelle *accord*, la résonance simultanée de plusieurs sons musicaux.

5. Une *gamme* est une succession de tons et de demi-tons dans un ordre déterminé.

6. Il y a deux sortes de gammes : la gamme *majeure* et la gamme *mineure*.

7. *Diéser* une note, c'est l'élever d'un demi-ton. *Bémoliser* une note, c'est l'abaisser d'un demi-ton.

221. Qualités du son. — Un son possède trois qualités, qui sont : la *hauteur*, l'*intensité* et le *timbre*.

1° **Hauteur.** — La *hauteur* d'un son, ou sa *tonalité*, est déterminée par le nombre des vibrations exécutées en *une seconde* par le corps sonore qui rend le son considéré. Un son est dit *bas* ou *grave* lorsqu'il correspond à un petit nombre de vibrations par seconde ; un son est dit *élevé* ou *aigu* quand il correspond à un grand nombre de vibrations par seconde.

2° **Intensité.** — L'*intensité* d'un son est caractérisée par l'ébranlement plus ou moins violent éprouvé par l'oreille de l'observateur qui perçoit le son.

L'*intensité* d'un son dépend surtout de l'*amplitude* des vibrations (p. 59) ; à mesure que l'amplitude des vibrations diminue, l'intensité du son décroît, bien que sa hauteur reste constante.

3° **Timbre.** — Faisons rendre à un violon et à une flûte la même note musicale avec la même intensité ; l'impression produite sur l'oreille sera cependant différente et nous distinguerons parfaitement le son rendu par la flûte du son rendu par le violon ; on dit alors que le *timbre* de la flûte est différent du *timbre* du violon.

Remarque. — Le véritable caractère du son musical est l'*isochronisme* des vibrations ; lorsque, au contraire, l'oreille est frappée par une succession d'ébranlements irréguliers, on dit qu'il y a **bruit** : le fracas de la tempête, le roulement d'une voiture sur le pavé sont des *bruits*.

Un mouvement vibratoire transmis à notre oreille n'entraîne pas nécessairement la perception d'un son. Lorsque le nombre des vibrations exécutées par le corps sonore en une seconde est inférieur à 16, l'oreille ne perçoit qu'un *bourdonnement*. Lorsque le nombre des vibrations est supérieur à 38 000 par seconde, l'oreille perçoit un *cri* déchirant qui l'impressionne désagréablement. La limite supérieure des sons perceptibles varie avec la sensibilité de l'ouïe de l'observateur. Les limites des sons musicaux sont beaucoup plus restreintes ; les sons musicaux sont compris entre 30 vibrations et 4 000 vibrations par seconde, dans un intervalle de 7 octaves.

222. Intervalles. — On appelle **intervalle** de deux

sons le rapport de leurs hauteurs. Supposons qu'une corde vibrante exécute 435 vibrations par seconde et qu'une seconde corde exécute 261 vibrations par seconde ; l'intervalle de ces deux sons est égal à $\frac{435}{261} = \frac{5}{3}$.

L'usage prévaut de prendre pour numérateur la hauteur du son le plus aigu des deux, de sorte que les intervalles sont toujours représentés par des *nombres fractionnaires supérieurs à l'unité.*

L'oreille n'est impressionnée agréablement que par les combinaisons de sons dont les hauteurs sont en rapport simple; tels sont l'*unisson*, l'*octave*, la *quinte*, etc.

Ex. : Supposons que deux enfants chantent ensemble la même note : *do*, par exemple. L'oreille est *agréablement impressionnée.* Les sons rendus par les deux enfants correspondent au même nombre de vibrations, 261 par seconde. Le rapport $\frac{261}{261} = 1$, est le plus simple de tous les rapports. On dit alors que les enfants chantent *à l'unisson.*

Un homme et un enfant chantent tous deux la note *do.* L'enfant, par seconde, exécute 261 vibrations, et l'homme en exécute 130,5. Le rapport $\frac{261}{130,5} = 2$. C'est un rapport *simple*, et l'oreille est encore agréablement impressionnée. On dit alors que la voix de l'enfant chante *à l'octave* de la voix de l'homme.

Faisons chanter la note *do* à un enfant et la note *sol* à un autre enfant. *Do* correspond à 261 vibrations et *sol* à 391,5. Le rapport $\frac{391,5}{261} = \frac{3}{2}$. C'est encore un rapport simple et l'oreille est agréablement impressionnée, les deux enfants chantent à la *quinte* l'un de l'autre.

Une *succession* de sons constitue ce que l'on appelle une *mélodie.*

Quand plusieurs sons résonnent ensemble, on dit qu'il y a *harmonie.*

223. Intervalles musicaux. — Parmi tous les intervalles, la musique en a choisi un certain nombre qui affectent agréablement l'oreille : on a appelé ce genre d'intervalles des **intervalles musicaux.** Les intervalles musicaux sont représentés par la suite des nombres entiers ou par des fractions simples.

L'intervalle le plus *consonant*, c'est-à-dire celui qui affecte le plus agréablement l'oreille, est l'*unisson*, correspondant à l'*unité*.

L'intervalle suivant est **l'octave**, caractérisé par le nombre 2, puis les intervalles 3, 4, 5, 6..., etc.; les sons 2, 3, 4, 5... sont appelés les **harmoniques** successifs du son 1, ou *son fondamental* [1].

Les intervalles qui sont représentés par une fraction sont :

$\frac{9}{8}$	qu'on appelle	**Seconde majeure.**
$\frac{16}{15}$	—	**Seconde mineure.**
$\frac{5}{4}$	—	**Tierce majeure.**
$\frac{6}{5}$	—	**Tierce mineure.**
$\frac{4}{3}$	—	**Quarte.**
$\frac{3}{2}$	—	**Quinte.**
$\frac{5}{3}$	—	**Sixte majeure.**
$\frac{8}{5}$	—	**Sixte mineure.**
$\frac{15}{8}$	—	**Septième.**

224. Accords. — On appelle **accord** la production *simultanée* de deux ou plusieurs sons séparés par des intervalles musicaux ; l'accord est d'autant plus *consonant* que les intervalles sont exprimés par des nombres plus simples.

Les accords les plus consonants sont ceux qui sont représentés par l'*unisson*, la *tierce majeure*, la *quinte* ou l'*octave*.

1. Nous convenons de donner au son fondamental le nom de *premier harmonique*; le *second harmonique* est caractérisé par le nombre 2, le *troisième harmonique* par le nombre 3, etc.

Les accords de *quarte*, de *sixte* majeure ou mineure, de *seconde* majeure ou mineure et de *septième* affectent moins agréablement l'oreille ; ce sont des *accords dissonants*.

Accord parfait majeur. — Le plus consonant des accords de trois sons est l'**accord parfait majeur** ; pour le former, on prend d'abord un premier son, ou *son fondamental*, puis on prend la *tierce majeure* et la *quinte* du son fondamental. Les trois sons constituant l'accord parfait majeur sont alors représentés par :

$$1, \quad \frac{5}{4}, \quad \frac{3}{2},$$

ou, en réduisant au même dénominateur, par les fractions

$$\frac{4}{4}, \quad \frac{5}{4}, \quad \frac{6}{4},$$

ou, ce qui revient au même, par les nombres entiers :

$$4, \ 5, \ 6.$$

Accord parfait mineur. — L'accord parfait mineur se compose du *son fondamental*, de la *tierce mineure* du son fondamental et de la *quinte* du son fondamental. Il est caractérisé par les intervalles :

$$1, \quad \frac{6}{5}, \quad \frac{3}{2},$$

ou par les nombres entiers :

$$10, \ 12, \ 15.$$

L'accord parfait mineur est moins consonant que l'accord parfait majeur.

225. Gammes. — On appelle **gamme** une série de sons compris dans une *octave* et séparés les uns des autres par des intervalles simples déterminés par l'usage.

La gamme ordinaire est formée de *sept* notes, définies par l'intervalle qui les sépare de la *première* ou *tonique*.

Notes	*ut*	*ré*	*mi*	*fa*	*sol*	*la*	*si*	ut_2
Nombres relatifs des vibrations...	1	$\frac{9}{8}$	$\frac{5}{4}$	$\frac{4}{3}$	$\frac{3}{2}$	$\frac{5}{3}$	$\frac{15}{8}$	2.

Ce tableau veut dire que, pour obtenir la note *ré*, il faut multiplier par $\frac{9}{8}$ le nombre des vibrations correspondant à *ut*.

De même pour obtenir la note *mi* on multipliera par $\frac{5}{4}$ le nombre des vibrations correspondant à *ut*, etc.

On complète la gamme par l'octave de la tonique; on désigne cette note par ut_2 pour la distinguer de la tonique.

On peut prendre pour tonique d'une gamme tel son que l'on voudra; les nombres inscrits sous chacune des notes représentent toujours les intervalles qui les séparent de la tonique. Ainsi, par exemple, prenons pour tonique le son caractérisé par 216 vibrations; on aura toutes les notes de cette gamme en multipliant 216 par chacune des fractions inscrites dans le tableau précédent.

La gamme précédente est dite une **gamme majeure**, parce que l'accord *ut*, *mi*, *sol* est un accord parfait majeur. Les intervalles qui séparent chacune des notes de la tonique sont les suivants:

ré.	*ut*.	Seconde majeure.
mi.	*ut*.	Tierce majeure.
fa.	*ut*.	Quarte.
sol.	*ut*.	Quinte.
la.	*ut*.	Sixte majeure.
si.	*ut*.	Septième.
ut_2.	*ut*.	Octave.

L'accord parfait majeur, lorsque le son fondamental est *ut*, est *ut*, *mi*, *sol*.

226. Classification des sons. Diapason normal. — L'échelle des sons perceptibles est très étendue; elle comprend **7** octaves au moins.

On a pris comme terme de comparaison, ou **diapason normal**, le son correspondant à 435 vibrations par seconde: c'est le **la normal**; on le désigne par la_3; c'est le *la* du médium de la voix de femme.

La gamme *fondamentale* est celle dans laquelle la sixte majeure est caractérisée par le *la normal*.

La tonique, désignée par ut_3, est représentée par 261 vibrations par seconde.

227. Gamme naturelle. Ton, demi-ton. — On appelle **gamme naturelle** toute gamme majeure dont la tonique est la note *ut* ou l'une de ses octaves. Soit la gamme naturelle dont la tonique est ut_1.

ut_1	$ré_1$	mi_1	fa_1	sol_1	la_1	si_1	ut_2
1	$\frac{9}{8}$	$\frac{5}{4}$	$\frac{4}{3}$	$\frac{3}{2}$	$\frac{5}{3}$	$\frac{15}{8}$	2.

Si l'on détermine les intervalles successifs de cette gamme, on trouve deux espèces d'intervalles : l'un, appelé intervalle d'un *ton*, et l'autre, appelé intervalle d'un *demi-ton*. L'intervalle d'un ton est égal à $\frac{10}{9}$ et l'intervalle d'un demi-ton à $\frac{16}{15}$.

Dans la gamme naturelle majeure, les intervalles consécutifs sont ainsi distribués :

1 ton 1 ton 1/2 ton 1 ton 1 ton 1 ton 1/2 ton

ut_1 $ré_1$ mi_1 fa_1 sol_1 la_1 si_1 ut_2

On voit alors que la *gamme naturelle* est constituée par la succession de : **deux tons entiers, un demi-ton, trois tons entiers, un demi-ton.**

228. Dièses et bémols. — **1° Dièses.** — Prenons pour tonique d'une gamme majeure une quelconque des notes de la gamme naturelle ; il faudra que les intervalles successifs se succèdent comme dans la gamme naturelle. Prenons, par exemple, *sol* pour tonique ; on aura la série suivante :

1 ton 1 ton 1/2 ton 1 ton 1 ton 1/2 ton 1 ton

sol_1 la_1 si_1 ut_2 $ré_2$ mi_2 fa_2 sol_2

Faisons la comparaison de la gamme de *sol* avec la gamme d'*ut ;* nous voyons que l'identité a lieu jusqu'au 6e degré, qui est mi_2 dans la gamme de *sol* et la_1 dans la gamme d'*ut*. En effet, dans la gamme d'*ut*, entre le 7e et le 6e degré, il y a *un ton*, tandis que dans la gamme de *sol*, il n'y a qu'un *demi-ton*.

Il faut alors hausser le fa_2 d'un *demi-ton*, et l'on obtiendra une note nouvelle appelée le fa_2 *dièse*, qui s'indique : $fa_2\sharp$, de manière à ce que l'intervalle $\frac{fa_2\sharp}{mi_2}$ soit égal à un ton. La gamme de *sol* est alors :

$$sol_1 \; la_1 \; si_1 \; ut_2 \; ré_2 \; mi_2 \; fa_2\sharp \; sol_2.$$

2° **Bémols.** — Prenons pour tonique *fa ;* nous aurons :

	1 ton		1 ton		1 ton		1/2 ton		1 ton		1 ton		1/2 ton	
fa_1		sol_1		la_1		si_1		ut_2		$ré_2$		mi_2		fa_2

Cette succession de notes ne peut former une gamme majeure, car l'intervalle du 4e au 3e degré est de un ton entier au lieu d'un demi-ton.

On doit alors baisser le si_1 d'un demi-ton, ce qui donne le si_1 *bémol* ($si_1\flat$), de manière que l'intervalle $\frac{si_1\flat}{la}$ soit égal à un demi-ton. *Si*♭ est alors à un demi-ton de la_1 et à un ton entier de ut_2. La gamme de *fa* est alors :

$$fa_1 \; sol_1 \; la_1 \; si_1\flat \; ut_2 \; ré_2 \; mi_2 \; fa_2.$$

229. Gamme mineure. — La musique admet une seconde gamme, appelée **gamme mineure**, dont les intervalles sont :

$$1, \quad \frac{9}{8}, \quad \frac{6}{5}, \quad \frac{4}{3}, \quad \frac{2}{3}, \quad \frac{5}{3}, \quad \frac{15}{8}, \quad 2.$$

Dans cette gamme, l'intervalle de la 3e note à la tonique est une *tierce mineure ;* en outre, l'*accord parfait* est un accord parfait *mineur*.

Dans la *gamme mineure*, les intervalles consécutifs sont ainsi distribués :

	1 ton		1/2 ton		1 ton		1 ton		1/2 ton		1 ton $\frac{1}{2}$		1/2 ton	
la_1		si_1		ut_2		$ré_2$		mi_2		fa_2		$sol_2\sharp$		la_2

L'accord parfait mineur est :

$$la_1, \; ut_2, \; mi_2$$

230. Gamme tempérée. — En tenant compte des notes diésées et bémolisées, il est facile de voir que la gamme complète comprend 21 notes, savoir, les 7 notes de la gamme et ces mêmes notes diésées et bémolisées.

On peut avec la voix humaine et certains instruments, tels que le violon, le violoncelle, etc., produire, dans l'intervalle d'une seule octave, ces 21 sons différents; mais, si on voulait les obtenir avec les instruments à sons fixes, pianos, orgues, harpes, etc., le mécanisme et le jeu de ces instruments seraient extrêmement compliqués. Aussi les musiciens ont-ils admis une gamme constituée par 12 sons seulement et également espacés, c'est la **gamme tempérée.**

Pour comprendre comment on a pu obtenir cette simplification, comparons *ut*♯ à *ré*♭; en désignant par 1 le nombre des vibrations de *ut*, la note *ut*♯ a pour valeur : 1,04, et *ré*♭ a pour valeur : 1,08.

Le *ré*♭, quoique plus élevé que *ut*♯, n'en diffère cependant, comme on le voit, que d'une petite quantité; si donc on élève le *ut*♯ et qu'on abaisse le *ré*♭, on aura deux notes que l'oreille peut prendre l'une pour l'autre : c'est en cela que consiste le **tempérament.**

Dans cette méthode, on divise donc l'intervalle d'octave qui comprend 6 tons entiers en 12 demi-tons **moyens** égaux entre eux et donnant les notes naturelles avec leurs dièses et leurs bémols; et, comme on l'a remarqué, une note diésée est représentée par la même touche ou la même corde que la note suivante bémolisée.

Le *demi-ton moyen* est égal à 1,06, valeur peu différente de celle du demi-ton réel qui est $\frac{16}{15} = 1,066$.

QUESTIONNAIRE. — **221.** Quelles sont les qualités fondamentales d'un son? — Qu'est-ce qu'un bruit? — **222.** Qu'appelle-t-on intervalle ? — **223.** Quels sont les principaux intervalles musicaux ? — **224.** Définir l'accord parfait majeur et l'accord parfait mineur. — **225.** Quelles sont les différentes notes d'une gamme majeure ? — **226.** Qu'est-ce que le diapason normal ? — **227.** Qu'est-ce qu'un ton ? — Qu'est-ce qu'un demi-ton ? — **228.** Pourquoi emploie-t-on les dièses et les bémols ? — **229.** Qu'est-ce qu'une gamme mineure ? — **230.** Qu'est-ce qu'une gamme tempérée ?

SUJET DE RÉDACTION

Intervalles musicaux. — *Sommaire.* **1.** Nom des principaux intervalles. — **2.** Accords et gammes. — **3.** Diapason normal et classification des sons. — **4.** Dièses et bémols. — **5.** Gamme tempérée.

CHAPITRE II

TIMBRE DES SONS

SOMMAIRE

1. Le *timbre* d'un son dépend des harmoniques qui accompagnent le son fondamental et de l'intensité propre de chacun d'eux.

231. Sons composés. — Quand une corde vibre, elle rend *simultanément plusieurs sons* qui se fondent en une impression déterminée, exercée sur l'oreille.

L'expérience montre que la corde rend le son fondamental, accompagné de plusieurs de ses harmoniques.

La superposition des harmoniques au son fondamental donne au son rendu par la corde un caractère particulier, appelé *timbre*. Il en est de même pour un corps sonore quelconque. En apparence le son est *simple*, mais, en réalité, il est **composé**.

L'oreille est accoutumée à fondre les harmoniques avec le son fondamental; cependant, avec un peu d'attention, les harmoniques deviennent séparément perceptibles.

232. Renforcement des sons. — **M. Helmholtz**[1] analyse les sons composés en se servant d'une méthode fondée sur le *renforcement des sons*.

Faisons vibrer un timbre de bronze T (fig. 203) et approchons-en un tuyau de carton A fermé hermétiquement

1. **Helmholtz**, né à Potsdam en 1821, professeur à l'Université d'Heidelberg, a fait de remarquables travaux sur la physiologie des sens et sur la propagation du son.

par un disque que l'on peut enfoncer plus ou moins à la main. On constate que le son rendu par le timbre sera subitement renforcé, lorsque le disque de carton aura été enfoncé d'une longueur déterminée.

Une corde tendue à l'air libre rend un son très faible ;

Fig. 203. — T, timbre mis en vibration par un archet ; A, tuyau de carton à fond mobile destiné à renforcer le son rendu par le timbre.

mais si on place près d'elle une caisse sonore, comme dans le violon, le violoncelle, la guitare ou le piano, elle rend un son d'une intensité et d'une plénitude très grandes ; cela tient à ce que l'air de la caisse vibre à l'unisson de la corde. On construit, sur ce principe, les **caisses sonores** des instruments à cordes ou celles sur lesquelles on place les diapasons pour en renforcer le son (fig. 204).

233. Résonnateurs d'Helmholtz. — Un **résonnateur** est un tuyau ouvert **sphérique** S (fig. 205), présentant une ouverture AB et un conduit DC pouvant s'introduire dans l'oreille : l'instrument agit à la façon d'une caisse sonore, seulement, fait à noter, il ne renforce qu'un son déterminé *et il ne renforce que celui-là.* Dans ces conditions, on construit autant de résonnateurs que l'on a de sons à renforcer.

Soit ut_3 le son renforcé par un résonnateur. Bouchons une de nos oreilles et introduisons le conduit DC dans l'autre oreille ; si l'on fait résonner un diapason rendant le son ut_3, l'oreille entend ce son renforcé par le résonnateur avec une intensité presque assourdissante ; au contraire, tout autre son ne sera perçu par l'oreille que d'une manière confuse.

FIG. 204. — Diapason monté sur une caisse sonore de longueur convenable dont la colonne d'air vibre à l'unisson du diapason.

M. Helmholtz a construit une série de résonnateurs dont les sons sont entre eux comme la suite des harmoniques 1, 2, 3, 4, 5, 6, 7, 8, 9, 10.

Proposons-nous, par exemple, d'analyser le timbre de la voix ; nous prierons une personne de chanter, sur la voyelle A, la note correspondante au son propre du résonnateur n° 1 ; puis nous introduirons successivement dans notre oreille chacun des résonnateurs de la série.

Le premier résonnateur résonnera avec une intensité très grande ; les résonnateurs correspondant aux harmoniques rendus par la voix humaine résonneront à leur tour avec une intensité proportionnelle à celle de l'harmonique contenu dans le son complexe étudié ; les résonnateurs correspondant aux harmoniques non rendus par la voix humaine resteront muets.

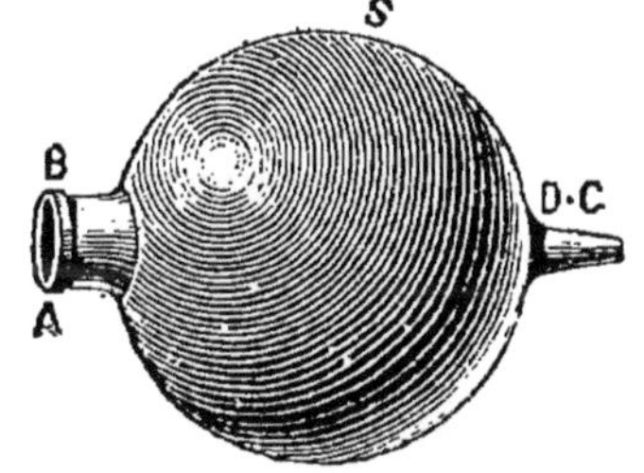

FIG. 205. — **Résonnateur d'Helmholtz.** — S, résonnateur ; A B, bouche du résonnateur ; C D, conduit ouvert que l'on introduit dans l'oreille de l'observateur.

En résumé, le **timbre** *d'un son dépend des harmoniques qui accompagnent le son fondamental et de l'intensité propre à chacun d'eux.*

234. Résultats généraux. — 1° M. Helmholtz a

montré qu'il existe des *sons simples* et des *sons composés*. Ainsi les diapasons, les gros tuyaux fermés de l'orgue rendent des *sons simples* ou presque dénués d'harmoniques : ils sont *sourds* et sans éclat. Les sons simples ne se distinguent entre eux que par l'intensité et la hauteur.

2° Les *sons composés* sont formés par un son fondamental très intense, auquel se superposent un certain nombre d'harmoniques, différant, d'un instrument à l'autre, par leur rang et leur intensité relative. Les *sons musicaux*, d'une plénitude et d'un éclat remarquables, sont toujours des *sons composés*. Il est à remarquer que ces qualités sont dues à la présence des six premiers harmoniques, comme on peut le constater pour les sons graves du piano, pour les tuyaux d'orgue ouverts, pour les sons du violon et du violoncelle.

3° Les sons rendus par une cloche, une plaque vibrante sont encore des *sons composés;* mais les sons partiels, qui accompagnent le son fondamental, ne sont plus les harmoniques du son principal rendu par le corps sonore : ces sons ne sont plus des sons musicaux; de même, les *bruits* sont formés par la superposition de sons élémentaires qui ne sont point entre eux dans des rapports simples, et auxquels l'oreille ne peut attribuer aucun caractère de hauteur.

235. Voix humaine. — La voix humaine est produite par la mise en vibration des *cordes vocales* excitées par un courant d'air envoyé des poumons. Les cordes vocales, au nombre de deux, sont des replis membraneux de quelques millimètres de longueur, tendus dans le *larynx;* le pharynx, la bouche et les fosses nasales servent à modifier et à renforcer le son rendu par les cordes vocales. La hauteur du son est réglée par la tension des cordes vocales ; l'échelle des sons musicaux de la voix humaine est comprise entre deux octaves environ.

Chaque personne possède un timbre de voix particulier. On peut facilement analyser les sons composés produits par la voix humaine à l'aide d'un piano dont on a soulevé les étouffoirs. Il suffit de chanter une des notes de la gamme, ut_3, par exemple ; aussitôt chaque corde correspondant aux harmoniques contenus dans le son composé chanté, vibre faiblement, et on peut en constater les vibrations.

Cette expérience est peut-être la reproduction exacte de ce qui se passe dans l'oreille interne. En effet, de la base au sommet de la partie de l'oreille interne appelée *limaçon*, existent au moins six mille fibres parallèles, dont la longueur croît dans le rapport de 1 à 12. Chacune d'elles est accordée pour un son différent; leur ensemble forme un jeu de cordes dont chacune répond à chacun des sons simples de l'échelle musicale. Ceci nous explique comment l'oreille reconnaît les sons des divers instruments qui composent un orchestre et comment elle distingue dans un chœur les différentes parties qui le constituent.

QUESTIONNAIRE. — **231.** Qu'appelle-t-on son composé? — Qu'appelle-t-on *timbre?* — **232.** Expliquez l'emploi des caisses sonores pour renforcer les sons. — **233.** De quoi dépend le timbre d'un son?

SUJET DE RÉDACTION

Timbre des sons. — *Sommaire.* **1.** Sons composés. — **2.** Harmoniques d'un son fondamental. — **3.** Timbre d'un son.

FIN.

SUPPLÉMENT

AÉROSTATS

SOMMAIRE

1. Le principe d'Archimède est applicable aux gaz : *tout corps plongé dans un gaz éprouve une poussée verticale de bas en haut égale au poids du gaz déplacé.*

2. Un aérostat est formé d'une enveloppe sphérique en taffetas gonflée de gaz d'éclairage.

Comme le gaz d'éclairage est *plus léger* que l'air, la poussée subie par l'aérostat est supérieure au poids total du ballon et celui-ci peut s'élever dans les airs.

236. Principe d'Archimède appliqué aux gaz. — **Tout corps plongé dans un gaz éprouve une poussée verticale dirigée de bas en haut et égale au poids du gaz qu'il déplace.** — Ce principe, semblable à celui que nous avons déjà exposé pour les liquides (§ 92), se vérifie à l'aide du *baroscope* d'Otto de Guericke. Le baroscope se compose (*fig.* 206) d'un petit fléau de balance aux deux extrémités duquel sont suspendues

FIG. 206. — **Baroscope.** — Les deux sphères A et B se font équilibre dans l'air. Dans le vide, le fléau s'incline du côté de la sphère A.

deux sphères en laiton de volumes très différents et de poids presque égaux.

La sphère A est creuse et la sphère B est massive; les deux sphères se font équilibre dans l'air. Si on introduit l'appareil sous la cloche d'une machine pneumatique et si on fait le vide, le fléau ne reste plus horizontal; il s'abaisse du côté de la sphère A. Donc, le poids réel de la sphère A est plus grand que le poids réel de la sphère B.

Mais, si l'on fait rentrer de l'air sous la cloche, et si on enlève la cloche, le fléau redevient horizontal. En effet, dans l'air, la sphère A subit une poussée plus grande que la poussée subie par la sphère B. La différence des poussées compense la différence des poids et le fléau de la balance est horizontal.

237. Aérostats. — On donne le nom d'*aérostats* à des enveloppes minces contenant *un gaz moins dense* que l'air; si le poids total de l'enveloppe, de ses accessoires et du gaz qu'elle renferme est inférieur au poids de l'air qu'elle déplace, la poussée sera supérieure au poids total de l'aérostat et celui-ci devra s'élever dans l'atmosphère.

Les premiers aérostats furent construits par les frères Montgolfier[1] en 1783. C'étaient des globes de toile doublée de papier ayant environ 6 toises (12 mètres) de diamètre. Ils étaient gonflés avec de l'air chaud, qui est plus léger que l'air froid. On donna à ces appareils le nom de *montgolfières*.

Aujourd'hui, on gonfle les aérostats avec du gaz d'éclairage; on leur donne le nom vulgaire de **ballons**. Le poids d'un litre de gaz d'éclairage est *la moitié* du poids d'un litre d'air.

Pour construire un ballon, on prend du taffetas de soie que l'on découpe en longs fuseaux[2]; on coud ces fuseaux de manière à ne laisser entre eux ni interstices, ni fissures et à constituer un sphéroïde B terminé inférieurement par

1. Étienne et Joseph Montgolfier, fabricants de papier à Annonay.

2. On appelle *fuseau*, toute portion d'une surface sphérique comprise entre deux grands cercles. Un fuseau affecte la forme de l'enveloppe extérieure d'un quartier d'orange.

un appendice cylindrique (*fig.* 207). On recouvre la surface du ballon d'une couche de vernis au caoutchouc pour rendre l'enveloppe imperméable. L'aérostat est entouré d'un filet supportant la nacelle dans laquelle prendront place les aéronautes. Le filet protège le ballon, dont il recouvre tout l'hémisphère supérieur ; un peu au-dessous du grand cercle équateur, toutes les cordes du filet se détachent, en s'écartant de la surface du ballon, et viennent aboutir et s'attacher à la circonférence d'un cercle en bois très dur, auquel est suspendue la nacelle (*fig.* 208). Le filet enveloppe le ballon sans y être fixé; il le protège sans le comprimer; il se prête à tous ses mouvements de contraction ou de dilatation, enfin il répartit également sur toute la surface du ballon la charge de la nacelle.

Fig. 207. — Aérostat.

La nacelle se compose d'une sorte de panier en osier, plus ou moins vaste, suivant l'usage auquel on la destine, suivant le nombre des aéronautes qu'elle doit contenir ou le poids des accessoires, c'est-à-dire du lest, des agrès et des instruments qui doivent servir dans l'ascension.

A la partie supérieure du ballon est une *soupape* ouvrant de haut en bas, à l'aide d'une corde traversant tout l'aérostat et placée à portée de la main de l'aéronaute.

Pour gonfler le ballon, on l'aplatit pour en chasser l'air et on y fait arriver le gaz d'éclairage par l'ouverture inférieure. Le ballon ne doit pas être entièrement gonflé. On en verra plus loin l'utilité.

238. Force ascensionnelle. — On appelle *force ascensionnelle* d'un aérostat, *la différence entre le poids de l'air qu'il déplace et le poids total du ballon.* Au départ, cette force ascensionnelle doit être de quelques kilogrammes. La capacité du ballon doit être assez grande pour qu'il puisse s'enlever avant d'être entièrement gonflé, afin d'éviter les déchirures qui pourraient se produire dans les hautes régions de l'atmosphère.

Fig. 208. — Nacelle et accessoires d'un ballon.

Au fur et à mesure que l'aérostat monte, le ballon s'enfle de plus en plus, par suite de la diminution de la pression atmosphérique ; sa force ascensionnelle reste constante.

Lorsque l'aérostat est complètement gonflé, la force ascensionnelle diminue progressivement et devient bientôt nulle. Le ballon flotte alors dans l'atmosphère à une altitude constante.

Si l'aéronaute veut s'élever davantage, il lui faut diminuer le poids des accessoires. A cet effet, on a emporté du sable formant *lest;* si on veut monter, on jette une partie du lest. Si l'aéronaute veut descendre, il ouvre la soupape supérieure ; une partie du gaz d'éclairage s'échappe et est remplacée par l'air extérieur plus dense que lui ; l'aérostat augmente de poids et la descente s'effectue. En réglant convenablement les mouvements d'ascension et de descente de l'aérostat, on arrive à pouvoir atterrir sans danger.

QUESTIONNAIRE. — **236.** Le principe d'Archimède est-il applicable aux gaz? — **237.** Qu'est-ce qu'un aérostat? — Comment gonfle-t-on un aérostat? — **238.** Qu'appelez-vous force ascensionnelle d'un aérostat? — A quoi sert le lest?

SUJET DE RÉDACTION

Aérostats. — *Sommaire.* **1.** Principe d'Archimède appliqué aux gaz. — **2.** Construction et gonflement d'un aérostat. — **3.** Force ascensionnelle d'un aérostat.

TABLE DES MATIÈRES

PREMIÈRE ANNÉE

LIVRE PREMIER

Chaleur.

LIVRE II

Lumière.

LIVRE III

Acoustique.

LIVRE IV

Magnétisme.

DEUXIÈME ANNÉE

LIVRE V

Pesanteur.

LIVRE VI

Liquides en repos.

TROISIÈME ANNÉE

FIN DE LA TABLE DES MATIÈRES.

TABLE ALPHABÉTIQUE

Paris. — Imp. E. Capiomont et Cie, rue des Poitevins, 6.